通过栅格与捕捉绘制图形

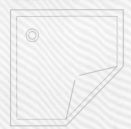

通过"极轴追踪"功能绘制图形

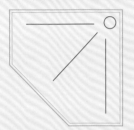

使用"临时追踪点"绘制图形

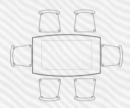

使用"自"功能绘制图形

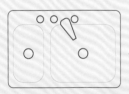

使用"两点之间的中点"绘制图形

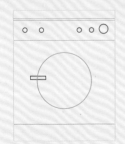

使用"过滤器"绘制

通过"定数等分"绘制扇子图形

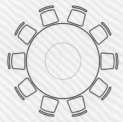

通过"定数等分"布置家具

通过"定距等分"绘制楼梯

使用直线绘制五角星

绘制圆完善零件图

绘制圆弧完善景观图

绘制葫芦形体

绘制台盆

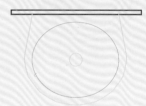

绘制圆环完善电路图

编辑墙体

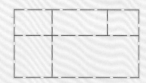

使用矩形绘制电视机

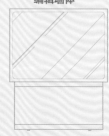

绘制外六角扳手

使用样条曲线绘制鱼池轮廓

绘制发条弹簧

绘制绿篱

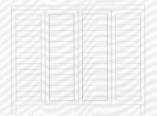

填充室内鞋柜立面

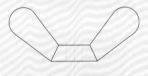

修剪圆翼蝶形螺母

使用延伸完善熔断器箱图形

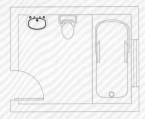

使用移动完善卫生间图形

使用旋转修改门图形

通过偏移绘制弹性挡圈

镜像绘制篮球场图形

矩形阵列绘制行道路

路径阵列绘制

环形阵列绘制树池

阵列绘制同步带

机械轴零件倒圆角

家具倒斜角处理

使用对齐命令装配三通管

使用打断创建注释空间

使用打断修改电

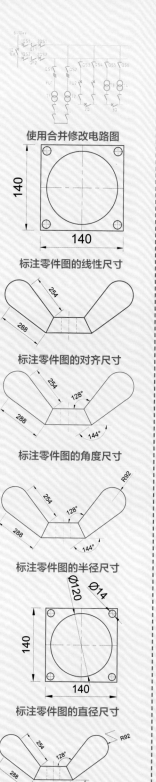

使用合并修改电路图

标注零件图的线性尺寸

标注零件图的对齐尺寸

标注零件图的角度尺寸

标注零件图的半径尺寸

标注零件图的直径尺寸

标注零件图的折弯尺寸

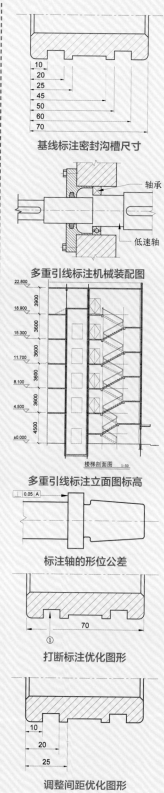

基线标注密封沟槽尺寸

多重引线标注机械装配图

多重引线标注立面图标高

标注轴的形位公差

打断标注优化图形

调整间距优化图形

使用单行文字注释图形

使用多行文字创建技术要求

编辑文字创建尺寸公差

填写标题栏表格

绘制小户型平面图布置图

绘制小户型地面图布置图

绘制小户型顶棚图

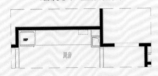

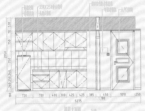

绘制厨房立面图

绘制客厅立面图

绘制卫生间立面图

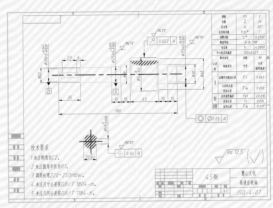

绘制高速轴零件图

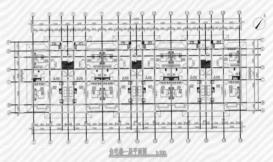

绘制住宅楼一层平面图

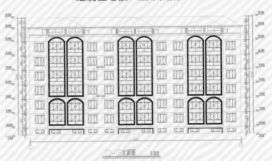

绘制住宅楼立面图

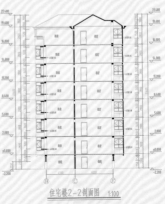

绘制住宅楼剖面图

零基础学

AutoCAD 2018

麓山文化◎编著

人民邮电出版社

北京

图书在版编目（CIP）数据

零基础学AutoCAD 2018：全视频教学版 / 麓山文化
编著. -- 北京：人民邮电出版社，2021.1
ISBN 978-7-115-52068-5

Ⅰ. ①零… Ⅱ. ①麓… Ⅲ. ①AutoCAD软件 Ⅳ.
①TP391.72

中国版本图书馆CIP数据核字(2019)第205414号

内 容 提 要

本书以理论知识与实际操作相结合的形式，图文并茂地介绍了 AutoCAD 软件的应用技巧。

全书分为4篇共15章，第1篇为基础篇，主要介绍 AutoCAD 的基本知识、界面与参数设置、文件管理、图形坐标系、图形的绘制与编辑等；第2篇为进阶篇，内容包括图形标注、文字与表格、图层、图块等图形修改与注释功能；第3篇为精通篇，内容包括图形环境的设置、打印输出、参数化绘图、信息查询等 AutoCAD 高级功能；第4篇为行业应用篇，主要通过室内设计、机械设计、建筑设计 3 个主要的 AutoCAD 设计领域来进行详细的实战讲解，具有极高的实用性。

随书附赠配套资源，不仅有书中实例的素材文件，还有生动详细的高清在线讲解视频，帮助读者提高学习效率。

本书定位于 AutoCAD 的初、中级用户，可作为广大 AutoCAD 初学者和爱好者学习 AutoCAD 的专业指导教材。对各专业技术人员来说，本书也是一本不可多得的参考和速查手册。

◆ 编　著　麓山文化
责任编辑　张丹阳
责任印制　马振武

◆ 人民邮电出版社出版发行　　北京市丰台区成寿寺路 11 号
邮编　100164　电子邮件　315@ptpress.com.cn
网址　https://www.ptpress.com.cn
大厂回族自治县聚鑫印刷有限责任公司印刷

◆ 开本：800×1000　1/16
印张：19.75　　　　　　彩插：2
字数：467 千字　　　　　2021 年 1 月第 1 版
印数：1 – 1 500 册　　　　2021 年 1 月河北第 1 次印刷

定价：69.80 元
读者服务热线：(010)81055410　印装质量热线：(010)81055316
反盗版热线：(010)81055315
广告经营许可证：京东市监广登字 20170147 号

前言
FOREWORD

一、关于 AutoCAD

AutoCAD 自 1982 年推出以来，经过了多次版本更新和性能完善，不仅在机械、电子、建筑、室内装潢、家具、园林和市政等工程设计领域得到了广泛的应用，而且在地理、气象、航海等特殊图形的绘制，以及乐谱、灯光和广告等领域也得到了广泛的应用，目前已成为计算机 CAD 系统中应用最为广泛的图形软件之一。

二、本书内容

本书作为一本 AutoCAD 2018 软件的零基础入门教程，从易到难、由浅入深地向读者介绍了 AutoCAD 2018 软件各方面的基础知识和基本操作。全书从实用角度出发，全面系统地讲解了 AutoCAD 2018 的应用功能，在讲解软件应用功能的同时，还精心安排了大量练习供读者学以致用。

本书分为 4 篇共 15 章，具体内容安排如下。

篇名	章节安排	课程内容
第 1 篇 基础篇（第 1 章～第 4 章）	第 1 章 初识 AutoCAD 2018	介绍 AutoCAD 基本界面的组成与执行命令的方式等基础知识
	第 2 章 绘图前须知的基本辅助工具	介绍 AutoCAD 基本的绘图常识，以及一些辅助绘图工具的用法
	第 3 章 图形的绘制	介绍 AutoCAD 中各种绘图工具的使用方法
	第 4 章 图形的编辑	介绍 AutoCAD 中各种图形编辑工具的使用方法
第 2 篇 进阶篇（第 5 章～第 8 章）	第 5 章 创建图形标注	介绍 AutoCAD 中各种标注、注释工具的使用方法
	第 6 章 文字与表格	介绍 AutoCAD 文字与表格工具的使用方法
	第 7 章 图层与图形特性	介绍图层的概念，以及 AutoCAD 中图层的使用与控制方法
	第 8 章 图块与外部参照	介绍图块的概念，以及 AutoCAD 中图块的创建和使用方法
第 3 篇 精通篇（第 9 章～第 12 章）	第 9 章 绘图环境的设置	介绍 AutoCAD 中各项参数的设置方法与其含义
	第 10 章 图形的输出与打印	介绍 AutoCAD 各种打印设置与控制打印输出的方法
	第 11 章 参数化制图	介绍 AutoCAD 各约束工具的使用方法，以及参数化绘图的概念
	第 12 章 面域与图形信息查询	介绍 AutoCAD 面域、查询等小工具的使用方法
第 4 篇 行业应用篇（第 13 章～第 15 章）	第 13 章 小户型室内设计详解	以小户型设计为例，介绍室内设计的相关标准与设计方法
	第 14 章 传动轴机械设计详解	以传动轴设计为例，介绍机械设计的相关标准与设计方法
	第 15 章 住宅楼建筑设计详解	以住宅楼设计为例，介绍建筑设计的相关标准与设计方法

三、本书写作特色

为了达到使读者可以轻松自学并深入了解 AutoCAD 2018 软件功能的目的，本书在版面结构的设计上尽量做到简单明了，如下图所示。

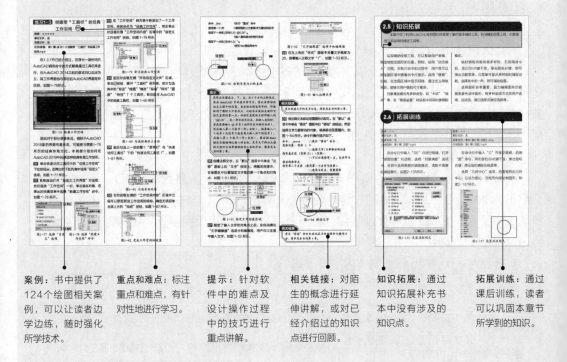

案例：书中提供了124个绘图相关案例，可以让读者边学边练，随时强化所学技术。

重点和难点：标注重点和难点，有针对性地进行学习。

提示：针对软件中的难点及设计操作过程中的技巧进行重点讲解。

相关链接：对陌生的概念进行延伸讲解，或对已经介绍过的知识点进行回顾。

知识拓展：通过知识拓展补充书本中没有涉及的知识点。

拓展训练：通过课后训练，读者可以巩固本章节所学到的知识。

四、本书创建团队

本书由麓山文化编著，具体参加编写和资料整理的有陈志民、甘蓉晖、江涛、江凡、张洁、马梅桂、戴京京、骆天、胡丹、陈运炳、申玉秀、李红萍、李红艺、李红术、陈云香、陈文香、陈军云、彭斌全、林小群、刘清平、钟睦、刘里锋、朱海涛、廖博、喻文明、易盛、陈晶、张绍华、黄柯、何凯、黄华、陈文轶、杨少波、杨芳、刘有良、刘珊、赵祖欣、毛琼健等。

由于作者水平有限，书中错误、疏漏之处在所难免。在感谢您选择本书的同时，也希望您能够把对本书的意见和建议告诉我们。

读者服务邮箱：lushanbook@qq.com

编者

2020 年 10 月

资源与支持
RESOURCES AND SUPPORT

本书由"数艺设"出品，"数艺设"社区平台（www.shuyishe.com）为您提供后续服务。

配套资源

书中实例的素材文件。

在线教学视频。

资源获取请扫码

在线视频

提示：微信扫描二维码，点击页面下方的**"兑"**→**"在线视频 + 资源下载"**，
输入 51 页左下角的 5 位数字，即可观看视频。

"数艺设"社区平台，为艺术设计从业者提供专业的教育产品。

与我们联系

我们的联系邮箱是 szys@ptpress.com.cn。如果您对本书有任何疑问或建议，请您发邮件给我们，并请在邮件标题中注明本书书名及 ISBN，以便我们更高效地做出反馈。

如果您有兴趣出版图书、录制教学课程，或者参与技术审校等工作，可以发邮件给我们；有意出版图书的作者也可以到"数艺设"社区平台在线投稿（直接访问 www.shuyishe.com 即可）。如果学校、培训机构或企业想批量购买本书或"数艺设"出版的其他图书，也可以发邮件联系我们。

如果您在网上发现有针对数艺社出品图书的各种形式的盗版行为，包括对图书全部或部分内容的非授权传播，请您将怀疑有侵权行为的链接通过邮件发给我们。您的这一举动是对作者权益的保护，也是我们持续为您提供有价值的内容的动力之源。

关于"数艺设"

人民邮电出版社有限公司旗下品牌"数艺设"，专注于专业艺术设计类图书出版，为艺术设计从业者提供专业的图书、U 书、课程等教育产品。出版领域涉及平面、三维、影视、摄影与后期等数字艺术门类，字体设计、品牌设计、色彩设计等设计理论与应用门类，UI 设计、电商设计、新媒体设计、游戏设计、交互设计、原型设计等互联网设计门类，环艺设计手绘、插画设计手绘、工业设计手绘等设计手绘门类。更多服务请访问"数艺设"社区平台 www.shuyishe.com。我们将提供及时、准确、专业的学习服务。

目录
CONTENTS

第1篇
基础篇

第1章 初识 AutoCAD 2018

1.1 AutoCAD 的启动与退出 **014**
 1.1.1 启动 AutoCAD 2018 014
 1.1.2 退出 AutoCAD 2018 014
1.2 AutoCAD 2018 操作界面 **015**
 1.2.1 AutoCAD 的操作界面简介 015
 1.2.2 应用程序按钮 016
 1.2.3 快速访问工具栏 016
 1.2.4 菜单栏 016
 1.2.5 标题栏 017
 (难点) 1.2.6 交互信息工具栏 017
 (重点) 1.2.7 功能区 018
 1.2.8 标签栏 021
 1.2.9 绘图区 021
 1.2.10 命令行与文本窗口 022
 1.2.11 状态栏 022
 练习1-1 绘制一个简单的图形 022
1.3 AutoCAD 2018 执行命令的方式 **025**
 1.3.1 命令调用的 5 种方式 025
 1.3.2 命令的撤销与重做 026
1.4 AutoCAD 视图的控制 **027**
 1.4.1 视图缩放 027
 1.4.2 视图平移 027
1.5 AutoCAD 2018 工作空间 **028**
 1.5.1 "草图与注释" 工作空间 028
 1.5.2 "三维基础" 工作空间 028
 1.5.3 "三维建模" 工作空间 029
 1.5.4 切换工作空间 029
 练习1-2 保存自己的工作空间 029
 1.5.5 工作空间设置 030

 (难点) 练习1-3 创建带 "工具栏" 的经典
   工作空间 031
1.6 AutoCAD 的文件管理 **032**
 1.6.1 新建文件 032
 1.6.2 打开文件 033
 练习1-4 打开图形文件 033
 1.6.3 保存文件 034
 练习1-5 另存为低版本文件 035
 练习1-6 设置定时保存 035
 1.6.4 保存为样板文件 036
1.7 知识拓展 **036**
1.8 拓展训练 **037**

第2章 绘图前须知的基本辅助工具

2.1 辅助绘图工具 **039**
 2.1.1 动态输入 039
 2.1.2 栅格 040
 2.1.3 捕捉 041
 练习2-1 通过栅格与捕捉绘制图形 041
 (重点) 2.1.4 正交 043
 练习2-2 通过 "正交" 功能绘制图形 044
 (重点) 2.1.5 极轴追踪 045
 练习2-3 通过 "极轴追踪" 功能绘制图形 ... 045
2.2 对象捕捉 **047**
 2.2.1 对象捕捉概述 047
 (重点) 2.2.2 设置对象捕捉点 047
 2.2.3 对象捕捉追踪 048
2.3 临时捕捉 **049**
 2.3.1 临时捕捉概述 049
 练习2-4 使用 "临时捕捉" 绘制公切线 ... 049
 2.3.2 临时追踪点 050
 练习2-5 使用 "临时追踪点" 绘制图形 ... 050
 2.3.3 "自" 功能 051
 练习2-6 使用 "自" 功能绘制图形 051

重点 练习 2-7 使用"自"功能调整门的位置 ... 052
2.3.4 两点之间的中点 052
练习 2-8 使用"两点之间的中点"绘制
　　图形 053
2.3.5 点过滤器 053
练习 2-9 使用"过滤器"绘制图形 ... 054
2.4 如何选择图形 054
2.4.1 点选 054
2.4.2 窗口选择 055
2.4.3 窗交选择 055
2.4.4 栏选 055
2.4.5 圈围 056
2.4.6 圈交 056
2.4.7 套索选择 056
2.4.8 快速选择图形对象 057
练习 2-10 灵活选择图形进行删除 ... 057
2.5 知识拓展 059
2.6 拓展训练 059

第 3 章 图形的绘制

3.1 绘制点 061
3.1.1 点样式 061
练习 3-1 设置点样式创建刻度 ... 061
3.1.2 单点和多点 061
3.1.3 定数等分 062
练习 3-2 通过"定数等分"绘制扇子图形... 062
难点 练习 3-3 通过"定数等分"布置家具 ... 063
3.1.4 定距等分 064
练习 3-4 通过"定距等分"绘制楼梯 ... 064
3.2 绘制直线类图形 065
重点 3.2.1 直线 065
练习 3-5 使用直线绘制五角星 ... 065
3.2.2 射线 065
练习 3-6 绘制与水平方向呈 30° 和 75°
　　夹角的射线 066
3.2.3 构造线 066
练习 3-7 绘制水平和倾斜构造线 066
3.3 绘制圆、圆弧类图形 067
重点 3.3.1 圆 067
练习 3-8 绘制圆完善零件图 ... 067

重点 3.3.2 圆弧 068
练习 3-9 绘制圆弧完善景观图 ... 068
重点 练习 3-10 绘制葫芦形体 069
3.3.3 椭圆 069
练习 3-11 绘制台盆 069
3.3.4 椭圆弧 070
难点 3.3.5 圆环 070
练习 3-12 绘制圆环完善电路图 ... 071
3.4 多段线 071
3.4.1 多段线概述 071
3.4.2 多段线 - 直线 071
练习 3-13 指定多段线宽度绘制图形 ... 072
3.4.3 多段线 - 圆弧 072
3.5 多线 073
3.5.1 多线概述 073
3.5.2 创建多线样式 073
练习 3-14 创建"墙体"多线样式 ... 073
3.5.3 绘制多线 074
练习 3-15 绘制墙体 074
3.5.4 编辑多线 075
练习 3-16 编辑墙体 075
3.6 矩形与多边形 076
3.6.1 矩形 076
练习 3-17 使用矩形绘制电视机 ... 077
3.6.2 多边形 077
练习 3-18 绘制外六角扳手 078
3.7 样条曲线 078
重点 3.7.1 绘制样条曲线 078
练习 3-19 使用样条曲线绘制鱼池轮廓 ... 079
重点 3.7.2 编辑样条曲线 080
3.8 其他绘图命令 080
难点 3.8.1 三维多段线 080
3.8.2 螺旋 081
练习 3-20 绘制发条弹簧 081
3.8.3 修订云线 082
练习 3-21 绘制绿篱 083
难点 3.8.4 徒手画 083
3.9 图案填充与渐变色填充 083
3.9.1 图案填充 084
3.9.2 渐变色填充 084
3.9.3 编辑填充的图案 085

练习 3-22 填充室内鞋柜立面 085
3.10 知识拓展 **086**
3.11 拓展训练 **087**

第 4 章 图形的编辑

4.1 图形修剪类 **089**
重点 4.1.1 修剪 089
练习 4-1 修剪圆翼蝶形螺母 089
4.1.2 延伸 090
练习 4-2 使用延伸完善熔断器箱图形 090
4.1.3 删除 091
4.2 图形变化类 **091**
4.2.1 移动 091
练习 4-3 使用移动完善卫生间图形 092
4.2.2 旋转 092
练习 4-4 使用旋转修改门图形 093
4.2.3 缩放 093
练习 4-5 参照缩放树形图 094
重点 4.2.4 拉伸 094
练习 4-6 使用拉伸修改门的位置 095
4.2.5 拉长 095
练习 4-7 使用拉长修改中心线 095
4.3 图形复制类 **096**
重点 4.3.1 复制 096
练习 4-8 使用复制补全螺纹孔 097
4.3.2 偏移 097
练习 4-9 通过偏移绘制弹性挡圈 098
4.3.3 镜像 098
练习 4-10 镜像绘制篮球场图形 099
重点 4.3.4 阵列 099
练习 4-11 矩形阵列绘制行道路 099
练习 4-12 路径阵列绘制园路汀步 100
练习 4-13 环形阵列绘制树池 101
练习 4-14 阵列绘制同步带 101
4.4 辅助绘图类 **102**
4.4.1 圆角 102
练习 4-15 机械轴零件倒圆角 102
4.4.2 分解 103
练习 4-16 家具倒斜角处理 103

4.4.3 光顺曲线 104
难点 4.4.4 编辑多段线 104
重点 4.4.5 对齐 104
练习 4-17 使用对齐命令装配三通管 105
4.4.6 打断 105
练习 4-18 使用打断创建注释空间 105
练习 4-19 使用打断修改电路图 106
难点 4.4.7 合并 106
练习 4-20 使用合并修改电路图 107
难点 4.4.8 绘图次序 107
4.5 利用夹点编辑图形 **108**
4.5.1 夹点模式概述 108
4.5.2 利用夹点拉伸对象 108
4.5.3 利用夹点移动对象 108
4.5.4 利用夹点旋转对象 109
4.5.5 利用夹点缩放对象 109
4.5.6 利用夹点镜像对象 109
4.5.7 利用夹点复制对象 109
4.6 知识拓展 **109**
4.7 拓展训练 **110**

第 **2** 篇

进阶篇

第 5 章 创建图形标注

5.1 尺寸标注的组成与原则 **112**
5.1.1 尺寸标注的组成 112
5.1.2 尺寸标注的原则 112
5.2 尺寸标注样式 **112**
5.2.1 新建标注样式 112
重点 5.2.2 设置标注样式 113
练习 5-1 创建建筑制图标注样式 116
难点 练习 5-2 创建公制－英制换算样式 116
5.3 标注的创建 **117**
重点 5.3.1 智能标注 117
重点 练习 5-3 使用智能标注注释图形 117
重点 5.3.2 线性标注 118
练习 5-4 标注零件图的线性尺寸 118
重点 5.3.3 对齐标注 119

练习 5-5 标注零件图的对齐尺寸 119
  5.3.4 角度标注 119
    练习 5-6 标注零件图的角度尺寸 120
(重点) 5.3.5 半径标注 120
    练习 5-7 标注零件图的半径尺寸 120
(重点) 5.3.6 直径标注 121
    练习 5-8 标注零件图的直径尺寸 121
(难点) 5.3.7 折弯标注 121
    练习 5-9 标注零件图的折弯尺寸 121
  5.3.8 弧长标注 122
(难点) 5.3.9 坐标标注 123
  5.3.10 连续标注 123
    练习 5-10 连续标注墙体轴线尺寸 123
  5.3.11 基线标注 124
    练习 5-11 基线标注密封沟槽尺寸 124
(重点) 5.3.12 多重引线标注 124
(难点) 练习 5-12 多重引线标注机械装配图 125
(难点) 练习 5-13 多重引线标注立面图标高 125
  5.3.13 快速引线标注 127
  5.3.14 形位公差标注 127
    练习 5-14 标注轴的形位公差 127
  5.3.15 圆心标记 128
5.4 标注的编辑 **128**
  5.4.1 标注打断 128
    练习 5-15 打断标注优化图形 129
  5.4.2 调整标注间距 129
    练习 5-16 调整间距优化图形 129
  5.4.3 折弯线性标注 130
(难点) 5.4.4 检验标注 130
(难点) 5.4.5 更新标注 130
(难点) 5.4.6 尺寸关联性 131
(难点) 5.4.7 倾斜标注 131
(难点) 5.4.8 对齐标注文字 132
  5.4.9 翻转箭头 132
(重点) 5.4.10 编辑多重引线 133
5.5 知识拓展 **134**
5.6 拓展训练 **134**

第 6 章 文字与表格

6.1 创建文字 **136**
  6.1.1 文字样式的创建与其他操作 136
    练习 6-1 创建国标文字样式 137

  6.1.2 创建单行文字 138
    练习 6-2 使用单行文字注释图形 138
  6.1.3 单行文字的编辑与其他操作 138
(重点) 6.1.4 创建多行文字 139
    练习 6-3 使用多行文字创建技术要求 140
  6.1.5 多行文字的编辑与其他操作 140
    练习 6-4 编辑文字创建尺寸公差 141
  6.1.6 文字的查找与替换 142
    练习 6-5 替换技术要求中的文字 142
(难点) 6.1.7 注释性文字 142
6.2 创建表格 **143**
  6.2.1 表格样式的创建 143
    练习 6-6 创建"标题栏"表格样式 144
  6.2.2 插入表格 144
    练习 6-7 通过表格创建标题栏 145
  6.2.3 编辑表格 145
  6.2.4 添加表格内容 146
    练习 6-8 填写标题栏表格 146
6.3 知识拓展 **147**
6.4 拓展训练 **147**

第 7 章 图层与图形特性

7.1 图层概述 **149**
  7.1.1 图层的基本概念 149
  7.1.2 图层的分类原则 149
7.2 图层的创建与设置 **149**
  7.2.1 新建并命名图层 149
(重点) 7.2.2 设置图层颜色 150
(重点) 7.2.3 设置图层线型 150
    练习 7-1 调整中心线线型比例 151
(重点) 7.2.4 设置图层线宽 151
    练习 7-2 创建绘图基本图层 151
7.3 图层的其他操作 **153**
(重点) 7.3.1 打开与关闭图层 153
    练习 7-3 通过关闭图层控制图形 153
(重点) 7.3.2 冻结与解冻图层 154
    练习 7-4 通过冻结图层控制图形 154
  7.3.3 锁定与解锁图层 154
(重点) 7.3.4 设置当前图层 155
(重点) 7.3.5 转换图形所在图层 155
    练习 7-5 切换图形至 Defpoints 图层 156

7.3.6 排序图层、按名称搜索图层............ 156
7.3.7 保存和恢复图层状态 157
7.3.8 删除多余图层 157
难点 7.3.9 清理图层和线型 158
7.4 图形特性设置 **158**
7.4.1 查看并修改图形特性 158
重点 7.4.2 匹配图形属性 159
练习7-6 特性匹配图形 160
7.5 知识拓展 **160**
7.6 拓展训练 **161**

第 8 章 图块与外部参照

8.1 图块 **163**
8.1.1 内部图块......................... 163
练习8-1 创建电视内部图块............... 163
8.1.2 外部图块......................... 163
练习8-2 创建电视外部图块............... 164
重点 8.1.3 属性块......................... 164
重点 练习8-3 创建标高属性块............... 165
重点 8.1.4 动态图块....................... 165
重点 练习8-4 创建沙发动态图块 166
8.1.5 插入块........................... 167
练习8-5 插入螺钉图块.................. 168
8.2 编辑块 **168**
8.2.1 设置插入基点..................... 168
8.2.2 重命名图块 168
练习8-6 重命名图块 169
8.2.3 分解图块 169
练习8-7 分解会议桌图块 169
8.2.4 删除图块 169
练习8-8 删除图块 170
8.2.5 重新定义图块 170
8.3 外部参照 **171**
8.3.1 了解外部参照 171
8.3.2 附着外部参照 171
练习8-9 "附着"外部参照 171
难点 8.3.3 拆离外部参照 172
难点 8.3.4 管理外部参照 172
难点 8.3.5 剪裁外部参照 173
练习8-10 剪裁外部参照 173

8.4 AutoCAD 设计中心 **174**
难点 8.4.1 设计中心窗口 174
难点 8.4.2 设计中心查找功能 174
重点 8.4.3 插入设计中心图形 175
练习8-11 插入沙发图块 176
8.5 知识拓展 **176**
8.6 拓展训练 **177**

第**3**篇

精通篇

第 9 章 绘图环境的设置

9.1 设置图形单位与界限 **179**
9.1.1 设置图形单位..................... 179
9.1.2 设置角度的类型................... 179
9.1.3 设置角度的方向................... 179
9.1.4 设置图形界限..................... 180
练习9-1 设置 A4(297mm×210mm) 的
图形界限 180
9.2 设置系统环境 **181**
9.2.1 设置文件保存路径................. 181
练习9-2 在标题栏中显示出图形的
保存路径........................ 182
9.2.2 设置 AutoCAD 界面颜色........... 182
9.2.3 设置绘图区背景颜色 183
9.2.4 设置工具按钮提示................. 183
9.2.5 设置布局显示效果................. 184
9.2.6 设置图形显示精度................. 185
9.2.7 设置十字光标大小................. 186
9.2.8 设置默认保存类型................. 186
练习9-3 将保存类型设置为最低版本...... 186
9.2.9 设置 .dwg 文件的缩略图效果....... 187
9.2.10 设置自动保存措施................ 187
9.2.11 设置默认打印设备................ 188
难点 练习9-4 设置打印戳记 188
9.2.12 硬件加速与图形性能.............. 189
9.2.13 设置鼠标右键功能模式............ 190
9.2.14 设置自动捕捉标记效果............ 190

9.2.15 设置三维十字光标效果............... 192
9.2.16 设置视口工具......................... 192
9.2.17 设置曲面显示精度................... 193
9.2.18 设置动态输入的 z 轴............... 193
9.2.19 设置十字光标拾取框............... 193
9.2.20 设置图形的选择效果............... 194
9.2.21 设置夹点的大小和颜色........... 194
难点 9.3 AutoCAD 的配置文件............195
练习9-5 自定义配置的输出与输入........ 195
9.4 知识拓展...................................197
9.5 拓展训练...................................197

第 10 章 图形的输出与打印

10.1 模型空间与布局空间......................199
10.1.1 模型空间............................. 199
10.1.2 布局空间............................. 199
重点 10.1.3 布局的创建与管理............... 199
练习10-1 创建新布局......................... 201
练习10-2 插入样板布局..................... 201
练习10-3 调整布局........................... 202
10.2 图形的输出.............................203
难点 10.2.1 输出为 .dxf 文件................ 204
练习10-4 输出 .dxf 文件在其他建模软件
中打开....................................... 204
难点 10.2.2 输出为 .stl 文件................ 204
练习10-5 输出 .stl 文件用于 3D 打印...... 204
难点 10.2.3 输出为 .dwf 文件............... 205
练习10-6 输出 .dwf 文件加速设计图评审.. 205
难点 10.2.4 输出为 PDF 文件................ 206
练习10-7 输出 PDF 文件供客户快速查阅... 206
10.2.5 其他格式文件的输出............... 207
10.3 图形的打印.............................208
10.3.1 设置打印样式....................... 208
练习10-8 添加颜色打印样式............... 208
练习10-9 添加命名打印样式............... 209
重点 10.3.2 指定打印设备................... 211
练习10-10 打印高分辨的 JPG 图片... 214
练习10-11 输出供 PS 用的 EPS 文件..... 215
重点 重点 10.3.3 设定图纸尺寸....................... 217
10.3.4 设置打印区域....................... 217

10.3.5 设置打印偏移........................ 218
10.3.6 设置打印比例........................ 218
10.3.7 设定打印样式表..................... 218
10.3.8 设置打印方向........................ 219
10.3.9 模型打印........................... 219
重点 练习10-12 打印地面平面图............ 219
重点 10.3.10 布局打印....................... 220
难点 练习10-13 单比例打印................... 220
练习10-14 多比例打印..................... 221
难点 10.4 批量打印或输出....................224
难点 练习10-15 批量打印图纸............ 224
练习10-16 批量输出 PDF 文件........... 225
10.5 知识拓展.................................225
10.6 拓展训练.................................226

第 11 章 参数化制图

11.1 几何约束...............................228
11.1.1 重合约束............................. 228
11.1.2 共线约束............................. 228
11.1.3 同心约束............................. 228
11.1.4 固定约束............................. 229
11.1.5 平行约束............................. 229
11.1.6 垂直约束............................. 229
11.1.7 水平约束............................. 230
11.1.8 竖直约束............................. 230
11.1.9 相切约束............................. 230
11.1.10 平滑约束........................... 230
11.1.11 对称约束........................... 231
11.1.12 相等约束........................... 231
练习11-1 插入沙发图块..................... 232
11.2 标注约束...............................232
11.2.1 水平约束............................. 232
11.2.2 竖直约束............................. 233
11.2.3 对齐约束............................. 233
11.2.4 半径约束............................. 234
11.2.5 直径约束............................. 234
11.2.6 角度约束............................. 234
练习11-2 通过尺寸约束修改机械图形..... 235
11.3 知识拓展.................................236
11.4 拓展训练.................................236

第12章 面域与图形信息查询

12.1 面域 238
12.1.1 创建面域 238
12.1.2 面域布尔运算.............................. 238

12.2 图形类信息 239
12.2.1 查询图形的状态........................... 239
重点 12.2.2 查询系统变量 240
重点 12.2.3 查询时间 240

12.3 对象类信息 240
12.3.1 查询距离 240
12.3.2 查询半径 241
12.3.3 查询角度 241
重点 12.3.4 查询面积及周长 242
练习 12-1 查询住宅室内面积 242
重点 12.3.5 查询体积 243
练习 12-2 查询零件质量 243
12.3.6 查询面域、质量特性 243
12.3.7 查询点坐标 244
12.3.8 列表查询.................................... 244

12.4 知识拓展 245
12.5 拓展训练 245

第4篇 行业应用篇

第13章 小户型室内设计详解

13.1 室内设计概述...........................247
13.1.1 室内设计的有关标准 247
13.1.2 室内设计图的种类...................... 249
13.1.3 室内设计的工作流程 251

13.2 小户型室内设计分析 251
13.3 绘制现代小户型室内设计图...............252
13.3.1 绘制小户型平面图布置图 252
13.3.2 绘制小户型地面布置图 258
13.3.3 绘制小户型顶棚图....................... 260

13.3.4 绘制厨房立面图 263
13.3.5 绘制客厅立面图 266
13.3.6 绘制卫生间立面图 269

13.4 知识拓展 272
13.5 拓展训练 272

第14章 传动轴机械设计详解

14.1 机械设计概述...........................274
14.1.1 机械设计的有关标准 274
14.1.2 机械设计图的种类...................... 277
14.1.3 机械制图的表达方法 277

14.2 绘制高速轴零件图...................279
14.2.1 绘图分析 279
14.2.2 绘制高速齿轮轴基本图形 279
14.2.3 标注尺寸 281
14.2.4 添加尺寸精度 281
14.2.5 标注形位公差 282
14.2.6 标注粗糙度 282
14.2.7 填写技术要求与明细表 284

14.3 知识拓展 284
14.4 拓展训练 285

第15章 住宅楼建筑设计详解

15.1 建筑设计概述...........................287
15.1.1 建筑制图的有关标准 287
15.1.2 建筑制图的符号 288
15.1.3 建筑制图的图例 290
15.1.4 建筑设计图的种类...................... 291

15.2 住宅楼设计分析 293
15.3 绘制住宅楼设计图...................293
15.3.1 绘制住宅楼一层平面图 293
15.3.2 绘制住宅楼立面图 300
15.3.3 绘制住宅楼剖面图 308

15.4 知识拓展 313
15.5 拓展训练 313

AutoCAD 常用快捷键命令 315

第 1 篇

基础篇

第 **1** 章

初识 AutoCAD 2018

在深入学习AutoCAD绘图软件之前，本章首先
介绍什么是AutoCAD，然后介绍AutoCAD 2018的
启动与退出、操作界面、视图的控制和工作空间等
基础知识，使读者对AutoCAD及其操作方式有一个
全面的了解和认识，为熟练掌握该软件打下坚实的
基础。

本章重点

AutoCAD的操作界面 ｜ AutoCAD执行命令的方法
AutoCAD视图的控制方法 ｜ AutoCAD文件的管理

1.1 AutoCAD的启动与退出

要使用AutoCAD进行绘图,首先必须启动该软件。在完成绘制之后,应保存文件并退出该软件,以节省系统资源。

1.1.1 启动AutoCAD 2018

安装好AutoCAD后,启动AutoCAD的方法有以下几种。

● **"开始"菜单:** 单击"开始"按钮,在菜单中选择"所有程序|Autodesk| AutoCAD2018-简体中文(Simplified Chinese)| AutoCAD 2018-简体中文(Simplified Chinese)"选项,如图1-1所示。

图1-1 启动AutoCAD 2018

● **与AutoCAD相关联格式文件:** 双击打开与AutoCAD相关格式的文件(*.dwg、*.dwt等),如图1-2所示。

图1-2 AutoCAD图形

● **快捷方式:** 双击桌面上的快捷图标**A**或者AutoCAD图纸文件。

AutoCAD 2018启动后的界面由"快速入门""最近使用的文档"和"连接"3个区域组成,如图1-3所示。

图1-3 AutoCAD 2018初始界面

● **快速入门:** 单击其中的"开始绘制"区域即可创建新的空白文档进行绘制,也可以单击"样板"下拉列表选择合适的样板文件进行创建。

● **最近使用的图档:** 该区域主要显示最近用户使用过的图形,相当于"历史记录"。

● **连接:** 在"连接"区域中,用户可以登录A360 账户或向 AutoCAD 技术中心发送反馈。如果有产品更新的消息,将显示"通知"区域,在"通知"区域可以收到产品更新的信息。

1.1.2 退出AutoCAD 2018

在完成图形的绘制和编辑后,退出AutoCAD的方法有以下几种。

● **应用程序按钮:** 单击应用程序按钮,选择"退出 Autodesk AutoCAD 2018"选项,如图1-4 所示。

图1-4 从应用程序菜单退出AutoCAD 2018

- **菜单栏：** 选择"文件"|"退出"命令，如图 1-5 所示。

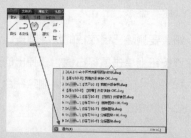

图1-5 从文件菜单栏退出AutoCAD2018

- **标题栏：** 单击标题栏右上角"关闭"按钮 ✕，如图 1-6 所示。

图1-6 单击关闭按钮退出AutoCAD 2018

- **快捷键：** Alt+F4 或 Ctrl+Q。

- **命令行：** QUIT 或 EXIT。命令行中输入的字符不分大小写，如图 1-7 所示。

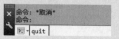

图1-7 从命令行输入关闭命令退出AutoCAD 2018

若在退出AutoCAD 2018之前未进行文件的保存，系统会弹出退出提示对话框，如图 1-8所示。提示使用者在退出软件之前是否保存当前绘图文件。单击"是"按钮，可以进行文件的保存；单击"否"按钮，将不对之前的操作进行保存而退出；单击"取消"按钮，将返回到操作界面，不执行退出软件的操作。

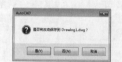

图1-8 退出提示对话框

1.2 AutoCAD 2018操作界面

AutoCAD的操作界面是AutoCAD显示、编辑图形的区域。AutoCAD的操作界面具有很强的灵活性，根据专业领域和绘图习惯的不同，用户可以设置适合自己的操作界面。

1.2.1 AutoCAD的操作界面简介

AutoCAD的默认界面为"草图与注释"工作空间的界面，关于"草图与注释"工作空间在1.5节中有详细介绍，此处仅简单介绍界面中的主要元素。该工作空间界面包括应用程序按钮、快速访问工具栏、菜单栏、标题栏、功能区、标签栏、十字光标、绘图区、坐标系、命令行、状态栏等，如图1-9所示。

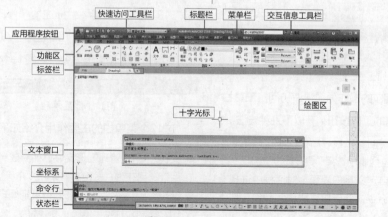

图1-9 AutoCAD 2018界面

1.2.2 应用程序按钮

"应用程序"按钮▲位于窗口的左上角，单击该按钮，系统将弹出用于管理AutoCAD图形文件的菜单，包含"新建""打开""保存""另存为""输出"及"打印"等命令，右侧区域则是"最近使用文档"列表，如图1-10所示。

此外，在应用程序"搜索"按钮左侧的空白区域输入命令名称，即会弹出与之相关的各种命令的列表，选择其中对应的命令便可执行，如图1-11所示。

图1-10 应用程序菜单　图1-11 搜索功能

1.2.3 快速访问工具栏

快速访问工具栏位于标题栏的左侧，它包含了文档操作常用的7个快捷按钮，依次为"新建""打开""保存""另存为""打印""放弃"和"重做"，如图1-12所示。

图1-12 快速访问工具栏

可以通过相应的操作为"快速访问"工具栏增加或删除所需的工具按钮，有以下几种方法。

● 单击"快速访问"工具栏右侧的下拉按钮，在弹出的下拉列表中选择"更多命令"选项，在弹出的"自定义用户界面"对话框中选择将要添加的命令，然后按住鼠标左键将其拖动至快速访问工具栏上即可。

● 在"功能区"的任意工具图标上单击鼠标右键，在弹出的快捷菜单中选择"添加到快速访问工具栏"命令。

如果要删除已经存在的快捷键按钮，只需要在该按钮上单击鼠标右键，在弹出的快捷菜单选择"从快速访问工具栏中删除"命令，即可完成删除按钮操作。

1.2.4 菜单栏

与之前版本的AutoCAD不同，在AutoCAD 2018中，菜单栏在任何工作空间都默认为不显示。只有在"快速访问"工具栏中单击下拉按钮，并在弹出的下拉菜单中选择"显示菜单栏"选项，才可将菜单栏显示出来，如图1-13所示。

图1-13 显示菜单栏

菜单栏位于标题栏的下方，包括12个菜单："文件""编辑""视图""插入""格式""工具""绘图""标注""修改""参数""窗口""帮助"，几乎包含了AutoCAD中所有绘图命令和编辑命令，如图1-14所示。

图1-14 菜单栏

这12个菜单栏的主要作用介绍如下。

● **文件：** 用于管理图形文件，如新建、打开、保存、另存为、输出、打印和发布等。
● **编辑：** 用于对文件图形进行常规编辑，如剪切、复制、粘贴、清除、查找等。

- **视图**：用于管理 AutoCAD 的操作界面，例如缩放、平移、动态观察、相机、视口、三维视图、消隐和渲染等。
- **插入**：用于在当前 AutoCAD 绘图状态下，插入所需的图块或其他格式的文件，如 PDF 参考底图、字段等。
- **格式**：用于设置与绘图环境有关的参数，如图层、颜色、线型、线宽、文字样式、标注样式、表格样式、点样式、厚度和图形界限等。
- **工具**：用于设置一些绘图的辅助工具，如选项板、工具栏、命令行、查询等。
- **绘图**：提供绘制二维图形和三维模型的所有命令，如直线、圆、矩形、正多边形、圆环、边界和面域等。
- **标注**：提供对图形进行尺寸标注时所需的命令，如线性标注、半径标注、直径标注、角度标注等。
- **修改**：提供修改图形时所需的命令，如删除、复制、镜像、偏移、阵列、修剪、倒角和圆角等。
- **参数**：提供对图形约束时所需的命令，如几何约束、动态约束、标注约束和删除约束等。
- **窗口**：用于在多文档状态时设置各个文档的屏幕，如层叠、水平平铺和垂直平铺等。
- **帮助**：提供使用 AutoCAD 2018 所需的帮助信息。

1.2.5 标题栏

标题栏位于AutoCAD窗口的最上方，标题栏显示了当前软件名称，以及显示当前新建或打开的文件的名称等。最右侧提供了用于"最小化"按钮、"最大化"按钮、"恢复窗口大小"按钮和"关闭"按钮，如图1-15所示。

图1-15　标题栏

1.2.6 交互信息工具栏 （难点）

交互信息工具栏主要包括搜索框、A360登录栏、Autodesk应用程序、外部连接4个部分，具体作用说明如下。

1. 搜索框

如果用户在使用AutoCAD的过程中，对某个命令不熟悉，可以在搜索框中输入该命令，打开帮助窗口来获得详细的命令信息。

2.A360 登录栏

"云技术"的应用越来越多，AutoCAD 也日渐重视这一新兴的技术，并有效地将其和传统的图形管理连接起来。A360基于云的平台，可用于访问从基本编辑到强大的渲染功能等一系列云服务。除此之外，还有一个更为强大的功能，那就是如果将图形文件上传至用户的A360账户，即可随时随地访问该图纸，实现云共享，无论是计算机还是手机等移动端，均可以快速查看图形文件，如图1-16所示。

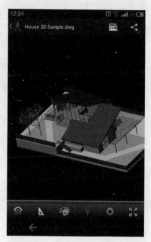

图1-16　在手机上查看图形

而要体验A360云技术的便捷，只需单击登录按钮，在下拉列表中选择"登录到A360"选项，即弹出"Autodesk-登录"对话框，如图1-17所示。

图1-17　"Autodesk-登录"对话框

如果没有账号,可以单击"注册"按钮,打开"Autodesk-创建账户"对话框,按要求进行填写即可进行注册,如图1-18所示。

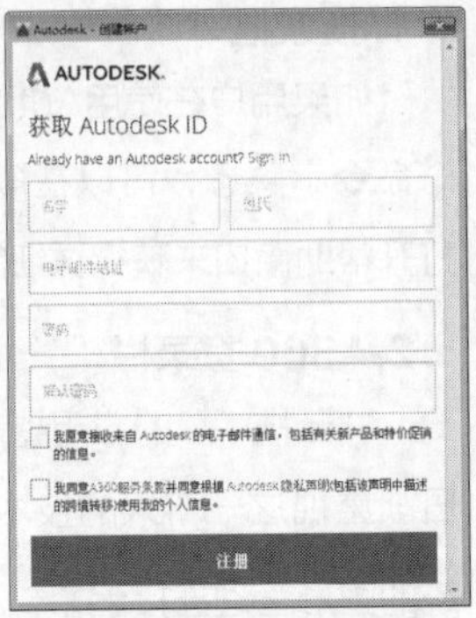

图1-18 "Autodesk-创建账户"对话框

3. Autodesk 应用程序

单击"Autodesk应用程序"按钮，可以打开Autodesk应用程序网站。其中可以下载许多与AutoCAD相关的各类应用程序与插件,如快速多重引线、文本翻译等,如图1-19所示。

图1-19 应用程序网站

4. 外部连接

外部连接按钮的下拉列表中提供了各种快速分享窗口,如优酷、微博等,单击即可快速打开各网站内的有关信息,是内嵌于AutoCAD软件中的网页浏览器。

1.2.7 功能区 重点

"功能区"是各命令选项卡的合称,它用于显示与绘图任务相关的按钮和控件,存在于"草图与注释""三维基础"和"三维建模"工作空间中。"草图与注释"工作空间的"功能区"包含"默认""插入""注释""参数化""视图""管理""输出""附加模块""A360""精选应用""BIM360""Performance"共12个选项卡。每个选项卡包含若干个面板,每个面板又包含许多由图标表示的命令按钮。

相关链接

关于"工作空间"的内容请参阅本书第1章的第1.6.1~1.6.3节。

用户创建或打开图形时,功能区将自动显示。如果没有显示功能区,那么用户可以执行以下操作来手动显示功能区。

● **菜单栏**:选择"工具"|"选项板"|"功能区"命令。
● **命令行**:ribbon。如果要关闭功能区,则输入ribbonclose命令。

1. 功能区选项卡的组成

因为"草图与注释"工作空间是默认的,也是最为常用的软件工作空间,所以,只介绍其中的12个选项卡。

◆ **"默认"选项卡**

"默认"选项卡从左至右依次为"绘图""修改""注释""图层""块""特性""组""实用工具""剪贴板"和"视图"10大功能面板。"默认"选项卡集中了AutoCAD中常用的命令,涵盖绘图、标注、编辑、修改、图层、图块等各个方面,是最主要的选项卡,如图1-20所示。

图1-20 "默认"选项卡

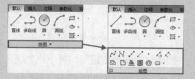
◆ "插入"选项卡

"插入"选项卡从左至右依次为"块""块定义"等功能面板。"插入"选项卡主要用于图块、外部参照等外在图形的调用，如图1-22所示。

图1-22 "插入"选项卡

◆ "注释"选项卡

"注释"选项卡从左至右依次为"文字""标注""引线""表格""标记"等功能面板。"注释"选项卡提供了详尽的标注命令，包括引线、公差、云线等，如图1-23所示。

图1-23 "注释"选项卡

◆ "参数化"选项卡

"参数化"选项卡从左至右依次为"几何""标注""管理"3大功能面板。"参数化"选项卡主要用于管理图形约束方面的命令，如图1-24所示。

图1-24 "参数化"选项卡

◆ "视图"选项卡

"视图"选项卡从左至右依次为"视口工具""视图""模型视口""选项板""界面""导航"6大功能面板。"视图"选项卡提供了大量用于控制显示视图的命令，包括UCS的显现、绘图区上ViewCube和"文件""布局"等标签的显示与隐藏，如图1-25所示。

图1-25 "视图"选项卡

◆ "管理"选项卡

"管理"选项卡从左至右依次为"动作录制器""自定义设置""应用程序""CAD标准"等功能面板。该选项卡可以用来加载AutoCAD的各种插件与应用程序，如图1-26所示。

图1-26 "管理"选项卡

◆ "输出"选项卡

"输出"选项卡从左至右依次为"打印""输出为DWF/PDF"功能面板。"输出"选项卡集中了图形输出的相关命令，包含打印、输出PDF等，如图1-27所示。

图1-27 "输出"选项卡

◆ "附加模块"选项卡

可以在Autodesk应用程序网站中下载的各类应用程序和插件都会集中在"附加模块"选项卡，如图1-28所示。

图1-28 "附加模块"选项卡

◆ "A360"选项卡

"A360"选项卡可以看作1.3.6节所介绍的交互信息工具栏的扩展,主要用于A360的文档共享,如图1-29所示。

图1-29 "A360"选项卡

◆ "精选应用"选项卡

在AutoCAD的"精选应用"选项卡中提供了许多最新、最热门的应用程序,供用户试用。这些应用种类各异,功能强大,本书无法尽述,有待读者去自行探索,如图1-30所示。

图1-30 "精选应用"选项卡

2. 切换功能区显示方式

功能区可以以水平或垂直的方式显示,也可以显示为浮动选项板。另外,功能区可以以最小化状态显示,其方法是在功能区选项卡右侧单击下拉按钮▣，在弹出的下拉列表中选择以下4种中一种最小化功能区状态选项,如图1-31所示。

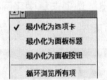

图1-31 切换功能区显示方式

单击下拉按钮▣左侧的切换符号▣，可以在默认和最小化功能区状态之间切换。

● **"最小化为选项卡":** 选择该选项,则功能区只会显示出各选项卡的标题,如图1-32所示。

图1-32 最小化为选项卡

● **"最小化为面板标题":** 选择该选项,则功能区仅显示选项卡和各命令面板标题,如图1-33所示。

图1-33 最小化为面板标题

● **"最小化为面板按钮":** 最小化功能区以便仅显示选项卡标题和面板按钮,如图1-34所示。

图1-34 最小化为面板按钮

● **"循环浏览所有项":** 按以下顺序切换所有4种功能区状态——完整功能区、最小化面板按钮、最小化为面板标题、最小化为选项卡。

3. 自定义选项卡及面板的构成

鼠标右键单击面板按钮,弹出显示控制快捷菜单,可以分别调整"选项卡"与"面板"的显示内容,名称前被勾选则内容显示,反之则隐藏,如图1-35所示。

图1-35 调整选项卡与面板的显示

4. 调整功能区位置

在"选项卡"名称上单击鼠标右键,在弹出的快捷菜单中选择"浮动"命令,可使"功能区"浮动在"绘图区"上方。此时用鼠标左键按住"功能区"左侧灰色边框拖动,可以自由调整其位置,如图1-36所示。

图1-36 浮动功能区

如果选择菜单最下面的"关闭"命令，则将整体隐藏功能区，进一步扩大绘图区区域，如图1-37所示。

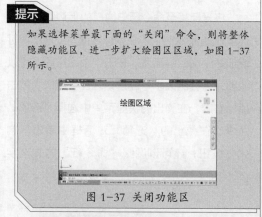

图1-37 关闭功能区

1.2.8 标签栏

文件标签栏位于绘图窗口上方，每个打开的图形文件都会在标签栏显示一个标签，单击文件标签即可快速切换至相应的图形文件窗口，如图1-38所示。

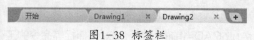

图1-38 标签栏

AutoCAD 2018的标签栏中"新建选项卡"图形文件选项卡重命名为"开始"，并在创建和打开其他图形时保持显示。单击标签上的█按钮，可以快速关闭文件；单击标签栏右侧的█按钮，可以快速新建文件；用鼠标右键单击标签栏的空白处，可以在弹出的快捷菜单中选择"新建""打开""全部保存""全部关闭"命令，如图1-39所示。

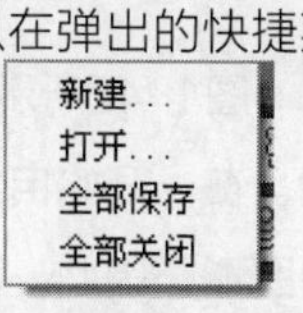

新建...
打开...
全部保存
全部关闭

图1-39 快捷菜单

此外，在光标经过图形文件选项卡时，将显示模型的预览图像和布局。如果光标经过某个预览图像，相应的模型或布局将临时显示在绘图区域中，并且可以在预览图像中访问"打印"和"发布"工具，如图1-40所示。

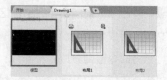

图1-40 文件选项卡的预览功能

1.2.9 绘图区

"绘图窗口"又常被称为"绘图区域"，它是绘图的焦点区域，绘图的核心操作和图形显示都在该区域中，如图1-41所示。在绘图窗口中有4个工具需注意，分别是光标、坐标系图标、ViewCube工具和视口控件。其中视口控件显示在每个视口的左上角，提供更改视图、视觉样式和其他设置的便捷操作方式，视口控件的3个标签将显示当前视口的相关设置。注意当前文件选项卡决定了当前绘图窗口显示的内容。

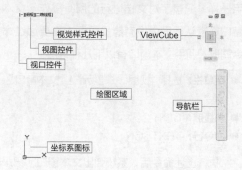

图1-41 绘图区

图形窗口左上角有3个快捷功能控件，可以快速修改图形的视图方向和视觉样式，如图1-42所示。

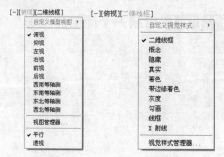

图1-42 快捷功能控件菜单

1.2.10 命令行与文本窗口

命令行是输入命令名和显示命令提示的区域，默认的命令行窗口布置在绘图区下方，由若干文本行组成。命令窗口中间有一条水平分界线，它将命令窗口分成两个部分：“命令行”和“命令历史窗口”。位于水平线下方为“命令行”，它用于接收用户输入的命令，并显示AutoCAD提示信息；位于水平线上方为“命令历史窗口”，它含有AutoCAD启动后所用过的全部命令及提示信息，该窗口有垂直滚动条，可以上下滚动，查看以前用过的命令，如图1-43所示。

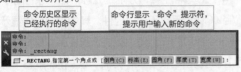

图1-43 命令行

AutoCAD文本窗口的作用和命令窗口的作用一样，记录了对文档进行的所有操作。文本窗口在默认界面中没有直接显示，需要通过命令调取。调用文本窗口有以下几种方法。

- **菜单栏：**选择“视图”|“显示”|“文本窗口”命令。
- **快捷键：**Ctrl+F2。
- **命令行：**TEXTSCR。

执行上述命令后，系统弹出文本窗口，记录了文档进行的所有编辑操作，如图 1-44所示。

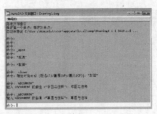

图1-44 AutoCAD文本窗口

将光标移至命令历史窗口的上边缘，当光标呈现 ÷ 形状时，按住鼠标左键向上拖动即可增加命令窗口的高度。在工作中通常除了可以调整命令行的大小与位置外，在其窗口内单击鼠标右键，在弹出的快捷菜单中选择“选项”命令，在弹出的“选项”对话框中单击“字体”按钮，还可以调整“命令行”内文字字体、字形和大小，如图1-45所示。

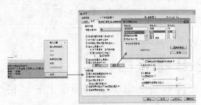

图1-45 调整命令行字体

1.2.11 状态栏

状态栏位于屏幕的底部，用来显示AutoCAD当前的状态，如对象捕捉等命令的工作状态，如图1-46所示。同时AutoCAD 2018将之前的模型布局标签栏和状态栏合并在一起，并且取消显示当前光标位置。

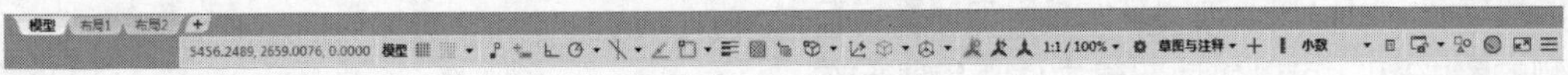

图1-46 状态栏

练习1-1 绘制一个简单的图形

难度：☆☆

素材文件：无

效果文件：素材\ 第1 章\ 练习1-1 绘制一个简单的图形-OK.dwg

在线视频：第1 章\ 练习1-1 绘制一个简单的图形.mp4

图1-47所示为一幅完整的建筑平面设计图纸。在一开始自然不会要求读者绘制如此复杂的图形，因此，本例只需绘制其中的一个轴线符号（右下角方框内部分），让读者结合前面几节的学习，来进一步了解AutoCAD是如何进行绘图工作的。

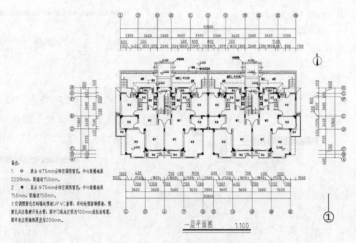

图1-47 建筑平面图

相关链接

关于本图的最终绘制方法，请参见本书第15章的15.3节。

01 双击桌面上的快捷图标**A**，启动 AutoCAD 软件。

02 单击左上角"快速访问"工具栏中的"新建"按钮，自动弹出"选择样板"对话框，不做任何操作，直接单击"打开"按钮即可，如图1-48所示。

图1-48 "选择样板"对话框

相关链接

有关新建图形的方法，以及样板文件的使用和创建方法，请参见本书第1章的1.6.2节和1.6.4节。

03 自动进入空白的绘图界面，即可进行绘图操作。在"默认"选项卡下单击"绘图"面板中的"圆"按钮，然后任意指定一点为圆心，输入半径值20，即可绘制圆，如图1-49所示。

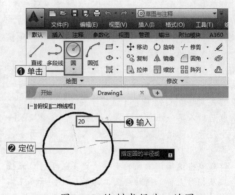

图1-49 绘制半径为20的圆

04 绘制圆完整的命令行提示如下。

命令：_circle　　\\执行"圆"命令
指定圆的圆心或 [三点(3P)\两点(2P)\切点、切点、半径(T)]：　　\\在绘图区任意指定一点为圆心
指定圆的半径或 [直径(D)]：20↙
　　　　　　　　\\直接输入半径值20

提示

在上面的命令提示中，"\\"符号及其后面的文字均是对步骤的说明；而"↙"符号则表示按Enter键或空格键，如上文的"20↙"即表示"输入20，然后按Enter键"。本书大部分的命令均会给出这样的命令行提示，读者可以此为参照进行模仿操作。

05 绘制符号上方的竖直线。单击"绘图"面板中的"直线"按钮，然后选择圆的上方象限点作为直线的起点，垂直向上绘制一条长度为30的直线，如图1-50所示。命令行操作提示如下。

命令: _line　　　　\\执行"直线"命令
指定第一个点:　　　\\捕捉圆的上方象限点为直线的起点
指定下一点或 [放弃(U)]: @0,30 ↙
　　　　　　　　　\\输入直线端点的相对坐标
指定下一点或 [放弃(U)]: ↙
　　　　　　　　　\\按Enter键结束命令

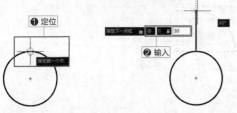

图1-50 绘制长度为30的直线

象限点是圆在上、下、左、右4个方向上的顶点，其在 AutoCAD 中的显示符号为，因此当移动光标至上图中的位置，当光标出现该符号时，即捕捉到了圆的上方象限点，此时单击鼠标左键即可指定直线的第一点；而指定直线端点时所输入的"@0,30"，是一种坐标定位法，在输入坐标时，首先需要输入 @ 符号（该符号表示相对坐标），然后输入第一个数字（即 x 坐标），接着输入一个逗号（此逗号只能是英文输入法下的逗号），再输入第 2 个数字（即 y 坐标），最后按 Enter键或空格键确认输入的坐标。更多关于特征点捕捉及相对坐标等辅助绘图工具的用法，请参见本书的第 2 章。

06 创建注释文字。在"默认"选项卡中单击"注释"面板上的"文字"按钮 **A**，根据系统提示，在绘图区中任意指定文字框的第一个角点和对角点，如图 1-51 所示。

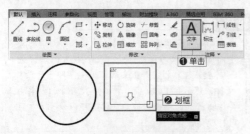

图 1-51 指定文字创建区域

07 指定了输入文字的对角点之后，会自动弹出"文字编辑器"选项卡和编辑框，用户可以在其中输入文字，如图 1-52 所示。

图1-52 "文字编辑器"选项卡和编辑框

08 在左上角的"样式"面板中设置文字高度为20，接着输入注释文字"1"，如图 1-53 所示。

图1-53 输入注释文字

相关链接

有关创建文字的更多信息，请参见本书的第 6 章。

09 将注释文本移动至圆图形内即可。在"默认"选项卡中单击"修改"面板中的"移动"按钮 ✛，然后选择文字为要移动的对象，将其移动至圆圈内，如图 1-54 所示。命令行操作提示如下。

命令: _move　　　\\执行"移动"命令
选择对象: 找到 1 个
　　　　　　　　\\选择文字1为要移动的对象
指定基点或 [位移(D)] <位移>:
　　　　　　　　\\可以任意指定一点，此点即为移动的参考点
指定第二个点或 <使用第一个点作为位移>:
　　　　　　　　\\选取目标点，放置图形

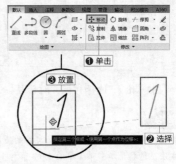

图1-54 移动文字

相关链接

有关"移动"命令和其他更多的编辑命令操作方法，请参见本书的第 4 章。

10 至此，已经完成了轴线符号图形的绘制，效果如图1-55所示。

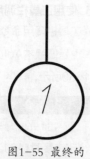

图1-55 最终的轴线符号图形

本例仅简单演示了AutoCAD的绘图功能，其中涉及的命令有图形的绘制（直线、圆）、图形的编辑（移动）、图形的注释（创建文字），以及捕捉象限点、输入相对坐标等辅助绘图工具。AutoCAD中绝大部分工作都基于这些基本的技巧，本书的后续章节将会更加详细地介绍这些过程，以及许多在本例中没有提及的命令。

1.3 AutoCAD 2018执行命令的方式

命令是AutoCAD用户与软件交换信息的重要方式，本节将介绍执行命令的方式，如何终止当前命令、退出命令及如何重复执行命令等。

1.3.1 命令调用的5种方式

AutoCAD中调用命令的方式有很多种，这里仅介绍常用的5种。本书在后面的命令介绍章节中，将专门以"执行方式"的形式介绍各命令的调用方法，并按常用顺序依次排列。

1. 使用功能区调用

3个工作空间都是以功能区作为调用命令的主要方式。相比其他调用命令的方法，功能区调用命令更为直观，只需单击对应面板中的命令按钮即可（"练习1-1"中的图形即是以此方法绘制的），非常适合不能熟记绘图命令的AutoCAD初学者。

功能区使绘图界面无须显示多个工具栏，系统会自动显示与当前绘图操作相应的面板，从而使应用程序窗口更加整洁。因此，可以将进行操作的区域最大化，使用单个界面来加快和简化工作，如图1-56所示。

图1-56 功能区面板

2. 通过命令行输入

使用命令行输入命令是AutoCAD的一大特色功能，同时也是最快捷的绘图方式。这就要求用户熟记各种绘图命令的简写，一般对AutoCAD比较熟悉的用户都用此方式绘制图形，因为这样可以大大提高绘图的速度和效率。

AutoCAD绝大多数命令都有其相应的简写方式，如"直线"命令LINE的简写方式是L，"圆"命令CIRCLE的简写方式是C，如图1-57所示。读者可以尝试使用该方法重新绘制"练习1-1"中的图形。

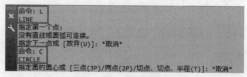

图1-57 通过命令行调用命令

对于常用的命令，用简写方式输入将大大减少键盘输入的工作量，提高工作效率。另外，AutoCAD对命令或参数输入不区分大小写，因此，操作者不必考虑输入的大小写。

在命令行输入命令后，可以使用以下方法响应其他任何提示和选项。

- 要接受显示在方括号"[ ]"中的默认选项，则按 Enter 键。
- 要响应提示，则输入值或单击图形中的某个位置。
- 要指定提示选项，可以在提示列表（命令行）中输入所需提示选项对应的亮显字母，然后按 Enter 键。也可以单击选择所需要的选项，在命令行中单击选择"倒角（C）"选项，等同于在此命令行提示下输入"C"并按 Enter 键。

3. 使用菜单栏调用

菜单栏调用是AutoCAD 2018提供的功能强大的命令调用方法。AutoCAD绝大多数常用命令都分门别类地放置在菜单栏中。例如，若需要在菜单栏中调用"多段线"命令，选择"绘图"|"多段线"命令即可，如图1-58所示。

图1-58 通过菜单栏调用命令

但是菜单栏调用的方式意味着过多的鼠标单击操作，非常影响效率，因此，AutoCAD在2014以后的版本中默认隐藏了菜单栏，不推荐使用该方式。如需显示菜单栏，可以使用本书1.2.4节所介绍的方法。

4. 使用快捷菜单调用

使用快捷菜单调用命令，即单击鼠标右键，在弹出的快捷菜单中选择命令，如图1-59所示。在不同的位置单击，会出现不同的快捷菜单。

图1-59 通过快捷菜单调用命令

5. 使用工具栏调用

工具栏调用命令是AutoCAD的经典执行方式，也是旧版本AutoCAD主要的执行方法，如图1-60所示。

图1-60 通过工具栏调用命令

但随着时代的进步，该方式也日渐不能满足人们的使用需求，因此与菜单栏一样，工具栏也不会显示在任何工作空间中，只能通过"工具"|"工具栏"|"AutoCAD"命令调出。单击工具栏中的按钮，即可执行相应的命令。用户可以根据实际需要调出工具栏，如UCS、"三维导航""建模""视图""视口"等。

为了获取更多的绘图空间，可以按快捷键Ctrl+O隐藏工具栏，再按一次即可重新显示。

1.3.2 命令的撤销与重做

在刚刚开始使用AutoCAD绘图的过程中，难免会出现操作失误，因此，有必要在一开始便了解一些命令的撤销与重做方面的知识。

1. 撤销命令

在绘图过程中，如果执行了错误的操作，就需要撤销操作。执行"放弃"命令有以下几种方法。

- **菜单栏:** 选择"编辑"|"放弃"命令。
- **工具栏:** 单击"快速访问"工具栏中的"放弃"按钮 。
- **命令行:** Undo 或 U。
- **快捷键:** Ctrl+Z。

执行撤销命令后即可回退到误操作之前的图形状态。但要注意的是，并不是每一次误操作都能使用撤销命令来弥补，因此，读者在学习时还是要养成随时保存的好习惯。

2. 重做命令

通过重做命令，可以恢复前一次或者前几次已经放弃执行的操作，重做命令与撤销命令是一对相对的命令。执行"重做"命令有以下几种方法。

- **菜单栏：** 选择"编辑"|"重做"命令。
- **工具栏：** 单击"快速访问"工具栏中的"重做"按钮 ➡。

- **命令行：** REDO。
- **快捷键：** Ctrl+Y。

> **提示**
>
> 如果要一次性撤销之前的多个操作，可以单击"放弃" ⬅ 按钮后的展开按钮 ⯆，展开操作的历史记录。该记录按照操作的先后，由下往上排列，移动指针选择要撤销的最近几个操作，单击即可撤销这些操作。

1.4　AutoCAD视图的控制

在绘图过程中，为了更好地观察和绘制图形，通常需要对视图进行平移、缩放、重生成等操作。本节将详细介绍AutoCAD视图的控制方法。

1.4.1 视图缩放

视图缩放命令可以调整当前视图大小，既能观察较大的图形范围，又能观察图形的细部而不改变图形的实际大小。视图缩放只是改变视图的比例，并不改变图形中对象的绝对大小，打印出来的图形仍是设置的大小。执行"视图缩放"命令有以下几种方法。

- **快捷操作：** 滚动鼠标滚轮。
- **功能区：** 在"视图"选项卡中单击"导航"面板，选择视图缩放工具。
- **菜单栏：** 选择"视图"|"缩放"命令。
- **工具栏：** 单击"缩放"工具栏中的按钮。
- **命令行：** ZOOM 或 Z。

> **提示**
>
> 本书在第一次介绍命令时，均会给出命令的执行方法，其中"快捷操作"是最为推荐的一种。

在AutoCAD的绘图环境中，如需对视图进行放大、放小，以便更好地观察图形，则可按上面的方法进行操作。其中滚动鼠标的中键滚轮进行缩放是常用的方法。默认情况下向前滚动是放大视图，向后滚动是缩小视图，如图

1-61所示。

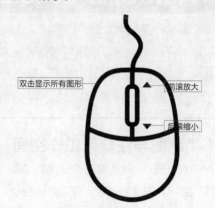

双击显示所有图形　　　前滚放大

后滚缩小

图1-61　通过鼠标进行缩放操作

> **提示**
>
> 如果要一次性将图形布满整个窗口，以显示出文件中所有的图形对象，或最大化所绘制的图形，则可以通过双击中键滚轮来完成。

1.4.2 视图平移

视图平移不改变视图的大小和角度，只改变其位置，以便观察图形其他的组成部分。图形显示不完全，且部分区域不可见时，即可使用视图平移，很好地观察图形。

执行"平移"命令有以下几种方法。

- **快捷操作：**按住鼠标滚轮进行拖动，可以快速进行视图平移。
- **功能区：**单击"视图"选项卡中"导航"面板的"平移"按钮🖐。
- **菜单栏：**选择"视图"｜"平移"命令。
- **命令行：**PAN 或 P。

除了视图大小的缩放外，视图的平移也是使用最为频繁的命令。其中按住鼠标滚轮然后拖动的方式最为常用，如图1-62所示。

必须注意的是，该命令并不是真的移动图形对象，也不是真正改变图形，而是通过位移视图窗口进行平移。

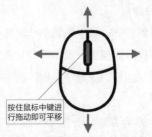

按住鼠标中键进行拖动即可平移

图1-62 通过鼠标进行平移操作

> **提示**
>
> AutoCAD 2018 中具备了三维建模的功能，三维模型的视图操作与二维图形是一样的，只是多了一个视图旋转，以供用户全方位地观察模型。方法是按住 Shift 键，然后按住鼠标滚轮进行拖动。

1.5 AutoCAD 2018工作空间

中文版AutoCAD 2018为用户提供了"草图与注释""三维基础"及"三维建模"3种工作空间。选择不同的空间可以进行不同的操作，例如，在"草图与注释"工作空间下可以很方便地找到有关二维图形绘制和标注的命令，但却很难看到三维建模的相关命令；而切换到"三维建模"工作空间下，则提供了大量三维命令，可供用户进行更复杂的以三维建模为主的操作。

1.5.1 "草图与注释"工作空间

AutoCAD 2018默认的工作空间为"草图与注释"空间。在该空间中，可以方便地使用"默认"选项卡中的"绘图""修改""图层""注释""块"和"特性"等面板绘制和编辑二维图形，如图1-63所示。

图1-63 草图与注释工作空间

1.5.2 "三维基础"工作空间

"三维基础"空间与"草图与注释"空间类似，但"三维基础"空间功能区包含的是基本的三维建模工具，如常用的三维建模、布尔运算及三维编辑按钮，以供用户创建简单的三维模型，如图1-64所示。

图1-64 三维基础工作空间

1.5.3 "三维建模"工作空间

　　"三维建模"空间界面与"三维基础"空间界面较相似，但功能区包含的工具有较大的差异。其功能区选项卡中集中了实体、曲面和网格的多种建模和编辑命令，以及视觉样式、渲染等模型显示工具，为绘制和观察三维图形、附加材质、创建动画、设置光源等操作提供了非常便利的环境，如图1-65所示。

图1-65　三维建模工作空间

1.5.4 切换工作空间

　　在"草图与注释"空间中绘制出二维草图，然后转换至"三维基础"工作空间进行建模操作，再转换至"三维建模"工作空间赋予材质、布置灯光进行渲染，此即AutoCAD建模的大致流程，可见这3个工作空间是互为补充的。切换工作空间有以下几种方法。

● **快速访问工具栏:** 单击快速访问工具栏中"切换工作空间"下拉按钮 ⚙草图与注释 ▾，在弹出的下拉列表中进行切换，如图1-66所示。

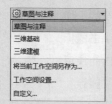

图1-66　通过下拉列表切换工作空间

● **菜单栏:** 选择"工具"|"工作空间"命令，在子菜单中进行切换，如图1-67所示。

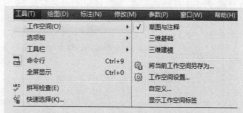

图1-67　通过菜单栏切换工作空间

● **工具栏:** 在"工作空间"工具栏的"工作空间控制"下拉列表中进行切换，如图1-68所示。

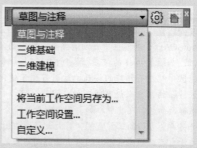

图1-68　通过工具栏切换工作空间

● **状态栏:** 单击状态栏右侧的"切换工作空间"按钮 ⚙ ，在弹出的下拉列表中进行切换，如图1-69所示。

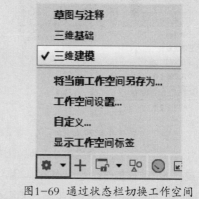

图1-69　通过状态栏切换工作空间

练习1-2　保存自己的工作空间

难度: ☆☆☆	
素材文件: 无	
效果文件: 无	
在线视频: 第1章\ 练习1-2 保存自己的工作空间.mp4	

01 启动 AutoCAD 2018，将工作界面按自己的偏好进行设置，如在"绘图"面板中增加"多线"按钮 ，如图 1-70 所示。

图1-70 有"多线"按钮的命令面板

相关链接

AutoCAD 的功能区中并没有显示出所有的命令按钮,如绘制墙体的"多线"(MLine)命令在功能区中就没有相应的按钮。这对习惯了使用功能区按钮的用户来说有所不便。因此,可以自定义功能区面板,在其中添加、删除和更改命令按钮,并另存为专门的工作空间,将大大提高绘图效率。关于自定义功能区按钮的方法请翻阅本书第1章的1.5.5节。

02 选择"快速访问"工具栏工作空间类表框中的"将当前工作空间另存为"选项,如图1-71所示。

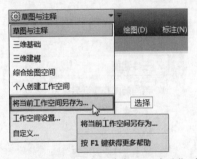

图1-71 选择"将当前工作空间另存为"选项

03 系统弹出"保存工作空间"对话框,输入新工作空间的名称。单击"保存"按钮,自定义的工作空间即创建完成,如图1-72所示。

图1-72 "保存工作空间"对话框

04 在以后的工作中,可以随时通过选择该工作空间,快速将工作界面切换为相应的状态,如图1-73所示。

图1-73 切换工作空间

1.5.5 工作空间设置

通过"工作空间设置"可以修改AutoCAD默认的工作空间。这样做的好处就是能将用户自定义的工作空间设为默认,这样在启动AutoCAD后即可快速工作,无须再进行切换。

执行"工作空间设置"的方法与切换工作空间一致,只需在给列表框中选择"工作空间设置"选项即可。选择之后弹出"工作空间设置"对话框。在"我的工作空间(M)="下拉列表中选择要设置为默认的工作空间,即可将该空间设置为AutoCAD启动后的初始空间,如图1-74所示。

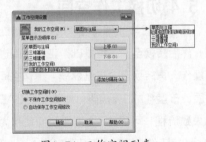

图1-74 工作空间列表

不需要的工作空间,可以将其在工作空间列表中删除。选择工作空间列表框中的"自定义"选项,打开"自定义用户界面"对话框,在不需要的工作空间名称上单击鼠标右键,在弹出的快捷菜单中选择"删除"命令,即可删除不需要的工作空间,如图1-75所示。

图1-75 删除工作空间

练习1-3 创建带"工具栏"的经典工作空间 _{难点}

难度: ☆☆☆☆☆

素材文件: 无

效果文件: 无

在线视频: 第1章\ 练习1-3 创建带"工具栏"的经典工作空间.mp4

在1.3.1节已经介绍过，在很长一段时间内AutoCAD调用命令的方式都是通过工具栏来进行，在AutoCAD 2014之前的版本均以此法为主，其工作界面也与现在的AutoCAD界面有所区别，如图1-76所示。

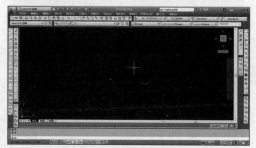

图1-76 经典工作空间

因此对于部分读者来说，相较于AutoCAD 2018新的界面布局来说，可能更习惯图1-76所示的经典布局方式。本例便介绍如何在AutoCAD 2018中还原这种经典布局工作空间。

01 单击快速访问工具栏中的"切换工作空间"下拉按钮▼，在弹出的下拉列表中选择"自定义"选项，如图1-77所示。

02 系统自动打开"自定义工作界面"对话框，然后选择"工作空间"一栏，单击鼠标右键，在弹出的快捷菜单中选择"新建工作空间"命令，如图1-78所示。

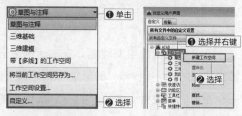

图1-77 选择"自定义"选项　图1-78 选择"新建工作空间"命令

03 在"工作空间"树列表中新添加了一个工作空间，将其命名为"经典工作空间"，然后单击对话框右侧"工作空间内容"区域中的"自定义工作空间"按钮，如图1-79所示。

图1-79 命名经典工作空间

04 返回对话框左侧"所有自定义文件"区域，单击田按钮，展开"工具栏"树列表，依次勾选其中的"标注""绘图""修改""标准""样式""图层""特性"7 个工具栏，即旧版本 AutoCAD 中的经典工具栏，如图 1-80 所示。

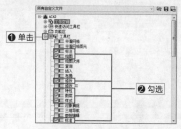

图1-80 勾选经典的工具栏

05 返回勾选上一级的整个"菜单栏"与"快速访问工具栏"下的"快速访问工具栏 1"，如图1-81 所示。

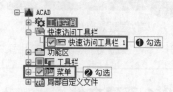

图1-81 勾选其他内容

06 在对话框右侧的"工作空间内容"区域中已经可以预览到该工作空间的结构，确定无误后单击其上方的"完成"按钮，如图1-82所示。

图1-82 完成工作空间的设置

07 在"自定义工作界面"对话框中先单击"应用"按钮，再单击"确定"按钮，退出该对话框，如图 1-83 所示。

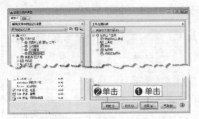

图1-83 应用工作空间

08 将工作空间切换至刚刚创建的"经典工作空间"。可见在原来的"功能区"区域已经消失，但原位置仍空出了一大块，影响界面效果，如图 1-84 所示。

图1-84 新的工作空间界面

09 可以在原功能区处单击鼠标右键，在弹出的快捷菜单中选择"关闭"命令，即可关闭"功能区"，如图 1-85 所示。

图1-85 关闭功能区

10 将各工具栏拖移到合适的位置，最终效果如图 1-86 所示。保存该工作空间后即可随时启用。

图1-86 经典工作空间效果

1.6 AutoCAD的文件管理

文件管理是软件操作的基础，在AutoCAD 2018中，图形文件的基本操作包括新建文件、打开文件、保存文件、另存为文件和关闭文件等。

1.6.1 新建文件

启动AutoCAD 2018后，系统将自动新建一个名为"Drawing1.dwg"的图形文件，该图形文件默认以acadiso.dwt为样板创建。如果用户需要绘制一个新的图形，则需要使用"新建"命令。启动"新建"命令有以下几种方法。

- **标签栏：** 单击标签栏上的 按钮。
- **应用程序按钮：** 单击"应用程序"按钮，

在下拉菜单中选择"新建"选项。

- **快速访问工具栏：** 单击"快速访问"工具栏中的"新建"按钮。
- **命令行：** NEW 或 QNEW。
- **快捷键：** Ctrl+N。

用户可以根据绘图需要，在对话框中选择打开不同的绘图样板，即可以样板文件创建一个新的图形文件。单击"打开"按钮旁的下拉菜单，可以选择打开样板文件的方式，共有"打开""无样板打开-英制（I）""无样板打开-公制（M）"3种方式，如图1-87所示。

图1-87 样板的打开方式

1.6.2 打开文件

AutoCAD文件的打开方式有很多种，启动"打开"命令有以下几种方法。

- **快捷方式：** 直接双击要打开的 .dwg 文件。
- **应用程序按钮：** 单击"应用程序"按钮▲，在弹出的快捷菜单中选择"打开"命令。
- **快速访问工具栏：** 单击"快速访问"工具栏中的"打开"按钮📂。
- **菜单栏：** 选择"文件"|"打开命令。
- **标签栏：** 在标签栏空白位置单击鼠标右键，在弹出的快捷菜单中选择"打开"命令。
- **命令行：** OPEN 或 QOPEN。
- **快捷键：** Ctrl+O。

执行以上任意一个操作都会弹出"选择文件"对话框，该对话框用于选择已有的AutoCAD图形，单击"打开"按钮后的下三角按钮▼，在弹出的下拉菜单中可以选择不同的打开方式，如图1-88所示。

图1-88 文件的打开方式

下拉菜单中各选项含义说明如下。

- **打开：** 直接打开图形，可对图形进行编辑、修改。
- **以只读方式打开：** 打开图形后仅能观察图形，无法进行修改与编辑。
- **局部打开：** 局部打开命令允许用户只处理图形的某一部分，只加载指定视图或图层的几何图形。
- **以只读方式局部打开：** 局部打开的图形无法被编辑修改，只能观察。

相关链接

当打开一个大型的图形文件时，可能会因为过多的图形内容，而需要花费较长的时间才能打开。因此，可以选择局部打开的方式，减少打开文件时需要加载的图形对象，从而加快文件的打开速度。局部打开后的图形也可以通过输入"Paraload"指令来加载被隐藏的对象。

练习1-4 打开图形文件

难度：☆
素材文件：素材\ 第1章\ 练习1-4 打开图形文件.dwg
效果文件：素材\ 第1章\ 练习1-4 打开图形文件-OK.dwg
在线视频：第1章\ 练习1-4 打开图形文件.mp4

01 启动 AutoCAD 2018，进入开始界面。

02 单击开始界面左上角快速访问工具栏上的"打开"按钮📂，如图 1-89 所示。

03 弹出"选择文件"对话框，在其中定位至"素材\ 第 1 章\ 练习 1-4 打开图形文件 .dwg"，如图 1-90 所示。

图1-89 单击"打开"按钮

图1-90 选择要打开的文件

04 单击"打开"按钮 📂，即可打开所选的 AutoCAD 图形，如图 1-91 所示。

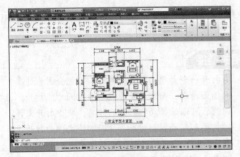

图1-91 打开的AutoCAD文件

1.6.3 保存文件

保存文件不仅是将新绘制的或修改好的图形文件进行存盘，以便以后对图形进行查看、使用或修改、编辑等，还包括在绘制图形过程中软件的自动保存功能，以避免意外情况发生而导致文件丢失或不完整。

1. 手动保存文件

手动保存文件就是对新绘制还没保存过的文件进行保存。启动"保存"命令有以下几种方法。

● **应用程序按钮：** 单击"应用程序"按钮 🔺，在弹出的快捷菜单中选择"保存"命令。

● **快速访问工具栏：** 单击"快速访问"工具栏"保存"按钮 🖫。
● **菜单栏：** 选择"文件"|"保存"命令。
● **快捷键：** Ctrl+ S。
● **命令行：** SAVE 或 QSAVE。

执行"保存"命令后，系统弹出"图形另存为"对话框，如图1-92所示。

图1-92 "图形另存为"对话框

在此对话框中可以进行如下操作。

● **设置存盘路径：** 在"保存于"下拉列表中设置存盘路径。
● **设置文件名：** 在"文件名"文本框中输入文件名称，如我的文档等。
● **设置文件格式：** 在"文件类型"下拉列表中设置文件的格式类型。

图1-93 因版本不同而出现的警告

2. 另存为其他文件

当用户在已存盘的图形基础上进行了其他修改工作，又不想覆盖原来的图形时，可以使用"另存为"命令，将修改后的图形以不同图形文件进行存盘。启动"另存为"命令有以下几种方法。

- **应用程序：** 单击"应用程序"按钮▲，在弹出的快捷菜单中选择"另存为"命令。
- **快速访问工具栏：** 单击"快速访问"工具栏"另存为"按钮🔚。
- **菜单栏：** 选择"文件"|"另存为"命令。
- **快捷键：** Ctrl+Shift+S。
- **命令行：** SAVE As。

3. 自动保存图形文件

除了手动保存外，还有一种比较好的保存文件的方法，即自动保存图形文件，可以免去随时手动保存的麻烦。设置自动保存后，系统会在一定的时间间隔内实行自动保存当前文件编辑的文件内容，自动保存的文件扩展名为.sv$。

练习1-5 另存为低版本文件

难度：☆	
素材文件：素材\ 第1章\ 练习1-5 另存为低版本文件.dwg	
效果文件：素材\ 第1章\ 练习1-5 另存为低版本文件-OK.dwg	
在线视频：第1章\ 练习1-5 另存为低版本文件.mp4	

在日常工作中，经常要与客户或同事进行图纸往来，有时就难免遇到因为彼此AutoCAD版本不同而打不开图纸的情况。原则上高版本的AutoCAD能打开低版本所绘制的图形，而低版本却无法打开高版本的图形。因此，对于使用高版本的用户来说，可以将文件通过"另存为"的方式转存为低版本。

01 打开要"另存为"的图形文件。

02 单击"快速访问"工具栏的"另存为"按钮🔚，弹出"图形另存为"对话框，在"文件类型"下拉列表中选择"Auto CAD 2000/LT2000 图形（*.dwg）"选项，如图 1-94 所示。

图1-94 另存为低版本

03 设置完成后，AutoCAD 所绘图形的保存类型均为 AutoCAD 2000 类型，任何高于 2000 的版本均可以打开，从而实现工作图纸的无障碍交流。

练习1-6 设置定时保存

难度：☆ ☆	
素材文件：无	
效果文件：无	
在线视频：第1章\ 练习1-6 设置定时保存.mp4	

AutoCAD在使用过程中有时会因为停电、死机等各种外界原因造成崩溃，让辛苦绘制的图纸全盘付诸东流。因此，除了在工作中要养成时刻保存的好习惯之外，还可以在AutoCAD中设置定时保存来减小意外造成的损失。

01 新建一个空白文件，然后在命令行中输入 OP 并按 Enter 键，系统弹出"选项"对话框。

02 选择"打开和保存"选项卡，在"文件安全措施"选项组中勾选"自动保存"复选框，在文本框中输入定时保存的间隔时间，如图 1-95 所示。

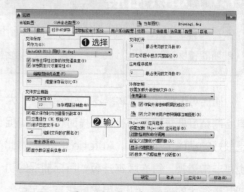

图1-95 添加自动保存

03 单击"确定"按钮关闭对话框，定时保存设置即可生效。

1.6.4 保存为样板文件

如果将AutoCAD中的绘图工具比作设计师手中的铅笔，那么样板文件就可以看成供铅笔涂写的纸。而纸，也有白纸、带格式的纸之分，选择合适格式的纸可以让绘图事半功倍，因此，选择合适的样板文件也可以让AutoCAD的绘图变得更为轻松。

样板文件存储图形的所有设置，包含预定义的图层、标注样式、文字样式、表格样式和视图布局、图形界限等设置及绘制的图框和标题栏。样板文件通过扩展名".dwt"区别于其他图形文件。它们通常保存在AutoCAD安装目

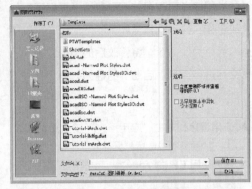

图1-96 另存为样板文件

在进行绘图工作前，许多设计师都会根据自己的绘图习惯，或者项目的制图要求，对AutoCAD的一些参数选项进行设置，如图线的颜色、粗细、文字的字体等。但如果每次启动AutoCAD后都需要先这样设置好一些参数，那无疑会加大用户的工作量，降低工作效率。因此，AutoCAD中提供了样板文件这一功能，可以让用户将参数设置好后另存为样板文件，这样一来在绘制新图形时，只需选择新保存的样板文件，即可省去每次绘制新图形时都要进行的设置。AutoCAD 2018提供了诸多样板以供选用，读者也可以创建自己的样板。

1.7 知识拓展

本章详细介绍了AutoCAD 2018的界面组成，以及一些基本的操作方法，如命令执行、图形的新建和保存等，足以让读者一窥AutoCAD绘图的门径。

捕捉对于AutoCAD绘图来说非常重要，尤其绘制精度要求较高的机械图样时，目标捕捉是很好的精确定点工具。Autodesk 公司对此也是非常重视，每次版本升级，目标捕捉的功能都有很大的提高。切忌用光标线直接定点，这样的点不可能很准确。

除了"练习1-1"介绍的方法，还可以使用键盘上的Tab键来帮助进行捕捉。

当需要捕捉一个物体上的点时，只要将鼠标靠近某个或某物体，不断按Tab键，这个或这些物体的某些特殊点（如直线的端点、中间点、垂直点、与物体的交点、圆的四分圆点、

中心点、切点、垂直点、交点）就会轮换显示出来，选择需要的点，单击即可以捕捉这些点，如图1-97所示。

这两个物体的特殊点将先后轮换显示出来（其所属物体会变为虚线），如图1-98所示。这对于在图形局部较为复杂时捕捉点很有用。

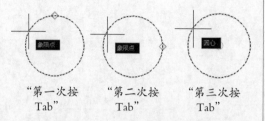

"第一次按 Tab"   "第二次按 Tab"   "第三次按 Tab"

图1-97 捕捉点的切换

注意当鼠标靠近两个物体的交点附近时，

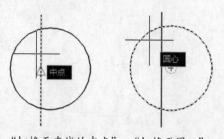

"切换至直线的中点"   "切换至圆心"

图1-98 在不同对象间选择捕捉点

1.8 拓展训练

难度：☆☆☆
素材文件：无
效果文件：素材\ 第1章\ 习题1-OK.dwg
在线视频：第1章\ 习题1.mp4

根据本章所学知识绘制图1-99所示的图形，并保存为AutoCAD 2000格式。

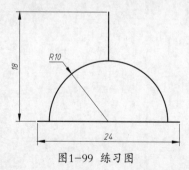

图1-99 练习图

难度：☆☆☆
素材文件：无
效果文件：无
在线视频：第1章\ 习题2. mp4

根据本章所学知识创建一个以自己名字命名的工作空间，并设为默认的工作空间，如图1-100所示。

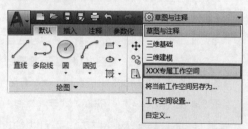

图1-100 创建新的工作空间

第 **2** 章

绘图前须知的基本
辅助工具

AutoCAD因其强大的绘图功能，受到建筑师与设计师等相关从业人员的青睐。在学习使用AutoCAD绘制图纸之前，需要先认识绘图所需要使用的基本辅助工具。辅助工具主要有坐标系、各类绘图工具和捕捉工具、选择图形的方式等，本章介绍辅助工具的基本知识及使用方法，用户可以通过练习实例来巩固所学的知识。

本章重点

学习如何使用辅助绘图工具 ｜ 掌握使用对象捕捉的方法

学习如何使用临时捕捉功能 ｜ 了解各类选择图形的方法

2.1 辅助绘图工具

AutoCAD中常用的辅助绘图工具有动态输入、栅格、捕捉等。通过运用这些辅助工具，可以极大地提高绘图的准确率与速度。本节介绍这些工具的使用方式。

2.1.1 动态输入

在绘制图形的过程中，为了准确地定位图形，需要实时输入相关的数据。

为了方便用户随时检查所输入的数据是否正确，可以启用"动态输入"功能。

在AutoCAD工作界面的右下角显示绘图工具栏，在工具栏中显示若干工具图标。默认情况下，没有显示"动态输入"工具图标。

单击工具栏右侧的按钮 ≡，如图2-1所示，向上弹出菜单列表。

图2-1 单击按钮

在列表中显示各类绘图工具的名称，如"栅格""推断约束"等。

单击"动态输入"选项，在名称前面显示√，如图2-2所示，启用该工具。

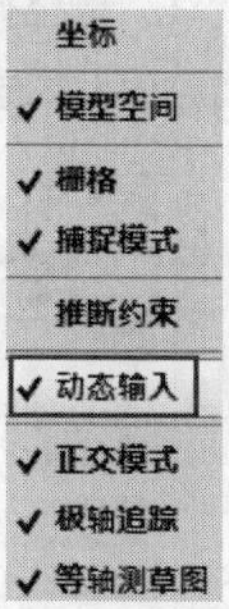

图2-2 选择
"动态输入"选项

提示

在菜单列表中，处于选择状态中的绘图工具，可以在工具栏中显示其图标。

在菜单中选择选项后，将光标移动至菜单栏以外的区域，单击左键，关闭菜单。

此时再次查看工具栏，发现已显示"动态输入"工具图标，如图2-3所示。

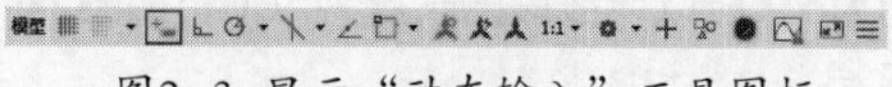

图2-3 显示"动态输入"工具图标

启用"动态输入"工具后，在执行命令的过程中，就可以在绘图区域中查看操作步骤。

例如，启用"直线（LINE/L）"命令后，在光标的右下角显示动态提示，如图2-4所示。

在提示框下方显示命令列表，以L开头的命令均显示在列表中。用户可以滑动右侧的矩形滑块，选择适用的命令。

单击左键指定起点，移动鼠标，在动态提示框中显示光标与起点的间距。

用户输入距离值后，实时在动态框中显示，如图2-5所示。

通过查看动态框中的数据，用户可以知晓所输入的数据是否正确。

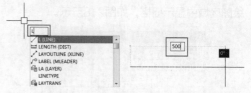

图2-4 显示动态提示　　图2-5 显示距离参数

动态输入模式按照默认参数显示，用户也可以自定义模式参数。

将光标置于"动态输入"图标上，单击鼠标右键，显示"动态输入设置"选项，如图2-6所示。

图2-6 显示选项

稍后弹出"草图设置"对话框，自动切换至"动态输入"选项卡。

在其中显示"指针输入""标注输入"及"动态提示"3个选项，如图2-7所示。

用户通过预览区，查看当前各选项的设置效果。单击预览区下方的"设置"按钮，弹出设置对话框，修改参数，重新定义动态输入模式。

图2-7 "草图设置"对话框

提示

单击"绘图工具提示外观"按钮，打开"工具提示外观"对话框，在其中设置提示框的颜色、大小及透明度等参数。

2.1.2 栅格

启动AutoCAD应用程序后，默认情况下在绘图区域中显示栅格，如图2-8所示。

图2-8 显示栅格

在工作界面右下角的工具栏中单击"栅格"工具图标，图标高亮显示，如图2-9所示，即可启用"栅格"工具。

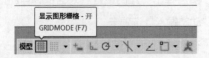

图2-9 高亮显示图标

提示

在键盘上按F7键，也可启用或者关闭"栅格"工具。

将光标置于图标之上，单击鼠标右键，显示"网格设置"选项，如图2-10所示。

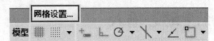

图2-10 显示选项

随即弹出"草图设置"对话框，自动切换至"捕捉和栅格"选项卡，如图2-11所示。

在对话框的右侧，显示"栅格样式""栅格间距""栅格行为"选项组。

修改"栅格样式"选项组参数，调整栅格的显示位置。

在"栅格间距"选项组中修改"栅格X轴间距"与"栅格Y轴间距"选项值，调整绘图区域中栅格的间距。

在"栅格行为"选项组中选择相应的选项，使得栅格在不同的情况下做出相应的改变。

图2-11 修改栅格参数

如图2-11所示，将"栅格X轴间距"与"栅格Y轴间距"均设置为100，在绘制图形时，就可以栅格的间距为参考，定义图形的尺寸。

水平线段与垂直线段分别跨越的栅格数均为5，所以，线段的长度为500，如图2-12所示。

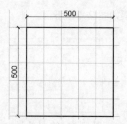

图2-12 利用栅格确定图形尺寸

2.1.3 捕捉

启用"捕捉"功能后,可以准确地定位光标的位置。

单击工具栏上的"捕捉"工具图标▦,图标高亮显示,如图2-13所示,表示"捕捉"工具为启用状态。

图2-13 高亮显示图标

提示

在键盘上按F9键,也可启用或者关闭"捕捉"工具。

将光标置于"捕捉"图标上方,单击鼠标右键,向上弹出菜单,如图2-14所示。

图2-14 弹出菜单

在菜单中选择"捕捉设置"选项,弹出"草图设置"对话框,自动定位至"捕捉和栅格"选项卡,如图2-15所示。

图2-15 设置"捕捉"参数

在"捕捉间距"选项组中设置捕捉间距值。在"捕捉类型"选项组中显示3种捕捉类型,默认选择"栅格捕捉"与"矩形捕捉"。假如在"等轴测"视图中编辑图形,可以启用"等轴测捕捉"类型。

练习2-1 通过栅格与捕捉绘制图形

难度:☆☆

素材文件:素材\第2章\装饰画.dwg

效果文件:素材\第2章\练习2-1 通过栅格与捕捉绘制图形.dwg

在线视频:第2章\练习2-1 通过栅格与捕捉绘制图形.mp4

01 启动 AutoCAD 应用程序,在"栅格"工具图标上单击鼠标右键,在弹出的快捷菜单中选择"网格设置"命令,打开"草图设置"对话框。

02 在"捕捉间距"选项组中设置捕捉间距,在"栅格间距"选项组中设置栅格间距,如图2-16所示。

图2-16 设置参数

03 启用"直线"(LINE/L)命令,将光标置于栅格交点,如图2-17所示,单击左键,指定起点。

图2-17 指定起点

提示

"直线"命令的快捷键为"LINE/L",输入 L 并按空格键可激活命令。或者选择"默认"选项卡,单击"绘图"面板上的"直线"按钮✐,也可激活命令。

04 向右移动鼠标，在动态提示为"900"时，单击栅格交点，指定下一点，如图2-18所示。

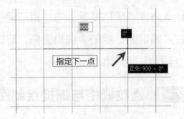

图2-18 指定下一点

05 向下移动鼠标，动态提示显示为"600"，如图2-19所示，单击左键，指定该点。

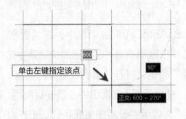

图2-19 向下移动鼠标

06 向右移动鼠标，动态提示为"900"，如图2-20所示，单击左键指定下一点。

图2-20 指定下一点

07 向上移动鼠标，在起点单击，如图2-21所示，指定终点，闭合图形。

图2-21 指定终点

提示

如图2-22所示，向上移动鼠标后，输入C并按空格键，同样也可闭合图形。

08 绘制结果如图2-22所示。

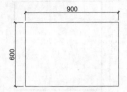

图2-22 绘制结果

09 重新打开"草图设置"对话框，修改"捕捉间距"与"栅格间距"，如图2-23所示。

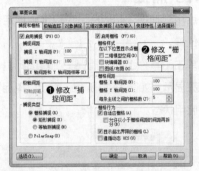

图2-23 修改参数

相关链接

关于打开"草图设置"对话框的方法，可以参考本章2.1.3节图2-15的讲解。

10 启用"直线（LINE/L）"命令，单击栅格交点，如图2-24所示，指定起点。

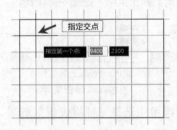

图2-24 指定起点

11 向右移动鼠标，动态提示为"600"，如图2-25所示，单击左键，指定下一点。

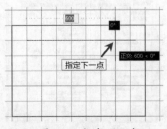

图2-25 指定下一点

12 向下移动鼠标，动态提示为"400"，如图2-26所示，单击左键，指定下一点。

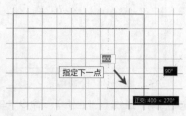

图2-26 指定下一点

13 向左移动鼠标，动态提示为"700"，如图2-27所示，单击左键，指定下一点。

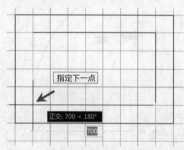

图2-27 指定下一点

14 向上移动鼠标，如图2-28所示，输入C并按空格键，闭合图形。

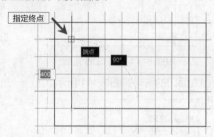

图2-28 指定终点

15 绘制结果如图2-29所示。

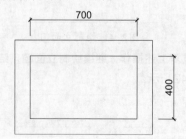

图2-29 绘制结果

16 启用"插入（INSERT/I）"命令，打开"素材\第2章"文件夹，选择"装饰画.dwg"图块，将其插入当前视图中，结果如图2-30所示。

图2-30 插入图块

2.1.4 正交 重点

启用"正交"工具，可以将鼠标的移动方向控制在水平方向或者垂直方向上，帮助用户快速绘制水平线段或者垂直线段。

单击工具栏上的"正交"工具图标，高亮显示图标，如图2-31所示，即可启用"正交"工具。

图2-31 高亮显示图标

提示

在键盘上按F8键，也可启用或者关闭"正交"工具。

在尚未启用"正交"工具之前，光标的一定方向不受限制，如图2-32所示，可以在任意方向绘制图形。

图2-32 不限制方向

启用"正交"工具后，光标被限制在垂直方向或者水平方向，如图2-33所示。

图2-33 限制方向

练习2-2 通过"正交"功能绘制图形

难度: ☆☆

素材文件: 无

效果文件: 素材\ 第2章\ 练习2-2 通过"正交"功能绘制图形.dwg

在线视频: 第2章\ 练习2-2 通过"正交"功能绘制图形.mp4

01 启用"直线（LINE/L）"命令，在绘图区域中单击，指定起点。

02 向上移动鼠标，移动方向被控制在90°，输入距离值为"3000"，如图2-34所示。

03 向右移动鼠标，输入距离值，如图2-35所示，指定下一点的位置。

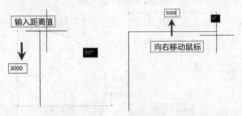

图2-34 输入距离值　　图2-35 向右移动鼠标

04 向下移动鼠标，输入距离参数，如图2-36所示。

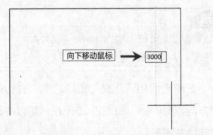

图2-36 输入距离值

05 向左移动鼠标，输入C并按空格键，闭合图形，如图2-37所示。

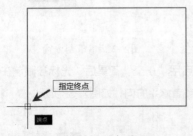

图2-37 闭合图形

06 绘制立面墙体的结果如图2-38所示。

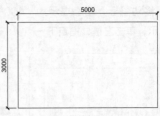

图2-38 绘制结果

07 重复启用"直线（LINE/L）"命令，单击左键指定起点，向上移动鼠标，输入距离值，如图2-39所示。

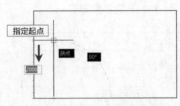

图2-39 向上移动鼠标

08 向右移动鼠标，输入"1000"，如图2-40所示，指定门的宽度。

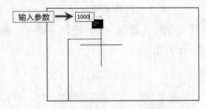

图2-40 指定门的宽度

09 绘制立面门的结果如图2-41所示。

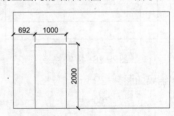

图2-41 绘制立面门

10 重复上述操作，继续绘制立面窗，结果如图2-42所示。

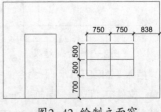

图2-42 绘制立面窗

2.1.5 极轴追踪 _{重点}

与"正交"功能恰好相反，启用"极轴追踪"功能后，可以按照指定的角度限制光标。

单击工具栏上的"极轴追踪"工具图标 ⊙，高亮显示图标，如图2-43所示，即可启用"极轴追踪"工具。

图2-43 高亮显示图标

提示

在键盘上按F10键，也可启用或者关闭"极轴追踪"工具。

单击工具图标 ⊙ 右侧的向下箭头，弹出角度列表，如图2-44所示。在列表中显示增量角，选择其中一项，指定极轴追踪的角度。

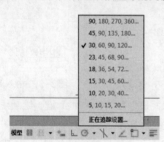

图2-44 弹出菜单

在图2-44所示的菜单中选择"正在追踪设置"选项，弹出"草图设置"对话框，如图2-45所示。

图2-45 "草图设置"对话框

自动切换至"极轴追踪"选项卡，在"增量角"下拉列表中选择相应选项，修改"极轴追踪"的增量角。

勾选"附加角"复选框，单击"新建"按钮 ，输入角度值，在"附加角"矩形框中显示创建结果。

在"极轴追踪"角度列表中显示新创建的"附加角"，如图2-46所示。选择附加角，可将其指定为当前"极轴追踪"的角度。

图2-46 显示附加角

练习2-3 通过"极轴追踪"功能绘制图形

难度：☆☆

素材文件：无

效果文件：素材\ 第2 章\ 练习2-3 通过"极轴追踪"功能绘制图形. dwg

在线视频：第2 章\ 练习2-3 通过"极轴追踪"功能绘制图形.mp4

01 在工具栏的"极轴追踪"工具图标 ⊙ 上单击鼠标右键，在弹出的快捷菜单中选择角度，如图2-47 所示。

02 在绘图区域中单击，指定起点。向右移动鼠标，输入距离值"440"，如图 2-48 所示。

图2-47 选择角度　　图2-48 输入距离值

03 向右上角移动鼠标，在光标的右下角显示当前极轴追踪的角度为45°。输入距离值"650"，如图 2-49 所示。

04 向上移动鼠标，输入距离值"440"，如图2-50所示。

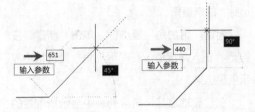

图2-49 指定下一点　图2-50 向上移动鼠标

05 向左移动鼠标，输入距离值"900"，如图2-51所示。

06 向下移动鼠标，输入距离值"900"，如图2-52所示。

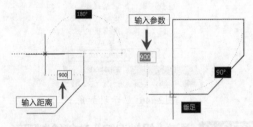

图2-51 向左移动鼠标　图2-52 向下移动鼠标

07 绘制结果如图2-53所示。

08 启用"偏移（OFFSET/O）"命令，指定偏移距离分别为"50""35"，选择线段向内偏移，如图2-54所示。

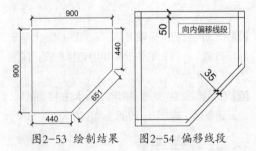

图2-53 绘制结果　　图2-54 偏移线段

提示

将偏移距离设置为"50"，向内偏移线段后，需要先退出命令。接着再次启用命令，修改偏移距离为"35"，再次向内偏移线段。

09 启用"圆角（FILLET/F）"命令，设置圆角半径为0，修剪偏移得到的线段，结果如图2-55所示。

图2-55 修剪线段

提示

启用"圆角"命令后，默认情况下圆角半径为0。用户依次单击线段，即可修剪线段相交部分的多余部分，使之成为一个直角。

10 打开"草图设置"对话框，创建度数为77°的附加角，如图2-56所示。

11 启用"直线（LINE/L）"命令，移动鼠标，显示极轴追踪角度为77°。输入距离值为"309"，如图2-57所示。

图2-56 创建附加角　图2-57 输入距离值

12 输入距离值后，按Enter键，绘制线段的结果如图2-58所示。

13 选择上一步骤所绘制的线段，启用"镜像（MIRROR/MI）"命令，指定内部斜轮廓线的中点为镜像线的第一点，如图2-59所示。

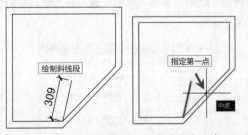

图2-58 绘制结果　图2-59 指定镜像线的第一点

14 移动鼠标，指定外部斜轮廓线的中点为镜像线的第二点，如图2-60所示。

15 在光标的右下角显示提示信息，询问用户“要删除源对象吗？”，选择“否”选项，如图2-61所示。

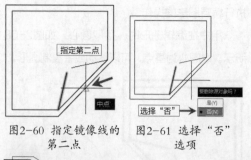

图2-60 指定镜像线的第二点

图2-61 选择“否”选项

提示

当系统询问用户“是否保留源对象”时，选择“是”选项，会删除源对象，保留对象副本。

16 镜像复制线段的结果如图2-62所示，结束创建浴室门的操作。

17 启用“圆（CIRCLE/C）”命令，分别绘制半径为“50”“30”的圆形，如图2-63所示，表示流水孔。

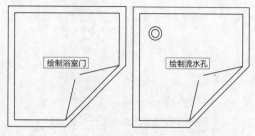

图2-62 镜像复制对象

图2-63 绘制圆形

2.2 对象捕捉

AutoCAD的对象捕捉功能，为用户拾取图形的特定点提供了便利。本节介绍设置对象捕捉点及启用对象捕捉追踪的方式。

2.2.1 对象捕捉概述

CAD图形包含各种类型的特征点，如端点、中点、圆心等。不同种类的图形，所包含的特征点不相同。

例如，直线段包含端点、中点，圆形包含圆心、切点。在绘制或者编辑图形时，以特征点为基准，可以帮助用户准确地编辑图形。

为了方便用户拾取图形特征点，AutoCAD提供了“对象捕捉”工具。

启用工具后，用户可以在图形上拾取特征点。该工具可以帮助用户拾取诸如端点、中点、圆心及几何中心等特征点。

除此之外，用户还可以自定义所拾取的特征点的种类。在“草图设置”对话框中，用户可以选择或者取消选择某些特征点，以使这些特征点在绘图过程中可以被选中或者不可以被选中。

2.2.2 设置对象捕捉点 重点

设置对象捕捉点，可以帮助用户在绘图过程中快速又准确地拾取图形特征点。

默认情况下，“二维对象捕捉”的工具图标没有显示在工具栏上，需要用户自行设置。

单击工具栏右侧的按钮☰，向上弹出菜单。在菜单中选择“二维对象捕捉”选项，如图2-64所示，可以在工具栏上显示工具图标。

图2-64 选择选项

提示

对象捕捉有两种形式，一种是“二维对象捕捉”，在二维视图中使用。另外一种是“三维对象捕捉”，在三维视图中使用。

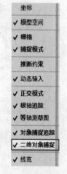

将光标置于工具栏中的"对象捕捉"图标 上，单击鼠标右键，向上弹出菜单，如图2-65所示。

图2-65 向上弹出菜单

在菜单中显示各类捕捉模式，选择"对象捕捉设置"选项，稍后弹出"草图设置"对话框，如图2-66所示。

默认情况下，所有的对象捕捉模式全部被选中。单击右侧的"全部选择"按钮，可以全部选中捕捉模式。单击"全部清除"按钮，则全部取消捕捉模式的选择状态。

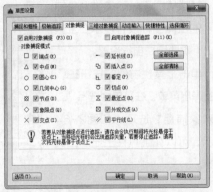

图2-66 设置对象捕捉点

假如取消选择某类捕捉模式，则在绘图或者编辑的过程中，该特征点不会被选中。

在编辑图形的时候，将光标置于图形的端点，在光标的右下角显示该特征点的名称，如

图2-67所示。

拾取端点后，用户就能够以端点为基点，执行编辑图形的操作。

用户在编辑圆形时，拾取圆心，如图2-68所示。以圆心为基点，可以移动或者复制圆形。

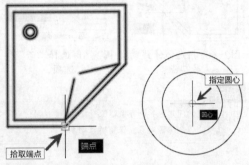

图2-67 拾取图形端点　图2-68 拾取圆心

2.2.3 对象捕捉追踪

启用"对象捕捉追踪"功能，可以从特征点引出追踪矢量。用户借助追踪矢量，执行绘制或者编辑图形的操作。

在工具栏上单击"对象捕捉追踪"工具图标 ，高亮显示图标，如图2-69所示，即可启用工具。

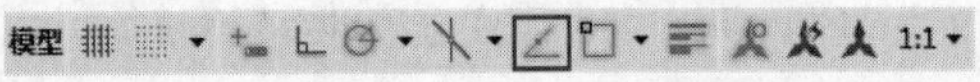

模型 ⊞ ▼ ㄴㄴ ▼ X ▼ ▼ □ ▼ ≡ 🗡 Å ↟ 1:1 ▼

图2-69 高亮显示图标

假如在工具栏上未显示"对象捕捉追踪"图标，用户需要单击工具栏右侧的按钮 ，在弹出的菜单中选择"对象捕捉追踪"选项，即可在工具栏上添加该工具的图标。

将光标置于特征点上，例如端点，当移动

光标时，会出现追踪矢量，如图2-70所示。追踪矢量的方向与光标的移动方向相同。

　　向右移动光标，追踪矢量的方向随之发生改变，如图2-71所示。借助追踪矢量，用户可以指定图形的移动距离，或者在指定的位置上创建图形副本。

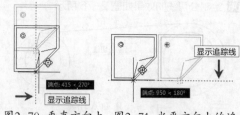

图2-70　垂直方向上　　图2-71　水平方向上的追
　　的追踪矢量　　　　　踪矢量

2.3　临时捕捉

在绘图或者编辑图形的过程中，用户可以随时启用临时捕捉功能。启用该功能后，可以捕捉到图形的特征点，如端点、圆心等。

2.3.1 临时捕捉概述

　　临时捕捉是用户临时启用的一次性捕捉模式。当用户在操作的过程中，需要拾取图形特征点来辅助绘图时，可以启用"临时捕捉"功能。

　　执行命令后，命令行提示用户输入点坐标，按住Shift键不放，接着单击鼠标右键，弹出图2-72所示的菜单。

　　在菜单中提供多种类型的捕捉模式，如"临时追踪""自"等，选择适用的模式即可运用到绘图工作中。

图2-72　临时捕捉菜单

练习2-4　使用"临时捕捉"绘制公切线

难度：☆☆

素材文件：素材\ 第2章\ 练习2-4 使用"临时捕捉"绘制公切线– 素材.dwg

效果文件：素材\第2章\ 练习2-4 使用"临时捕捉"绘制公切线.dwg

在线视频：第2章\ 练习2-4 使用"临时捕捉"绘制公切线.mp4

01 打开"素材\ 第2章\ 练习2-4 使用'临时捕捉'绘制公切线 – 素材 .dwg"文件，如图 2-73 所示。

图2-73　打开素材

02 启用"直线（LINE/L）"命令，按住 Shift 键不放，单击鼠标右键，弹出快捷菜单。

03 在菜单中选择"切点"命令，将光标置于左侧的外圆上，如图 2-74 所示，显示切点符号。

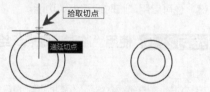

图2-74　拾取切点

04 单击左键，指定切点为直线的起点。

05 重新启用"临时捕捉"功能，选择"切点"捕捉模式，在右侧的外圆上拾取切点，如图 2-75 所示。

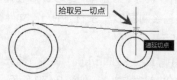

图2-75　拾取切点

06 绘制公切线的效果如图 2-76 所示。

图2-76 绘制公切线

07 沿用上述所介绍的方法，绘制公切线连接圆形，结果如图 2-77 所示。

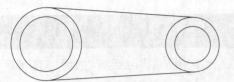

图2-77 绘制结果

2.3.2 临时追踪点

在绘制或者编辑图形前，可以先建立一个临时追踪点，为操作提供参考。借助临时追踪点，可以帮助用户快速指定起点，免除了需要绘制辅助线的步骤。

执行命令后，按住Shift键不放，然后单击鼠标右键，在弹出的快捷菜单中选择"临时追踪点"命令。

或者在执行命令时输入"TT"并按空格键，也可启用"临时追踪点"功能。

练习2-5 使用"临时追踪点"绘制图形

难度：☆☆

素材文件：素材\第2章\练习2-5 使用"临时追踪点"绘制图形- 素材.dwg

效果文件：素材\第2章\练习2-5 使用"临时追踪点"绘制图形.dwg

在线视频：第2章\练习2-5 使用"临时追踪点"绘制图形.mp4

01 打开"素材\第2章\练习2-5 使用'临时追踪点'绘制图形 - 素材.dwg"文件，如图2-78 所示。

02 启用"直线（LINE/L）"命令，将光标置于左上角的内部端点之上，如图2-79 所示。

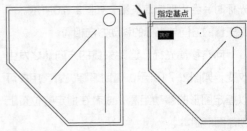

图2-78 打开素材　　图2-79 指定端点

03 在命令行中输入"TT"并按空格键，启用"临时追踪点"功能。

04 向右移动鼠标，引出追踪线，同时输入数据，如图 2-80 所示，指定追踪点的位置。

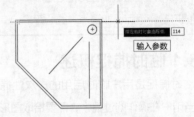

图2-80 指定临时追踪点

05 向下移动鼠标，引出垂直追踪线，输入数据，如图 2-81 所示。

06 单击左键，指定线段的起点。向右移动鼠标，输入数据，如图 2-82 所示，指定线段的终点。

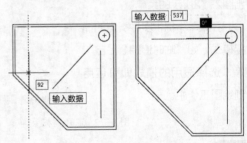

图2-81 向下移动鼠标　　图2-82 输入距离值

07 按Enter 键，结束绘制，结果如图 2-83 所示。

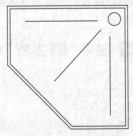

图2-83 绘制结果

2.3.3 "自"功能

启用"自"功能，可以帮助用户确定一个点的位置，而这个点不在任意对象之上。

执行命令后，按住Shift键不放，同时单击鼠标右键，在弹出的快捷菜单中选择"自"命令，即可启用"自"功能。

或者在执行命令时输入"FROM"并按空格键，也可以启用"自"功能。

练习2-6 使用"自"功能绘制图形

难度：☆☆

素材文件：素材\第2章\练习2-6 使用"自"功能绘制图形-素材.dwg

效果文件：素材\第2章\练习2-6 使用"自"功能绘制图形.dwg

在线视频：第2章\练习2-6 使用"自"功能绘制图形.mp4

01 打开"素材\第2章\练习2-6 使用'自'功能绘制图形-素材.dwg"文件，如图2-84所示。

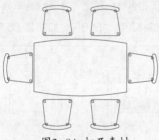
图2-84 打开素材

02 启用"直线（LINE/L）"命令，在命令行中输入"FROM"并按空格键，启用"自"功能。

03 单击左上角的点为基点，如图2-85所示。

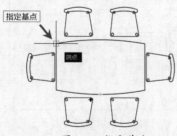
图2-85 指定基点

04 首先输入"@"符号，接着输入坐标值，如图2-86所示。

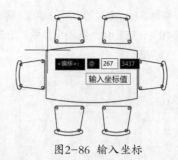
图2-86 输入坐标

提示

同时按下键盘上的 Shift 键与数字 2 键，可以输入"@"符号。

05 输入逗号，接着再次输入坐标值，如图2-87所示。

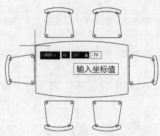
图2-87 输入坐标

06 单击鼠标左键，指定起点。向右移动鼠标，输入数据，如图2-88所示，指定线段的下一点。

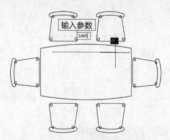
图2-88 向右移动鼠标

07 向下移动鼠标，输入数据，如图2-89所示。

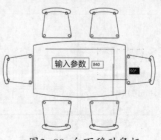
图2-89 向下移动鼠标

08 向左移动鼠标，输入"1495"；向上移动鼠标，输入"840"，按 Enter 键退出命令。绘制结果如图2-90所示。

图2-90 绘制结果

练习2-7 使用"自"功能调整门的位置 重点

难度：☆☆
素材文件：素材\第2章\练习2-7使用"自"功能调整门的位置- 素材.dwg
效果文件：素材\第2章\练习2-7使用"自"功能调整门的位置.dwg
在线视频：第2章\练习2-7使用"自"功能调整门的位置.mp4

01 打开"素材\第2章\练习2-7使用'自'功能调整门的位置 - 素材.dwg"文件，如图2-91所示。

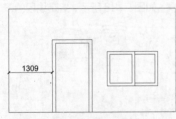

图2-91 打开素材

02 启用"拉伸（STRETCH/S）"命令，选择立面门。单击门的左下角点为拉伸基点，如图2-92所示。

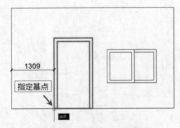

图2-92 指定拉伸基点

03 当命令行提示"指定第二个点"时，输入"FROM"，如图2-93所示，启用"自"功能。

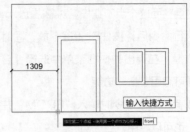

图2-93 启用"自"功能

04 向右移动鼠标，单击左侧墙角点为"自"功能基点，如图2-94所示。

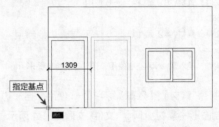

图2-94 指定"自"功能基点

05 输入偏移距离"500"，如图2-95所示。

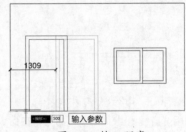

图2-95 输入距离

06 调整门的位置，效果如图2-96所示。

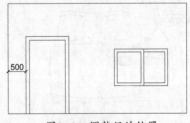

图2-96 调整门的位置

2.3.4 两点之间的中点

如果需要捕捉两个定点之间连线的中点，可以启用"两点之间的中点"功能。

启用该功能后，用户可以迅速捕捉到中点，提高绘图效率。

执行命令后，按住Shift键不放，同时单击鼠标右键，在弹出的快捷菜单中选择"两点之间的中点"命令，可启用功能。

在执行命令时输入"MTP"，也可启用功能。

启用"两点之间的中点"捕捉功能后，用户依次指定两个定点，稍后便会自动捕捉到两点之间连线的中点。

练习2-8 使用"两点之间的中点"绘制图形

难度：☆☆

素材文件：素材\第2章\练习2-8 使用"两点之间的中点"绘制图形- 素材.dwg

效果文件：素材\第2章\练习2-8 使用"两点之间的中点"绘制图形.dwg

在线视频：第2章\练习2-8 使用"两点之间的中点"绘制图形.mp4

01 打开"素材\第2章\练习2-8 使用'两点之间的中点'绘制图形－素材.dwg"文件，如图2-97所示。

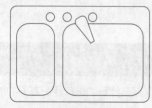

图2-97 打开素材

02 指定左侧圆角矩形的左上角点为中点的第一点，如图2-98所示。

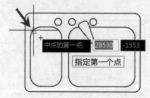

图2-98 指定第一个点

03 移动鼠标，单击圆角矩形的右下角点为中点的第二点，如图2-99所示。

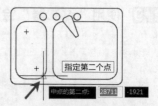

图2-99 指定第二个点

04 依次指定两个点后，将光标自动定位至两点的中点位置，输入半径值，如图2-100所示。

05 按Enter键，绘制流水孔的结果如图2-101所示。

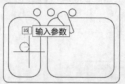
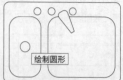

图2-100 输入半径值　　图2-101 绘制圆形

06 沿用上述绘制方法，继续在右侧的圆角矩形中绘制半径为35的圆形，结果如图2-102所示。

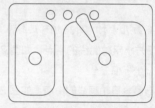

图2-102 绘制结果

2.3.5 点过滤器

使用点过滤器，通过提取x坐标值与y坐标值，确定一个新的$(x，y)$坐标点。

执行命令后，按住Shift键不放，单击鼠标右键，在弹出的快捷菜单中选择"点过滤器"命令，向右弹出子菜单，如图2-103所示。在子菜单中选择适用的点过滤器即可。

在执行命令时输入".X"或者".Y"，也可启用点过滤器。

图2-103 选择点过滤器

练习2-9 使用"过滤器"绘制图形

难度：☆☆

素材文件：素材\第2章\练习2-9使用"过滤器"绘制图形-素材.dwg

效果文件：素材\第2章\练习2-9使用"过滤器"绘制图形.dwg

在线视频：第2章\练习2-9使用"过滤器"绘制图形.mp4

01 打开"素材\第2章\练习2-9使用'过滤器'绘制图形－素材.dwg"文件，如图2-104所示。

02 启用"圆（CIRCLE/C）"命令，按住Shift键，单击鼠标右键，在弹出的快捷菜单中选择点过滤器，如图2-105所示。

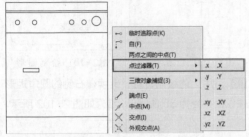

图2-104 打开素材　图2-105 选择点过滤器

03 单击下方水平轮廓线的中点，如图2-106所示，提取x坐标值。

04 单击右侧垂直轮廓线的中点，如图2-107所示，提取y坐标值。

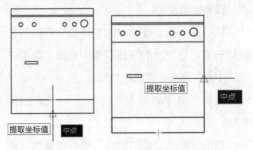

图2-106 提取x　　图2-107 提取y坐标值
　　 坐标值

05 输入半径值，如图2-108所示，指定圆的大小。

06 按Enter键，结束绘制，结果如图2-109所示。

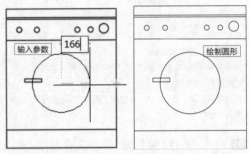

图2-108 输入半径值　图2-109 绘制结果

2.4　如何选择图形

AutoCAD提供了多种选择图形的方法，例如，点选、窗口选择等，适应用户不同的使用需求。本节介绍各种选择图形的方法。

2.4.1 点选

点选是最常使用的选择图形的方式之一。如果用户需要选取单个图形，就可以使用"点选"的方式。

将光标置于待选图形之上，如图2-110所示。单击鼠标左键，即可选中图形，如图2-111所示。

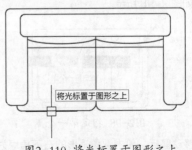

图2-110 将光标置于图形之上

连续单击鼠标左键，可以选择多个图形。按住Shift键不放，单击选择集中的某个图形，可以取消图形的选择状态。

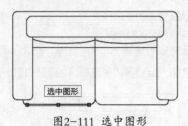

图2-111 选中图形

2.4.2 窗口选择

选择"窗口选择"的方式来选择图形，需要在图形上绘制矩形选框。

将光标置于图形的左上角点，按住鼠标左键不放，向右下角移动鼠标，指定矩形选框的对角点，如图2-112所示。

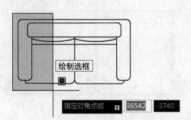

图2-112 绘制矩形选框

指定对角点后松开鼠标左键，全部位于矩形选框之内的图形被选中，如图2-113所示。之后用户对选中的部分执行编辑操作，如移动、删除等。

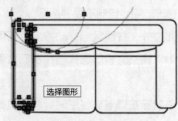

图2-113 窗口选择图形

2.4.3 窗交选择

与"窗口选择"方式不同，使用"窗交选择"方式选择图形，无论图形是全部或者部分位于选框内，都可以被选中。

在图形的左上角点单击左键，向下移动鼠标，单击指定矩形选框的对角点，如图2-114所示。

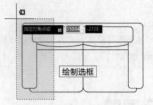

图2-114 绘制矩形选框

松开鼠标左键，全部或者与选框边界相交的图形均被选中，如图2-115所示。

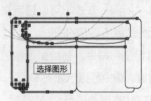

图2-115 选择结果

2.4.4 栏选

在图形上绘制连续的折线段，与折线段相交的图形会被选中。

在未执行任何命令的情况下，在绘图区域中单击鼠标左键，命令行提示如下。

命令: 指定对角点或 [栏选(F)\圈围(WP)\圈交(CP)]: F
指定下一个栏选点或 [放弃(U)]:
指定下一个栏选点或 [放弃(U)]:

在命令行中输入F，选择"栏选"选项。移动鼠标，指定下一个栏选点，如图2-116所示。

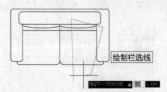

图2-116 指定栏选点

指定栏选点位置后，按Enter键，与线段相交的图形被选中，如图2-117所示。

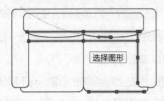

图2-117 选择图形

2.4.5 圈围

选择"窗口"选择方式选择图形，其选框为矩形，选择图形的局限性较大。

选择"圈围"方式，可以自定义多边形窗口，灵活地选取所需要的图形。

不执行任何命令，在绘图区域的空白处单击鼠标左键，命令行提示如下下。

命令: 指定对角点或 [栏选(F)\圈围(WP)\圈交(CP)]: WP
指定直线的端点或 [放弃(U)]:
指定直线的端点或 [放弃(U)]:

在命令行中输入WP，选择"圈围"方式，移动鼠标，单击左键指定端点，绘制多边形选框，如图2-118所示。

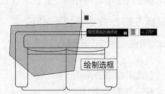

图2-118 绘制多边形选框

选框绘制完毕，单击左键，全部位于选框内部的图形才会被选中，如图2-119所示。

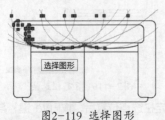

图2-119 选择图形

2.4.6 圈交

"圈交"选择方式与"窗交"选择方式类似，与选框边界相交的图形会被选中。

不执行任何命令，在绘图区域的空白处单击鼠标左键，命令行提示如下。

命令: 指定对角点或 [栏选(F)\圈围(WP)\圈交(CP)]: CP
指定直线的端点或 [放弃(U)]:
指定直线的端点或 [放弃(U)]:

在命令行中输入CP，选择"圈交"方式。移动鼠标，绘制多边形选框，如图2-120所示。

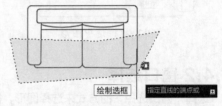

图2-120 绘制选框

选框绘制完毕，按Enter键，与选框边界相交的图形被选中，如图2-121所示。

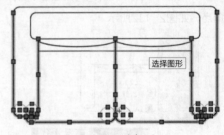

图2-121 选择图形

2.4.7 套索选择

套索选择方式与前面小节所述的选择方式相比，更加人性化。

选用"套索"方式选择图形，用户可以任意指定选区范围，绘制不规则选框。

除此之外，按照鼠标移动方向的不同，还可以分为"窗交套索"选择与"窗口套索"选择两种。

按住鼠标左键不放，逆时针移动鼠标，可以绘制"窗交套索"选框，如图2-122所示。

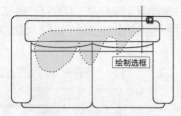

图2-122 绘制选框

按Enter键，与选框相交的图形会被选中，如图2-123所示。

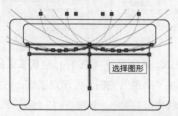

图2-123 选择图形

按住鼠标左键不放，顺时针移动鼠标，在图形上绘制不规则选框，如图2-124所示。

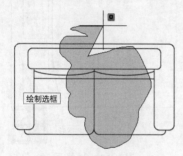

图2-124 绘制不规则选框

按Enter键，全部位于选框内的图形才会被选中，如图2-125所示。

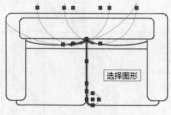

图2-125 选择图形

2.4.8 快速选择图形对象

与前面所述的选择方式相比，选用"快速选择"方式来选择图形，更加简单快捷。

选择"默认"选项卡，单击"实用工具"面板上的"快速选择"按钮，打开"快速选择"对话框，如图2-126所示。

图2-126 "快速选择"对话框

在对话框中根据待选图形的特性来设置选择条件，系统会按照所设定的条件快速选择图形。

例如，在"特性"列表中选择"图层"，在"图层"列表中选择图形所在的图层，单击"确定"按钮，位于该图层上的图形被选中，如图2-127所示。

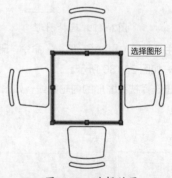

图2-127 选择结果

练习2-10 灵活选择图形进行删除

难度：☆☆

素材文件：素材\第2章\练习2-10 灵活选择图形进行删除-素材.dwg

效果文件：素材\第2章\练习2-10 灵活选择图形进行删除.dwg

在线视频：第2章\练习2-10 灵活选择图形进行删除.mp4

01 打开"素材\第2章\练习2-10 灵活选择图

形进行删除-素材.dwg"文件,如图2-128所示。

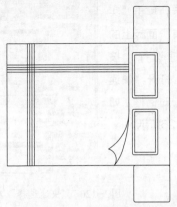

图2-128 打开素材

02 从右下角至左上角拖出矩形选框,如图2-129所示,选用"窗交"方式选择图形。

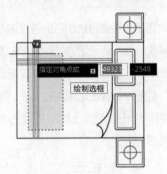

图2-129 选择图形

03 启用"删除(ERASE/E)"命令,删除选中的图形,如图2-130所示。

04 单击选择枕头图形的内轮廓线,如图2-131所示。

图2-130 删除图形　　图2-131 选择图形

05 启用"删除(ERASE/E)"命令,删除选中的轮廓线,如图2-132所示。

06 启用"快速删除(QSELECT/QSE)"命令,

打开"快速选择"对话框。在"特性"列表中选择"颜色",在"值"列表中选择"红",如图2-133所示。

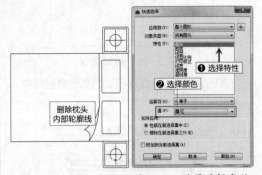

图2-132 删除图形　　图2-133 设置选择条件

07 单击"确定"按钮,关闭对话框,选择床头柜轮廓线内部的图形,如图2-134所示。

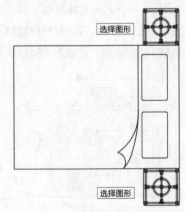

图2-134 选择图形

08 启用"删除(ERASE/E)"命令,删除图形,结果如图2-135所示。

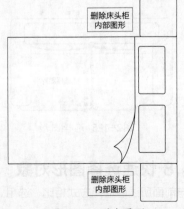

图2-135 删除图形

2.5 知识拓展

本章介绍了利用AutoCAD绘制图形所需要了解的基本辅助工具，包括辅助绘图工具、对象捕捉工具及临时捕捉工具等。

应用辅助绘图工具，可以帮助用户准确、快速地指定图形的位置。例如，启用"动态输入"功能，在执行命令的过程中，用户就可以在绘图区域中查看命令行提示。启用"栅格"功能，在绘图区域中显示网格，通过定义网格间距，能够为用户提供尺寸基准。

对象捕捉模式有多种类型，如"中点""端点"等，在"草图设置"对话框中启用对象捕捉模式。

临时捕捉功能有很多好处，在启用命令后，按住Shift键不放，单击鼠标右键，即可弹出功能菜单。在菜单中显示多种临时捕捉功能，选择其中的一种，即可辅助绘图。

选择图形非常重要，因为编辑图形的前提是要先选中图形。有多种选择方式供用户选用，如点选、窗口选择及窗交选择等。

2.6 拓展训练

难度：☆☆	难度：☆☆
素材文件：无	素材文件：无
效果文件：无	效果文件：素材\ 第2章\ 习题2. dwg
在线视频：第2章\ 习题1.mp4	在线视频：第2章\ 习题2.mp4

在命令行中输入"SE"并按空格键，打开"草图设置"对话框。选择"对象捕捉"选项卡，在其中选择需要的捕捉模式，清除不需要的捕捉模式，如图2-136所示。

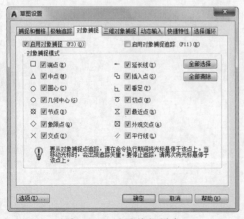

图2-136 设置捕捉模式

在命令行中输入"C"并按空格键，启用"圆"命令。同时按住Shift键不放，单击鼠标右键，弹出临时捕捉功能菜单。

选择"几何中心"选项，拾取矩形的几何中心，以此为圆心，在矩形内部绘制圆形，如图2-137所示。

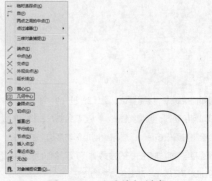

图2-137 设置捕捉模式

第 **3** 章

图形的绘制

利用AutoCAD软件，可以绘制各种类型的图形，如点、直线、圆形及多段线等。为了适应用户的不同需求，AutoCAD提供了绘制及编辑图形的命令。本章将介绍绘制及编辑图形的方法。

本章重点

学习如何绘制点 ｜ 掌握绘制直线类图形的方法

学习如何绘制圆、圆弧类图形 ｜ 了解绘制与编辑多段线的方式

学会绘制与编辑多线 ｜ 学习绘制矩形与多边形的方法

掌握绘制与编辑样条曲线的方式 ｜ 了解其他的绘图命令

学习创建图案填充与渐变色填充的方法

3.1 绘制点

点可以帮助用户确定图形的位置，点的类型有单点、多点、定数等分点、定距等分点。本节介绍设置点样式及绘制点的方法。

3.1.1 点样式

默认情况下，在绘图区域中创建点后，很难通过肉眼观察到所创建的点。这是因为点的默认样式为圆点样式，因为尺寸过小，非常不方便查看与使用。

为了能够直观地查看所创建的点，以及利用点来辅助绘图，可以设置点样式。

选择"默认"选项卡，选择"实用工具"面板中的"点样式"选项，如图3-1所示，打开"点样式"对话框，如图3-2所示。

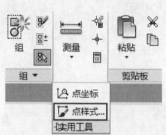

图3-1 选择命令

> **提示**
>
> 在命令行中输入"DDPTYPE"命令并按空格键，也可打开"点样式"对话框。

在对话框中显示了20种点样式，如图3-2所示。默认选择左上角第一个点样式，用户可以单击选择其他点样式，并在"点大小"选项中设置点的尺寸。

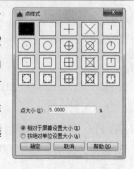

图3-2 "点样式"对话框

练习3-1 设置点样式创建刻度

难度：☆☆

素材文件：素材\ 第3章\ 练习3-1 设置点样式创建刻度-素材 .dwg

效果文件：素材\ 第3章\ 练习3-1 设置点样式创建刻度.dwg

在线视频：第3章\ 练习3-1 设置点样式创建刻度.mp4

01 打开"素材\ 第3 章\ 练习3-1 设置点样式创建刻度 – 素材 .dwg"文件，如图3-3所示。

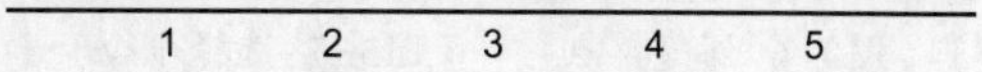

1	2	3	4	5

图3-3 打开素材

02 切换至"默认"选项卡，选择"实用工具"面板中的"点样式"选项，打开"点样式"对话框。

03 单击选择右上角的点样式，并修改"点大小"选项值，如图3-4 所示。

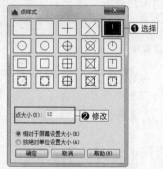

图3-4 设置点样式

04 单击"确定"按钮，关闭对话框，刻度的显示效果如图3-5 所示。

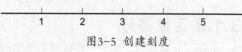

1	2	3	4	5

图3-5 创建刻度

3.1.2 单点和多点

启用"单点"命令，一次性只能创建一个点。

在命令行中输入PO并按空格键，在绘图区域中单击鼠标左键，即可创建一个单点，如图3-6所示。

单点创建完毕后，命令自动结束。

启用"多点"命令，可以连续创建多个点。点创建完毕后，按键盘左上角的Esc键，退出命令。

选择"默认"选项卡，单击"绘图"面板上的"多点"按钮，如图3-7所示。

图3-6 创建单点　　图3-7 选择命令

提示

为了节省空间，部分绘图命令隐藏于折叠菜单内，其中就包含"多点"命令。单击"绘图"面板名称，向下展开菜单，在其中显示被隐藏的命令。

启用命令后，在绘图区域中单击鼠标左键，可以连续创建多个点，如图3-8所示。多点创建完毕后，按Esc键，退出命令。

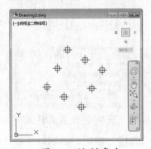

图3-8 绘制多点

3.1.3 定数等分

启用"定数等分"命令，可以将指定的对象等分为若干部分，并且各部分的间距相等。

在"绘图"面板中单击"定数等分"按钮，如图3-9所示，即可启用命令。

图3-9 选择命令

启用命令后，命令行提示如下。

命令: DIV
　　　　　　　　　　　　　　　\\启用命令
DIVIDE
选择要定数等分的对象:　　　\\选择圆弧
输入线段数目或 [块(B)]: 6　　\\输入等分数目

提示

用键盘输入"DIV"，也可启用"定数等分"命令。

执行上述操作后，可将圆弧等分为6段，结果如图3-10所示。

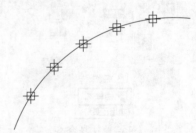

图3-10 等分效果

练习3-2 通过"定数等分"绘制扇子图形

难度: ☆☆
素材文件: 素材\ 第3章\ 练习3-2 通过"定数等分"绘制扇子图形- 素材.dwg
效果文件: 素材\ 第3章\ 练习3-2 通过"定数等分"绘制扇子图形. dwg
在线视频: 第3章\ 练习3-2 通过"定数等分"绘制扇子图形.mp4

01 打开"素材\第3章\练习3-2通过'定数等分'绘制扇子图形 - 素材.dwg"文件，如图3-11所示。

02 启用"定数等分（DIVIDE/DIV）"命令，选择圆弧，如图3-12所示，指定等分对象。

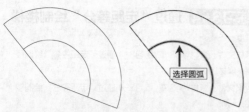

图3-11 打开素材　　图3-12 选择对象

03 命令行提示"输入线段数目",输入"8",定数等分的结果如图 3-13 所示。

04 启用"直线(LINE/L)"命令,指定线段的起点,如图 3-14 所示。

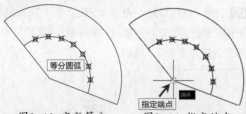

图3-13 定数等分　　图3-14 指定端点

05 移动鼠标,指定左上角的等分点为线段的终点,如图 3-15 所示。

06 按 Enter 键,结果绘制。绘制线段的结果如图 3-16 所示。

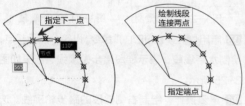

图3-15 指定下一点　　图3-16 绘制线段

07 重复执行"直线(LINE/L)"命令,继续绘制线段,结果如图 3-17 所示。

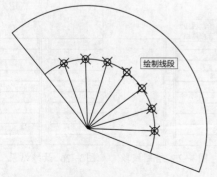

图3-17 绘制结果

提示

退出"直线"命令后,再次按空格键,可以再次启用"直线"命令。

08 选择定数等分点,启用"删除(ERASE/E)"命令,删除点的结果如图 3-18 所示。

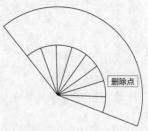

图3-18 删除等分点

练习3-3 通过"定数等分"布置家具 难点

难度:☆☆

素材文件:素材\第3章\练习3-3 通过"定数等分"布置家具- 素材.dwg

效果文件:素材\第3章\练习3-3 通过"定数等分"布置家具.dwg

在线视频:第3章\练习3-3 通过"定数等分"布置家具.mp4

01 打开"素材\第3章\练习3-3通过'定数等分'布置家具 – 素材.dwg"文件,如图 3-19 所示。

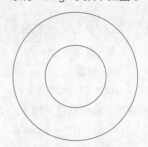

图3-19 打开素材

02 启用"定数等分(DIVIDE/DIV)"命令,命令行提示如下。

```
命令: DIV                    \\启用命令
DIVIDE
选择要定数等分的对象:          \\选择大圆
输入线段数目或 [块(B)]: B
输入要插入的块名:餐椅          \\输入名称
是否对齐块和对象? [是(Y)\否(N)] <Y>:
                            \\按Enter键
输入线段数目: 10             \\输入等分数目
```

03 沿着餐桌等分布置餐椅的结果如图3-20所示。

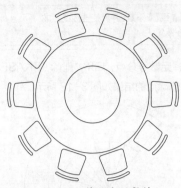

图3-20 等分布置餐椅

3.1.4 定距等分

启用"定距等分"命令，可以指定等分间距，将选定的对象分为若干等距的部分。

在"绘图"面板中单击"定距等分"按钮，如图3-21所示，启用命令。

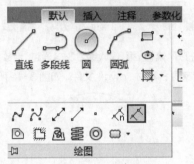

图3-21 激活命令

启用命令后，命令行提示如下。

```
命令: ME                          \\启用命令
MEASURE
选择要定距等分的对象:            \\选择线段
指定线段长度或 [块(B)]: 1000     \\输入长度参数
```

> **提示**
> 用键盘输入"ME"，也可启用"定距等分"命令。

执行上述操作后，线段被等分为若干段，每段的长度为"1000"，如图3-22所示。

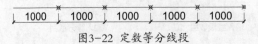

图3-22 定数等分线段

练习3-4 通过"定距等分"绘制楼梯

难度：☆☆	
素材文件：素材\ 第3章\ 练习3-4 通过"定距等分"绘制楼梯- 素材.dwg	
效果文件：素材\ 第3章\ 练习3-4 通过"定距等分"绘制楼梯.dwg	
在线视频：第3章\ 练习3-4 通过"定距等分"绘制楼梯.mp4	

01 打开"素材\ 第3章\ 练习3-5 通过'定距等分'绘制楼梯- 素材.dwg"文件，如图3-23所示。

02 启用"定距等分（MEASURE/ME）"命令，选择左侧的垂直线段为等分对象，输入"270"，等分效果如图3-24所示。

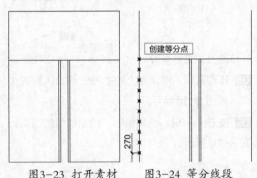

图3-23 打开素材 　 图3-24 等分线段

03 启用"直线（LINE/L）"命令，以等分点为起点，绘制水平线段，表示梯段踏步轮廓线，结果如图3-25所示。

04 重复操作，绘制右侧梯段的踏步轮廓线。选择等分点，启用"删除（ERASE/E）"命令将其删除，结果如图3-26所示。

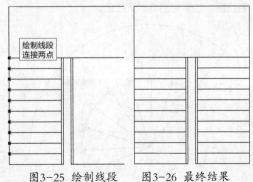

图3-25 绘制线段 　 图3-26 最终结果

3.2 绘制直线类图形

绘制直线类图形，需要调用直线、射线及构造线这几类命令。通过激活这些命令，可以绘制若干形态各异的图形。本节介绍这些命令的调用方法。

3.2.1 直线 重点

启用"直线"命令，可以绘制水平方向、垂直方向及其他任意方向上的线段。

单击"绘图"面板上的"直线"按钮／，如图3-27所示，启用命令。

图3-27 单击按钮

执行命令后，命令行提示如下。

```
命令：L                    \\启用命令
LINE
指定第一个点：               \\指定起点
指定下一点或 [放弃(U)]：      \\指定终点
```

根据命令行的提示，依次单击鼠标左键，指定起点与终点，绘制线段如图3-28所示。

图3-28 绘制线段

提示

用键盘输入"L"，也可启用"直线"命令。

练习3-5 使用直线绘制五角星

难度：☆☆

素材文件：素材\第3章\练习3-5 使用直线绘制五角星-素材.dwg

效果文件：素材\第3章\练习3-5 使用直线绘制五角星.dwg

在线视频：第3章\练习3-5 使用直线绘制五角星.mp4

01 打开"素材\第3章\练习3-6 使用直线绘制五角星-素材.dwg"文件，如图3-29所示。

02 调用"直线（LINE/L）"命令，绘制线段，连接五边形的各个角点，如图3-30所示。

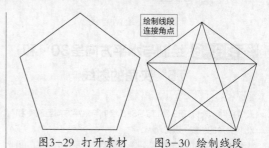

图3-29 打开素材　　图3-30 绘制线段

03 启用"删除（ERASE/E）"，删除五边形，仅保留五角星图形，如图3-31所示。

图3-31 最终结果

3.2.2 射线

射线是创建于一点并无限延伸的线，常常作为创建其他图形的标准。

单击"绘图"面板中的"射线"按钮，如图3-32所示，启用命令。

图3-32 单击按钮

在绘图区域中单击指定起点，移动鼠标，指定通过点，如图3-33所示，即可创建射线。

提示

用键盘输入"RAY"，也可启用"射线"命令。

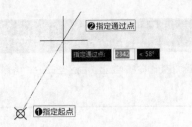

②指定通过点

指定通过点: 2342 < 58°

①指定起点

图3-33 绘制射线

难度：☆☆

素材文件：素材\第3章\练习3-6绘制与水平方向呈30°和75°夹角的射线-素材.dwg

效果文件：素材\第3章\练习3-6绘制与水平方向呈30°和75°夹角的射线.dwg

在线视频：第3章\练习3-6绘制与水平方向呈30°和75°夹角的射线.mp4

01 打开"素材\第3章\练习3-7绘制与水平方向呈30°和75°夹角的射线-素材.dwg"文件，如图3-34所示。

02 启用"射线（RAY）"命令，单击左下角点，在命令行中输入"<30"，限定射线的角度，绘制射线的结果如图3-35所示。

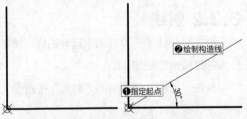

②绘制构造线

①指定起点 30°

图3-34 打开素材　图3-35 绘制构造线

03 按空格键，重复启用"射线"命令。指定起点，输入"<75"，限制射线的角度，绘制结果如图3-36所示。

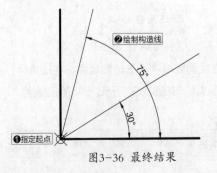

②绘制构造线

75°

30°

①指定起点

图3-36 最终结果

3.2.3 构造线

构造线是向两端无限延伸的线，通常被用来创建构造及参考线，还可以作为修剪边界使用。

在"绘图"面板上单击"构造线"按钮，如图3-37所示，启用命令。

根据命令行的提示，在绘图区域中单击起点与通过点，即可创建构造线。

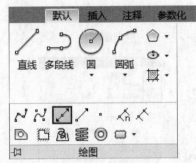

默认　插入　注释　参数化

直线　多段线　圆　圆弧

绘图

图3-37 单击按钮

提示

用键盘输入"XL"，也可启用"构造线"命令。

难度：☆☆

素材文件：无

效果文件：素材\第3章\练习3-7绘制水平和倾斜构造线.dwg

在线视频：第3章\练习3-7绘制水平和倾斜构造线.mp4

01 新建空白文件，启用"构造线（XLINE/XL）"命令，命令行提示如下。

命令：XL　　　\\启用命令
XLINE
指定点或 [水平(H)\垂直(V)\角度(A)\二等分(B)\偏移(O)]：H　　\\输入"H"，选择"水平"选项
指定通过点：　　\\向右移动鼠标，单击左键，指定构造线要通过的点

02 执行上述操作后，绘制水平方向的构造线，如图3-38所示。

03 按Enter键，重复启用"构造线"命令，命令行提示如下。

命令：XL　　　\\启用命令
XLINE

指定点或 [水平(H)\垂直(V)\角度(A)\二等分(B)\偏移(O)]：A　　　\\输入"A"，选择"角度"选项
输入构造线的角度(0)或 [参照(R)]：45
　　　　　　　　　　\\输入"45"，指定角度值
指定通过点：　　　\\单击，指定构造线要通过的点

04 执行上述操作后，绘制倾斜构造线，如图3-39所示。

图3-38 绘制水平构造线　图3-39 绘制倾斜构造线

3.3 绘制圆、圆弧类图形

圆类图形包括圆形、圆弧及椭圆和椭圆弧，本节介绍绘制这些图形的方法。

3.3.1 圆 重点

启用"圆"命令，可以创建不同大小的圆形。AutoCAD提供了多种创建圆形的方式。

单击"绘图"面板上的"圆"按钮，在弹出的列表中显示多种绘制方式，如图3-40所示。

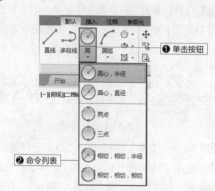

图3-40 弹出列表

各种绘制圆形的方式介绍如下。

● **圆心，半径：** 依次指定圆心与半径值来创建圆形。

● **圆心，直径：** 依次指定圆心与直径大小来创建圆形。

● **两点：** 依次指定直径的第一个端点与第二个端点创建圆形。

● **三点：** 依次指定圆上的三个点来创建圆形。

● **相切、相切、半径：** 依次指定对象与圆的第一个切点、第二个切点，再输入半径值，即可创建圆形。

● **相切，相切，相切：** 在三个圆上指定切点，以这三个切点为基点，创建一个圆形。

> **提示**
>
> 用键盘输入"C"，也可启用"圆形"命令。

练习3-8 绘制圆完善零件图

难度：☆☆

素材文件：素材\第3章\练习3-8 绘制圆完善零件图-素材.dwg

效果文件：素材\第3章\练习3-8 绘制圆完善零件图.dwg

在线视频：第3章\练习3-8 绘制圆完善零件图.mp4

01 打开"素材\第3章\练习3-10 绘制圆完善零件图–素材.dwg"文件，如图3-41所示。

02 在命令行中输入C，按空格键，指定中心线的交点为圆心，绘制半径为"300"的圆形，如图3-42所示。

图3-41 打开素材　　图3-42 绘制圆形

03 按Enter键，重复启用"圆"命令，指定中心线交点为圆心，绘制半径为"500"的圆形，如图3-43所示。

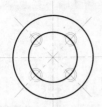

图3-43 最终结果

3.3.2 圆弧 重点

启用"圆弧"命令，通过在绘图区域中确定三点来创建圆弧。

单击"绘图"面板中的"圆弧"按钮，在弹出的列表中显示多种绘制方式，如图3-44所示。

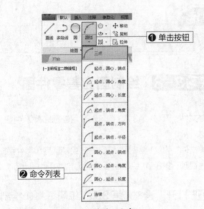

图3-44 弹出列表

各种绘制圆弧的方式介绍如下。

● **三点：**依次指定起点、第二个点及端点来创建圆弧。

● **起点，圆心，端点：**依次指定起点、圆心及端点来创建圆弧。

● **起点、圆心，角度：**依次指定起点、圆心及夹角来创建圆弧。

● **起点，圆心，长度：**依次指定起点、圆心及弦长来创建圆弧。

● **起点，端点，角度：**依次指定起点、端点及夹角来创建圆弧。

● **起点，端点，方向：**依次指定起点、端点及相切方向来创建圆弧。

● **起点，端点，半径：**依次指定起点，端点及半径值来创建圆弧。

● **圆心，起点，端点：**依次指定圆心、起点及端点来创建圆弧。

● **圆心，起点，角度：**依次指定圆心、起点及夹角来创建圆弧。

● **圆心，起点，长度：**依次指定圆心、起点及弦长来创建圆弧。

● **连续：**创建圆弧，使其相切于上一次绘制的直线或者圆弧。

提示

用键盘输入 A，也可启用"圆弧"命令。

练习3-9 绘制圆弧完善景观图

难度：☆☆

素材文件：素材\ 第3 章\ 练习3-9 绘制圆弧完善景观图-素材 .dwg

效果文件：素材\ 第3 章\ 练习3-9 绘制圆弧完善景观图.dwg

在线视频：第3章\ 练习3-9 绘制圆弧完善景观图.mp4

01 打开"素材\ 第 3 章\ 练习 3-11 绘制圆弧完善景观图 - 素材 .dwg"文件，如图 3-45 所示。

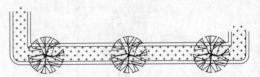

图3-45 打开素材

02 单击"绘图"面板上的"圆弧"按钮，在弹出的列表中选择"起点、端点、半径"选项。

03 依次指定起点、端点，输入半径值"700"，绘制圆弧，如图 3-46 所示。

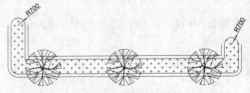

图3-46 绘制圆弧

04 按 Enter 键，重复启用"圆弧"命令。指定起点、端点，修改半径值为"1000"，绘制圆弧，如图3-47 所示。

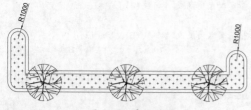

图3-47 最终结果

练习3-10 绘制葫芦形体 重点

难度：☆☆

素材文件：素材\ 第3章\ 练习3-10 绘制葫芦形体-素材.dwg

效果文件：素材\ 第3章\ 练习3-10 绘制葫芦形体. dwg

在线视频：第3章\ 练习3-10 绘制葫芦形体.mp4

01 打开"素材 \ 第 3 章 \ 练习 3-12 绘制葫芦形体 - 素材 . dwg"文件，如图 3-48 所示。

02 单击"绘图"面板上的"圆弧"按钮，在弹出的列表中选择"三点"选项。

03 依次单击 A 点、B1 点以及 C 点，即可绘制圆弧，结果如图 3-49 所示。

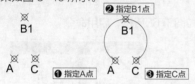

图3-48 打开素材　图3-49 绘制圆弧

04 按空格键，重复启用"圆弧"命令。依次指定 A 点、B2 点与 C 点，绘制圆弧的结果如图 3-50 所示。

05 启用"删除（ERASE/E）"命令，删除参照点与文字，结果如图 3-51 所示。

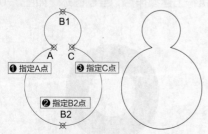

图3-50 绘制结果　图3-51 最终结果

3.3.3 椭圆

　　启用"椭圆"命令，通过指定椭圆的两个轴端点及半轴长度，可以创建一个椭圆。

　　单击"绘图"面板中的"椭圆"按钮，在弹出的列表中显示绘制椭圆的方式，如图3-52所示。

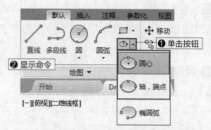

图3-52 选择命令

绘制椭圆的方式介绍如下。

● **圆心：**依次单击椭圆的圆心、端点，指定半轴长度来绘制椭圆。

● **轴，端点：**依次指定椭圆的两个轴端点，接着指定另一条半轴长度来绘制椭圆，如图3-53所示。

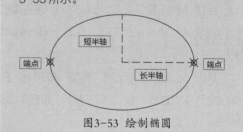

图3-53 绘制椭圆

提示

　用键盘输入"EL"，也可启用"椭圆"命令。

练习3-11 绘制台盆

难度：☆☆

素材文件：素材\ 第3章\ 练习3-11 绘制台盆- 素材.dwg

效果文件：素材\ 第3章\ 练习3-11 绘制台盆. dwg

在线视频：第3章\ 练习3-11 绘制台盆.mp4

01 打开"素材 \ 第 3 章 \ 练习 3-13 绘制台盆 - 素材 . dwg"文件，如图 3-54 所示。

02 启用"椭圆（ELLIPSE/EL）"命令，指定 A 点与 B 点为椭圆的轴端点，向上移动鼠标，单击C点,指定半轴长度,绘制椭圆,如图3-55所示。

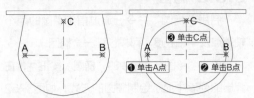

图3-54 打开素材　　图3-55 绘制椭圆

03 启用"圆(CIRCLE/C)"命令,以线段交点为圆心,绘制半径为25的圆形作为流水孔,如图3-56所示。

04 启用"删除(ERASE/E)"命令,删除辅助图形,台盆的绘制效果如图3-57所示。

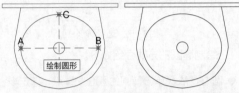

图3-56 绘制流水孔　　图3-57 最终结果

3.3.4 椭圆弧

启用"椭圆弧"命令,通过指定椭圆弧的轴端点及其起点、终点角度,可以创建一段椭圆弧。

单击"绘图"面板上的"椭圆"按钮,在弹出的列表中选择"椭圆弧"选项,如图3-58所示。

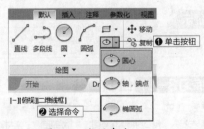

图3-58 激活命令

执行命令后,命令行提示如下。

```
命令: _ellipse
指定椭圆的轴端点或 [圆弧(A)\中心点(C)]: _a
指定椭圆弧的轴端点或 [中心点(C)]:
                          \\单击A点
指定轴的另一个端点:        \\单击B点
指定另一条半轴长度或 [旋转(R)]:
                          \\单击C点
```

指定起点角度或 [参数(P)]:
　　　　　　　　　　　　　　\\单击D点
指定端点角度或 [参数(P)\夹角(I)]:
　　　　　　　　　　　　　　\\单击E点

　　执行上述操作后,绘制椭圆弧的效果如图3-59所示。

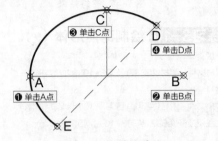

图3-59 绘制椭圆弧

3.3.5 圆环 （难点）

启用"圆环"命令,通过指定内直径与外直径的大小,可以创建同心圆或者实心圆。

单击"绘图"面板中的"圆环"按钮,如图3-60所示,启用命令。

图3-60 激活命令

命令行提示如下。

```
命令: _donut
指定圆环的内径 <1>: 10    \\输入内径参数
指定圆环的外径 <1>: 20    \\输入外径参数
指定圆环的中心点或 <退出>: \\单击指定中心点
```

　　执行上述操作后,绘制圆环,如图3-61所示。

图3-61 绘制圆环

练习3-12 绘制圆环完善电路图

难度: ☆☆

素材文件: 素材\ 第3章\ 练习3-12 绘制圆环完善电路图-素材.dwg

效果文件: 素材\ 第3章\ 练习3-12 绘制圆环完善电路图.dwg

在线视频: 第3章\ 练习3-12 绘制圆环完善电路图.mp4

01 打开"素材\第3章\练习3-14 绘制圆环完善电路图-素材.dwg"文件,如图3-62所示。

02 单击"绘图"面板上的"圆环"按钮◎,设置"内径"值为0,"外径"值为50。

03 在电路图中单击电线的交点,放置实心圆环,如图3-63所示。

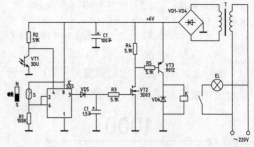

图3-62 打开素材

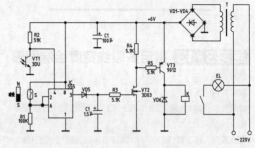

图3-63 绘制实心圆环

3.4 多段线

多段线是作为单个平面对象创建的相互连接的线段序列。利用多段线,可以创建各种不同形式的图形。本节介绍绘制多段线的方法。

3.4.1 多段线概述

启用"多段线"命令,可以创建直线段、圆弧段及两者的组合线段。

单击"绘图"面板上的"多段线"按钮↩,如图3-64所示,启用命令。

图3-64 激活命令

3.4.2 多段线-直线

"多段线-直线"是最常使用的多段线样式之一,用户在绘制"多段线-直线"的过程中,还可以自定义宽度及长度。

启用"多段线"命令后,命令行提示如下。

```
命令: PL
PLINE
指定起点:              \\单击指定起点
当前线宽为 1
指定下一个点或 [圆弧(A)\半宽(H)\长度(L)\放
弃(U)\宽度(W)]: W       \\输入"W",选择
"宽度"选项
指定起点宽度 <1>: 10    \\输入起点宽度值
指定端点宽度 <10>: 10   \\输入端点宽度值
指定下一个点或 [圆弧(A)\半宽(H)\长度(L)\放
弃(U)\宽度(W)]: L       \\输入"L",选择
"长度"选项
```

指定直线的长度：1000　　　\\输入长度值
指定下一点或 [圆弧(A)\闭合(C)\半宽(H)\长度
(L)\放弃(U)\宽度(W)]：　\\按Enter键，结束
绘制

执行上述操作后，绘制宽度为"10"、长度为"1000"的多段线，如图3-65所示。

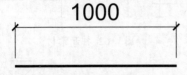

图3-65 绘制多段线

练习3-13 指定多段线宽度绘制图形

难度：☆☆
素材文件：无
效果文件：素材\第3章\练习3-13 指定多段线宽度绘制图形.dwg
在线视频：第3章\练习3-13 指定多段线宽度绘制图形.mp4

在标注坡度或者指示方向时，常常需要使用到箭头。通过利用"多段线"命令，自定义宽度来绘制箭头图形。

01 启用"多段线（PLINE/PL）"命令，单击指定起点，输入"W"，选择"宽度"选项，设置起点宽度与端点宽度均为"10"。

02 向右移动鼠标，输入线段长度为"500"，如图3-66所示。

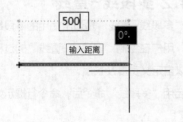

图3-66 指定距离

03 再次输入"W"，进入设置线宽的模式。设置起点宽度为"0"，端点宽度为"50"。

04 向右移动鼠标，输入箭头长度为"150"，如图3-67所示。

05 按Enter键，退出命令，绘制箭头，如图3-68所示。

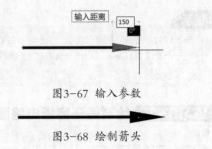

图3-67 输入参数

图3-68 绘制箭头

3.4.3 多段线-圆弧

在绘制多段线的过程中，输入"A"，选择"圆弧"选项，可以进入绘制圆弧的模式。此时用户需要指定圆弧的端点、角度或者圆心、方向等值来绘制多段线-圆弧。

启用"多段线（PLINE/PL）"命令，命令行提示如下。

```
命令：PL
PLINE
指定起点：
当前线宽为 0
指定下一个点或 [圆弧(A)\半宽(H)\长度(L)\放
弃(U)\宽度(W)]：A          \\输入"A"，选择
"宽度"选项
指定圆弧的端点(按住 Ctrl 键以切换方向)或[角度
(A)\圆心(CE)\方向(D)\半宽(H)\直线(L)\半径
(R)\第二个点(S)\放弃(U)\宽度(W)]：R
                          \\输入"R"，选择
"半径"选项
指定圆弧的半径：300       \\输入半径值
指定圆弧的端点(按住 Ctrl 键以切换方向)或 [角
度(A)]：                \\单击指定圆弧的端点
```

执行上述操作后，绘制半径值为"300"的多段线-圆弧，如图3-69所示。

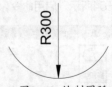

图3-69 绘制圆弧

除了上述绘制方式之外，还可以绘制直线段与圆弧段组合的图形，如图3-70所示。

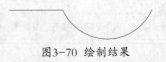

图3-70 绘制结果

3.5 多线

多线由两条平行线组成，这是默认的多线样式。根据不同的使用要求，用户可以自定义多线的样式，如平行线的数量、间距等。本节介绍绘制多线的方法。

3.5.1 多线概述

调用"多线"命令，指定起点与终点，可以在绘图区域中创建多线图形。多线是一个整体，如果需要对其执行编辑操作，需要先分解多线。

多线的显示样式受到自身样式参数的影响。在绘制多线的过程中，不能临时更改样式参数。

用户必须先设定多线样式，再执行"多线"命令绘制多线，此时所绘制的多线与其样式相符。

如果多线的绘制效果不满意，需要再次修改样式参数。

3.5.2 创建多线样式

多线的绘制结果由多线样式控制，默认的多线样式名称为"STANDARD"，用户可以自定义样式名称与参数。

在命令行中输入"MLSTYLE"并按空格键，打开"多线样式"对话框，如图3-71所示。

图3-71 "多线样式"对话框

单击右侧的"新建"按钮，打开"创建新的多线样式"对话框。在"新样式名"文本框中输入名称，如图3-72所示。

图3-72 "创建新的多线样式"对话框

在"创建新的多线样式"对话框中单击"继续"按钮，弹出"新建多线样式：道路"对话框，如图3-73所示。

图3-73 "新建多线样式：道路"对话框

在对话框的左上角，显示样式名称，如"道路"。修改对话框中各选项的参数，设置多线的特性。

单击"确定"按钮，返回"多线样式"对话框。选择新建的样式，单击右侧的"置为当前"按钮，将其设置为当前正在使用的多线样式。

稍后启用"多线"命令，即以新建的样式为基础来创建多线。

练习3-14 创建"墙体"多线样式

难度：☆☆

素材文件：无

效果文件：素材\第3章\练习3-14 创建"墙体"多线样式.dwg

在线视频：第3章\练习3-14 创建"墙体"多线样式.mp4

01 在命令行中输入"MLSTYLE"并按空格键，打开"多线样式"对话框。

02 单击右侧的"新建"按钮,打开"创建新的多线样式"对话框。

03 在"新样式名"文本框中输入"墙体",指定样式名称,如图3-74所示。接着单击"继续"按钮。

图3-74 设置多线名称

04 弹出"新建多线样式:墙体"对话框,在"图元"选项组中设置偏移值为"125"和"－125",如图3-75所示。

图3-75 修改参数

05 单击"确定"按钮,返回"多线样式"对话框。单击"置为当前"按钮,如图3-76所示,将样式设置为当前正在使用的样式。

06 单击"确定"按钮,关闭对话框,结束新建样式的操作。

图3-76 "多线样式"对话框

3.5.3 绘制多线

启用"多线(MLINE/ML)"命令,命令

行提示如下。

```
命令: ML
MLINE                          \\启用命令
当前设置: 对正 = 上, 比例 = 20.00, 样式 =
STANDARD
指定起点或 [对正(J)\比例(S)\样式(ST)]:
                          \\单击指定起点
指定下一点:               \\向右移动鼠标,单
击指定下一点
指定下一点或 [放弃(U)]: \\向下移动鼠标,单
击指定下一点
指定下一点或 [闭合(C)\放弃(U)]:
              \\向左移动鼠标,单击指定下一点
```

执行上述操作,绘制多线,如图3-77所示。在绘制道路、墙体等图形的时候,常常使用"多线"命令来绘制。

图3-77 绘制多线

> **提示**
>
> 用键盘输入"ML",也可启用"多线"命令。

练习3-15 绘制墙体

难度: ☆☆
素材文件: 素材\第3章\练习3-15 绘制墙体- 素材.dwg
效果文件: 素材\第3章\练习3-15 绘制墙体.dwg
在线视频: 第3章\练习3-15 绘制墙体.mp4

01 打开"素材\第3章\练习3-18 绘制墙体－素材.dwg"文件,如图3-78所示。

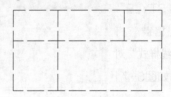

图3-78 打开素材

02 启用"多线(MLINE/ML)"命令,命令行提示如下。

```
命令: ML \\启用命令
MLINE
当前设置: 对正 = 上, 比例 = 20.00, 样式 =
墙体
指定起点或 [对正(J)\比例(S)\样式(ST)]:  J
              \\输入"J",选择"对正"选项
```

输入对正类型 [上(T)\无(Z)\下(B)] <上>： Z
　　　\\输入"Z"，选择"无"选项
当前设置：对正 = 无，比例 = 20.00，样式 =
墙体
指定起点或 [对正(J)\比例(S)\样式(ST)]： S
　　　\\输入"S"，选择"比例"选项
输入多线比例 <20.00>:1 　\\输入比例因子
当前设置：对正 = 无，比例 = 1.00，样式 = 墙体

03 在轴线的交点单击，指定多线的起点，如图3-79所示。

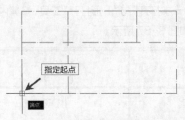

图3-79 指定起点

04 向上移动鼠标，指定下一点的位置，如图3-80所示。

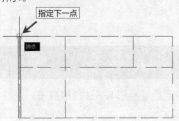

图3-80 指定下一点

05 向右移动鼠标，单击轴线交点；向下移动鼠标，单击交点；向左移动鼠标，单击交点指定多线的终点，绘制结果如图3-81所示。

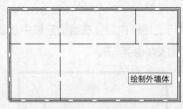

图3-81 绘制结果

06 启用"多线（MLINE/ML）"命令，命令行提示如下。

命令： ML
MLINE
当前设置：对正 = 无，比例 = 1.00，样式 = 墙体
指定起点或 [对正(J)\比例(S)\样式(ST)]： S
　　　\\输入"S"，选择"比例"选项
输入多线比例 <1.00>： 0.5

　　　　\\输入比例因子
当前设置：对正 = 无，比例 = 0.50，样式 = 墙体

07 指定起点、下一点，绘制内墙体的效果如图3-82所示。

图3-82 绘制结果

3.5.4 编辑多线

　　AutoCAD提供了专用的多线编辑工具，选用合适的工具，可以快速编辑多线图形。

　　执行"MLEDIT"命令，打开"多线编辑工具"对话框，如图3-83所示。

图3-83 "多线编辑工具"对话框

　　首先在对话框中选择工具，对话框被暂时关闭；接着在绘图区域中依次单击需要编辑的两段多线，即可完成编辑多线的操作。

提示

> 双击多线，也可以打开"多线编辑工具"对话框。

练习3-16 编辑墙体

难度：☆☆
素材文件：素材\ 第3章\ 练习3-15 绘制墙体.dwg
效果文件：素材\ 第3章\ 练习3-16 编辑墙体.dwg
在线视频：第3章\ 练习3-16 编辑墙体.mp4

01 打开"素材\第3章\练习3-18 绘制墙体.dwg"文件。

02 双击多线，打开"多线编辑工具"对话框。在其中单击"角点结合"工具按钮，返回绘图区域。

03 单击垂直墙体，指定第一条多线，如图 3-84 所示。

04 单击水平墙体，指定第二条多线，如图 3-85 所示。

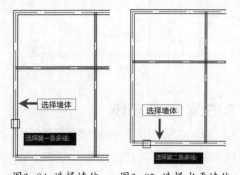

图3-84 选择墙体　　图3-85 选择水平墙体

05 修剪结果如图 3-86 所示。

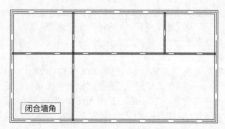

图3-86 修剪结果

06 按空格键，再次打开"多线编辑工具"对话框。选择"十字打开"与"T 形打开"工具，修剪内墙体，结果如图 3-87 所示。

图3-87 最终结果

3.6 矩形与多边形

矩形与多边形常常被用来作为图形的轮廓线，本节介绍绘制矩形与多边形的方法。

3.6.1 矩形

启用"矩形"命令，指定矩形参数，如长度、宽度、旋转角度和角点类型（圆角、倒角或者直角），即可创建矩形。

单击绘图面板上"矩形"按钮□右侧的下三角按钮，在弹出的列表中选择"矩形"，如图3-88所示。

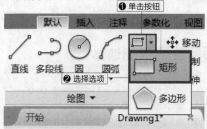

图3-88 激活命令

启用命令后，命令行提示如下。

```
命令：REC
RECTANG                    \\启用命令
指定第一个角点或 [倒角(C)\标高(E)\圆角
(F)\厚度(T)\宽度(W)]：   \\指定第一个角点
指定另一个角点或 [面积(A)\尺寸(D)\旋转(R)]：
                          \\指定对角点
```

执行上述操作后，在绘图区域中创建一个矩形，如图3-89所示。

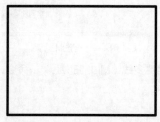

图3-89 绘制矩形

提示

用键盘输入"REC"，也可启用"矩形"命令。

难度：☆☆

素材文件：无

效果文件：素材\第3章\练习3-17 使用矩形绘制电视机.dwg

在线视频：第3章\练习3-17 使用矩形绘制电视机.mp4

01 在命令行中输入"REC"命令，命令行提示如下。

```
命令：REC
RECTANG                    \\启用命令
指定第一个角点或 [倒角(C)\标高(E)\圆角
(F)\厚度(T)\宽度(W)]：  \\单击鼠标左键
指定另一个角点或 [面积(A)\尺寸(D)\旋转(R)]：D
              \\输入"D"，选择"尺寸"选项
指定矩形的长度 <10>：900 \\输入长度值
指定矩形的宽度 <10>：649 \\输入宽度值
指定另一个角点或 [面积(A)\尺寸(D)\旋转(R)]：
                         \\按Enter键
```

02 执行上述操作，绘制图3-90所示的矩形。

03 按Enter键，重复执行"矩形"命令。设置尺寸参数为"813×421"，绘制矩形表示电视机的底座，如图3-91所示。

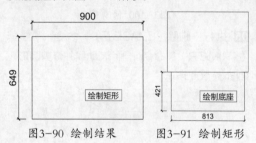

图3-90 绘制结果　　图3-91 绘制矩形

04 重复上述操作，继续绘制尺寸为"813×42"以及"20×9"的矩形，如图3-92所示。

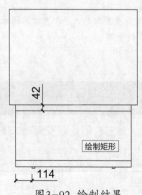

图3-92 绘制结果

05 继续启用"矩形"命令，命令行提示如下。

```
命令：REC
RECTANG                    \\启用命令
指定第一个角点或 [倒角(C)\标高(E)\圆角
(F)\厚度(T)\宽度(W)]：F    \\输入"F"，选
择"圆角"选项
指定矩形的圆角半径 <0>：25 \\设置圆角半径
```

06 设置圆角半径后，指定矩形的尺寸为"846×595"，绘制圆角矩形，如图3-93所示。

07 启用"图案填充（HATCH/H）"命令，在圆角矩形内填充"AR-RROOF"图案，如图3-94所示。

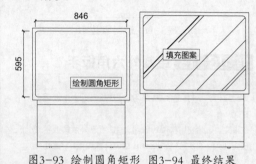

图3-93 绘制圆角矩形　图3-94 最终结果

相关链接

关于绘制填充图案的方法，可以参考3.9.1节的讲解。

3.6.2 多边形

用户在绘制多边形的过程中，可以自定义边数及半径值，多边形的边数范围为3~1024。

在"绘图"面板上单击"矩形"按钮▣右侧的下三角按钮，在弹出的列表中选择"多边形"选项，如图3-95所示。

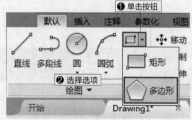

图3-95 激活命令

执行上述操作后，命令行提示如下。

```
命令：_polygon          \\启用命令
输入侧面数 <4>：6        \\指定侧面数
指定正多边形的中心点或 [边(E)]：
```

\\单击指定中心点

输入选项 [内接于圆(I)\外切于圆(C)] <I>：I

　　　　\\输入"I"，选择"内接于圆"选项

指定圆的半径：150　　　　\\指定半径值

执行上述操作后，按Enter键，绘制六边形，如图3-96所示。

图3-96 绘制六边形

01 打开"素材\第3章\练习3-21 绘制外六角扳手-素材.dwg"文件，如图3-97所示。

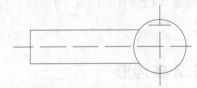

图3-97 打开素材

02 启用"多边形"命令，输入侧面数为6，单击指定辅助线的交点为中心点，向上移动鼠标，指定半径大小，如图3-98所示。

03 绘制六边形的结果如图3-99所示。

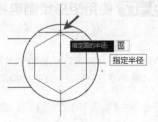

图3-98 指定半径

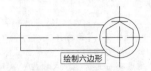

图3-99 绘制结果

04 启用"圆角（FILLET/F）"命令，依次指定圆角半径为"10""3"，对图形执行圆角修剪操作，如图3-100所示。

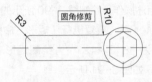

图3-100 修剪图形

05 执行"删除（ERASE/E）"命令、"修剪（TRIM/TR）"命令，删除辅助线并修剪圆形，如图3-101所示。

图3-101 最终结果

相关链接

关于删除及修剪图形的方法，可以参考本书第4章第4.1节的讲解。

3.7 样条曲线

样条曲线是经过多个给定点，并且能够自由编辑的曲线。本节介绍绘制及编辑样条曲线的方法。

3.7.1 绘制样条曲线 重点

在"绘图"面板中提供两种绘制样条曲线的命令，一种是"样条曲线拟合"命令～，另一种是"样条曲线控制点"命令～，如图3-102所示。

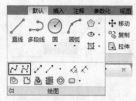

图3-102 激活命令

选择"样条曲线拟合"命令，命令行提示如下。

```
命令：_SPLINE    \\启用命令
当前设置：方式=拟合    节点=弦
                \\提示当前的设置参数
指定第一个点或 [方式(M)\节点(K)\对象(O)]：_
M                \\系统选择
输入样条曲线创建方式 [拟合(F)\控制点(CV)] <
拟合>：_FIT       \\系统选择
当前设置：方式=拟合    节点=弦
指定第一个点或 [方式(M)\节点(K)\对象(O)]：
                \\单击指定第一个点
输入下一个点或 [起点切向(T)\公差(L)]：
                \\移动鼠标，指定第二个点
输入下一个点或 [端点相切(T)\公差(L)\放弃
(U)]：           \\指定第三个点
```

执行上述操作，至少指定3个点后，可以创建一段样条曲线，如图3-103所示，曲线上显示若干拟合点。

图3-103 显示拟合点

选择"样条曲线控制点"命令，命令行提示如下。

```
命令：_SPLINE    \\启用命令
当前设置：方式=控制点    阶数=3
                \\显示当前的设置参数
指定第一个点或 [方式(M)\阶数(D)\对象(O)]：_
M                \\系统选择
输入样条曲线创建方式 [拟合(F)\控制点(CV)] <
控制点>：_CV      \\系统选择
当前设置：方式=控制点    阶数=3
指定第一个点或 [方式(M)\阶数(D)\对象(O)]：
                \\单击左键指定第一个点
输入下一个点：      \\指定第二个点
输入下一个点或 [放弃(U)]：\\指定第三个点
```

执行上述操作后，绘制图3-104所示的样条曲线，曲线上显示若干控制点。

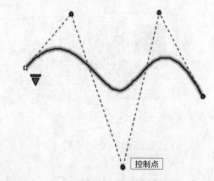

图3-104 显示控制点

提示

用键盘输入"SPL"，也可启用"样条曲线"命令。

练习3-19 使用样条曲线绘制鱼池轮廓

难度：☆☆

素材文件：素材\第3章\练习3-19 使用样条曲线绘制鱼池轮廓-素材.dwg

效果文件：素材\第3章\练习3-19 使用样条曲线绘制鱼池轮廓.dwg

在线视频：第3章\练习3-19 使用样条曲线绘制鱼池轮廓.mp4

01 打开"素材\第3章\练习3-22使用样条曲线绘制鱼池轮廓-素材.dwg"文件，如图3-105所示。

02 调用"样条曲线（SPLINE/SPL）"，单击指定拟合点的位置，绘制样条曲线表示鱼池的轮廓，如图3-106所示。

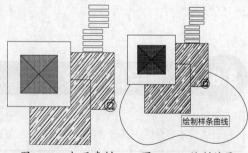

绘制样条曲线

图3-105 打开素材　　图3-106 绘制结果

03 按Enter键，再次启用"样条曲线"命令，绘制波浪线，表示鱼池的水纹，如图3-107所示。

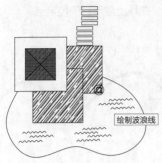

图3-107 绘制结果

3.7.2 编辑样条曲线 重点

编辑样条曲线，可以改变曲线样式，使其以新的样式显示。

单击"修改"面板上的"编辑样条曲线"按钮 📐 ，如图3-108所示，进入编辑模式。

图3-108 激活命令

提示

用键盘输入"SPLINEDIT"，也可启用"编辑样条曲线"命令。

单击选中样条曲线，在光标的右下角弹出选项列表。在列表中显示各编辑选项，如图3-109所示。

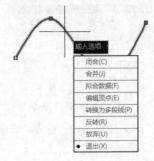

图3-109 弹出列表

选择相应选项，对样条曲线执行相应的编辑操作。例如，选择"闭合"选项，可以闭合处于开放状态的样条曲线，如图3-110所示。

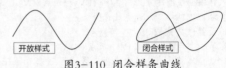

图3-110 闭合样条曲线

列表中各选项的含义介绍如下。

- **闭合：** 闭合开放的样条曲线。
- **合并：** 将样条曲线与直线、弧线、多段线或者其他样条曲线合并为一个较大的曲线。
- **拟合数据：** 编辑拟合点样条曲线的数据。
- **编辑顶点：** 添加、删除或者移动样条曲线的顶点。
- **转换为多段线：** 将选中的样条曲线转换为多段线。
- **反转：** 反转样条曲线的方向。
- **放弃：** 选择该选项，取消上一次的操作。

3.8 其他绘图命令

除上述所介绍的绘图命令之外，还有一些需要掌握的绘图命令，如三维多段线、螺旋线及修订云线，本节介绍这些命令的调用方法。

3.8.1 三维多段线 难点

三维多段线是作为单个对象创建的直线段相互连接而成的序列。三维多段线可以不共面，但是不能够包括圆弧段。

切换至三维视图，单击"绘图"面板上的"三维多段线"按钮 📐 ，如图3-111所示。

启用命令后，单击起点、下一点，绘制三维多段线，如图3-112所示。

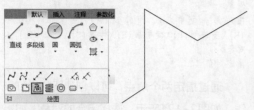

图3-111 激活命令　　图3-112 绘制
　　　　　　　　　　　三维多段线

3.8.2 螺旋

启用"螺旋"命令，可以快速创建二维螺旋或者三维弹簧，弥补多段线与样条曲线的不足。

单击"绘图"面板上的"螺旋"按钮圖，如图3-113所示。

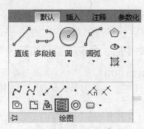

图3-113 激活命令

执行命令后，命令行提示如下。

```
命令：_Helix          \\启用命令
圈数 = 3        扭曲=CCW
指定底面的中心点：\\单击指定中心点
指定底面半径或 [直径(D)] <5>：50
                    \\输入底面半径值
指定顶面半径或 [直径(D)] <50>：100
                    \\输入顶面半径值
指定螺旋高度或 [轴端点(A)\圈数(T)\圈高
(H)\扭曲(W)] <1>：200  \\输入高度值
```

执行上述操作后，在二维视图中创建二维

螺旋，切换到三维视图，显示为三维弹簧，如图3-114所示。

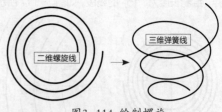

图3-114 绘制螺旋

练习3-20 绘制发条弹簧

难度：☆☆

素材文件：素材\第3章\练习3-20 绘制发条弹簧-素材.dwg

效果文件：素材\第3章\练习3-20 绘制发条弹簧.dwg

在线视频：第3章\练习3-20 绘制发条弹簧.mp4

01 打开"素材\第3章\练习3-24 绘制发条弹簧-素材.dwg"文件，如图3-115所示。

图3-115 打开素材

02 启用"螺旋(HELIX)"命令，命令行提示如下。

```
命令：HELIX      \\启用命令
圈数 = 3        扭曲=CW
指定底面的中心点：\\单击辅助线的交点为中心点
指定底面半径或 [直径(D)] <25>：50
指定顶面半径或 [直径(D)] <50>：100
指定螺旋高度或 [轴端点(A)\圈数(T)\圈高(H)\扭
曲(W)] <0>：W  \\输入"W"，选择"扭曲"
选项
输入螺旋的扭曲方向 [顺时针(CW)\逆时针(CCW)]
<CW>：CCW   \\输入"CCW"选项，选择"逆
时针"选项
指定螺旋高度或 [轴端点(A)\圈数(T)\圈高(H)\扭
曲(W)] <0>：T  \\输入"T"，选择"圈数"选
项
输入圈数 <3>：5  \\指定圈数
指定螺旋高度或 [轴端点(A)\圈数(T)\圈高(H)\扭
曲(W)] <200>：0  \\输入"0"，指定高度
```

03 执行上述操作后，绘制螺旋线，如图3-116所示。

04 启用"删除（ERASE/E）"命令，删除辅助线。

05 启用"直线（LINE/L）"命令，以内圈端点为起点，绘制长度为"15"的线段，如图3-117所示。

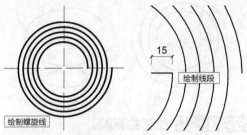

图3-116 绘制螺旋线　　图3-117 绘制线段

06 启用"圆角（FILLET/F）"命令，设置圆角半径为"5"，对线段与螺旋线执行倒角修剪操作，如图3-118所示。

07 启用"圆弧（ARC/A）"命令，以外圈端点为起点，绘制一段圆弧，如图3-119所示。

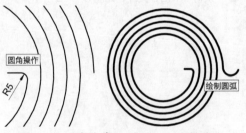

图3-118 圆角修剪　　图3-119 绘制圆弧

3.8.3 修订云线 难点

绘制修订云线，可以亮显要查看的图形部分。修订云线有两种样式，一种是矩形修订云线，另外一种是多边形修订云线。

单击"绘图"面板上的"修订云线"按钮 □ 右侧的下三角按钮，在弹出的列表中选择"矩形"选项，如图3-120所示。

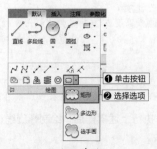

图3-120 激活命令

执行命令后，命令行提示如下。

```
命令：_revcloud          \\启用命令
最小弧长：0.5　　最大弧长：0.5　　样式：普通
类型：矩形
指定第一个角点或　[弧长(A)\对象(O)\矩形
(R)\多边形(P)\徒手画(F)\样式(S)\修改(M)] <
对象>：_R                \\系统选择
指定第一个角点或　[弧长(A)\对象(O)\矩形
(R)\多边形(P)\徒手画(F)\样式(S)\修改(M)] <
对象>：
指定对角点：
```

通过指定两个角点，可以创建新的修订云线，如图3-121所示。选择闭合的对象，如矩形、圆形与椭圆，也可将其转换为修订云线。

在"修订云线"列表中选择"多边形"选项，如图3-122所示。

图3-121 转换为云线　图3-122 激活命令

执行命令后，命令行提示如下。

```
命令：REVCLOUD           \\启用命令
最小弧长：20　　最大弧长：25　　样式：普通
类型：多边形
指定起点或　[弧长(A)\对象(O)\矩形(R)\多边形
(P)\徒手画(F)\样式(S)\修改(M)] <对象>：
                        \\指定起点
指定下一点：
指定下一点或　[放弃(U)]：
```

通过指定起点、下一点，可以创建任意形状的修订云线，如图3-123所示。

图3-123 创建任意形状多段线

提示

用键盘输入"REVCLOUD"，也可启用"修订云线"命令。

难度:	☆☆
素材文件:	无
效果文件:	素材\ 第3章\ 练习3-21 绘制绿篱.dwg
在线视频:	第3章\ 练习3-21 绘制绿篱.mp4

01 启用"修订云线（REVCLOUD）"命令，命令行提示如下。

```
命令: _revcloud                \\启用命令
最小弧长: 20   最大弧长: 25   样式: 普通
类型: 多边形
指定起点或 [弧长(A)\对象(O)\矩形(R)\多边形
(P)\徒手画(F)\样式(S)\修改(M)] <对象>: _R
最小弧长: 20   最大弧长: 25   样式: 普通
类型: 矩形
指定第一个角点或 [弧长(A)\对象(O)\矩形(R)\多
边形(P)\徒手画(F)\样式(S)\修改(M)] <对象>:
A    \\输入"A"，选择"弧长"选项
指定最小弧长 <20>: 150   \\输入最小弧长值
指定最大弧长 <150>: 200  \\输入最大弧长值
指定第一个角点或 [弧长(A)\对象(O)\矩形
(R)\多边形(P)\徒手画(F)\样式(S)\修改(M)] <
对象>:                   \\指定起点
指定对角点:
```

02 设置弧长值后，指定两个对角点，绘制矩形绿篱，如图 3-124 所示。

图3-124 绘制结果

03 单击"绘图"面板中的"修订云线"按钮□，在弹出的列表中选择"多边形"选项，绘制任意形状的绿篱，如图 3-125 所示。

图3-125 绘制多边形绿篱

04 启用"直线（LINE/L）"命令，在绿篱内绘制线段，如图 3-126 所示。

图3-126 绘制线段

05 启用"修订云线（REVCLOUD）"命令，在命令行中输入"O"，选择"对象"选项。选择线段，当命令行提示是否"反转方向"时，输入"N"，选择"否"选项。

06 将线段转换为修订云线的结果如图 3-127 所示。

图3-127 转换结果

3.8.4 徒手画 难点

选择"徒手画"的方式，通过绘制自由形状的多段线来创建修订云线。

在"修订云线"列表中选择"徒手画"选项，如图3-128所示。

单击，指定起点；拖动光标，即可创建修订云线。绘制完毕后，按Enter键，退出绘制，如图3-129所示。

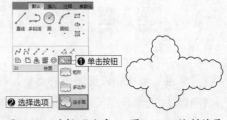

图3-128 选择"徒手画"选项　　图3-129 绘制结果

3.9 图案填充与渐变色填充

利用"图案填充"功能与"渐变色"填充功能，可以绘制各种类型的填充图案，本节介绍绘制方法。

3.9.1 图案填充

启用“图案填充”命令，可以选择指定样式的图案，对封闭区域执行填充操作。

单击“绘图”面板上的“图案填充”按钮▣，如图3-130所示，启用命令。

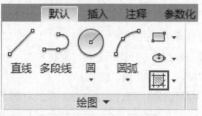

图3-130 单击按钮

提示

用键盘输入“H”，也可启用“图案填充”命令。

随即进入“图案填充创建”选项卡。在“图案”列表中显示各种类型的填充图案，如图3-131所示，单击选择其中的一种。

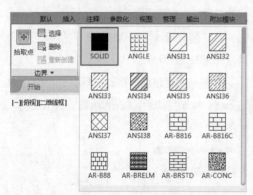

图3-131 选择图案

在“特性”面板中设置图案的类型、颜色、透明度及角度与比例大小，如图3-132所示。单击“颜色”选项，向下弹出颜色列表，在其中指定填充图案的颜色。

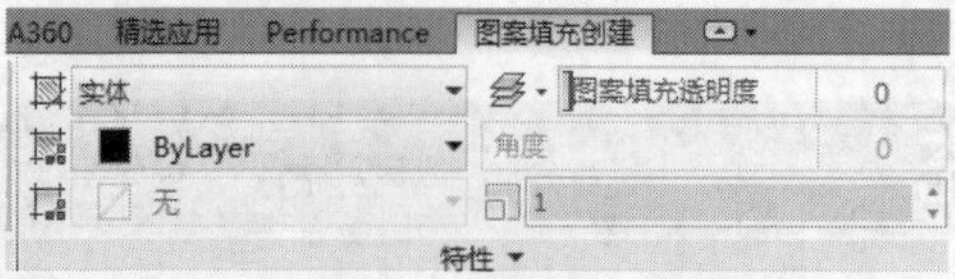

图3-132 “特性”面板

在“原点”面板中指定填充原点，如图3-133所示。用户可以使用默认的原点，也可以自定义填充原点的位置。

在闭合区域内单击，拾取内部点，即可绘制填充图案，如图3-134所示。

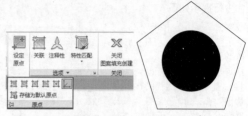

图3-133 “原点”面板

图3-134 填充图案

3.9.2 渐变色填充

启用“渐变色”填充命令，可以创建一种或者两种颜色间的平滑转场。

在“绘图”面板中单击“图案填充”按钮▣，在弹出的列表中选择“渐变色”选项，如图3-135所示。

启用命令后，进入“图案填充创建”选项卡。在“图案”列表中选择填充图案的类型，如图3-136所示。

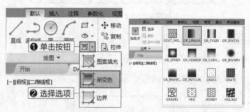

图3-135 选择命令

图3-136 选择图案

在其他面板中设置图案特性，包括渐变色1、渐变色2的颜色，以及颜色的透明度、角度、比例、填充原点等，如图3-137所示。

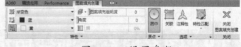

图3-137 设置参数

在封闭区域内单击鼠标左键，绘制渐变色填充图案的效果如图3-138所示。

图3-138 渐变图案

3.9.3 编辑填充的图案

在"修改"面板中单击"编辑图案填充"按钮，如图3-139所示，进入编辑模式。

图3-139 单击按钮

单击需要编辑的填充图案，打开"图案填充编辑"对话框，如图3-140所示。

在对话框中可以修改填充图案的特性参数，如图案类型、颜色、样例及角度和比例等。

在"边界"列表下提供编辑边界的工具，单击按钮即可调用。

单击"样例"选项中的图案样例，打开"填充图案选项板"对话框，如图3-141所示。

在对话框中重新选择图案类型，单击"确定"按钮，返回"图案填充编辑"对话框。

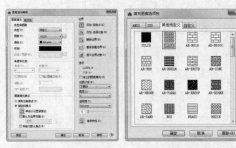

图3-140 "图案填充 　图3-141 "填充图
编辑"对话框 　　案选项板"对话框

单击"确定"按钮，关闭"图案填充编辑"对话框，修改图案类型的结果如图3-142所示。

启用"编辑图案填充"命令，单击渐变色填充图案，打开"图案填充编辑"对话框，如图3-143所示。

在对话框中修改渐变色1与渐变色2的特性参数，包括颜色、方向及角度。

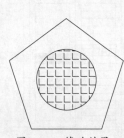 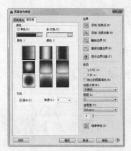

图3-142 修改结果 　图3-143 设置填充参数

练习3-22 填充室内鞋柜立面

难度：☆☆

素材文件：素材\ 第3章\ 练习3-22 填充室内鞋柜立面-素材.dwg

效果文件：素材\ 第3章\ 练习3-22 填充室内鞋柜立面.dwg

在线视频：第3章\ 练习3-22 填充室内鞋柜立面.mp4

01 打开"素材\ 第3章\ 练习3-22 填充室内鞋柜立面-素材.dwg"文件，如图3-144所示。

02 在命令行中输入"H"，进入"图案填充创建"选项卡。

03 在图案列表中选择名称为"ANSI31"的图案，如图3-145所示。

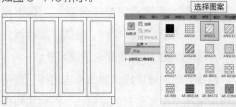

图3-144 打开素材 　图3-145 选择图案

04 在"特性"面板中设置"填充颜色"为"黑色"，"填充角度"为"315°"，"填充比例"为"20"，如图3-146所示。

图3-146 设置填充参数

05 在"原点"面板中单击"左上"按钮，如图 3-147 所示，指定填充原点的位置。

06 在封闭的填充区域内单击，如图3-148 所示。

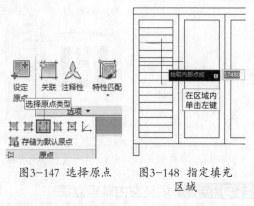

图3-147 选择原点　　图3-148 指定填充区域

07 填充图案的效果如图 3-149 所示。

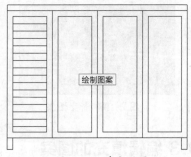

图3-149 填充效果

08 按 Enter 键，重复执行"图案填充"命令。保持填充参数不变，继续绘制其他鞋柜门的图案，如图 3-150 所示。

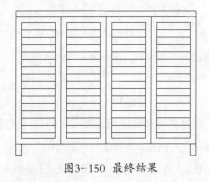

图3-150 最终结果

3.10 知识拓展

本章介绍了绘图命令的调用方式，包括绘制点、绘制直线类图形，以及绘制圆、圆弧类图形的方法。

在图形上创建"定数等分点"，在指定的范围内等间距分布多个点。创建"定距等分点"，则可以通过指定间距来创建等分点。

直线类图形有直线、射线及构造线。其中直线常常用来作为图形的轮廓线，而射线与构造线则多作为辅助线来使用。

圆、圆弧类图形包括圆、圆弧及椭圆等。绘制圆与圆弧有好几种方式，用户可以根据绘图需要选择适用的方式。

多段线有一个好处，就是创建完毕的图形为一个整体，常常用来绘制图形轮廓线。多线可以一次性创建多根相互垂直的线段，在室内绘图中，常常用来绘制墙体。

图案填充命令应用广泛，无论是绘制室内图纸、建筑图纸还是机械图纸，都需要使用到这个命令。用户通过选择图案、设置图案参数，可以创建样式繁多的填充效果。

难度：☆☆
素材文件：素材\ 第3 章\ 习题1- 素材.dwg
效果文件：素材\ 第3 章\ 习题1.dwg
在线视频：第3 章\ 习题1.mp4

双击墙体，打开"多线编辑工具"对话框。激活"角点结合""十字打开"及"T形打开"工具，编辑墙体，如图3-151所示。

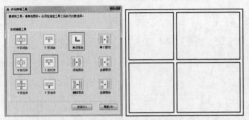

图3-151 绘制墙体

难度：☆☆
素材文件：素材\ 第3 章\ 习题2- 素材.dwg
效果文件：素材\ 第3 章\ 习题2.dwg
在线视频：第3 章\ 习题2.mp4

在命令行中输入"H"并按空格键，启用"图案填充"命令。选择"AR-RROOF"图案，设置填充角度与比例，填充餐桌图案，如图3-152所示。

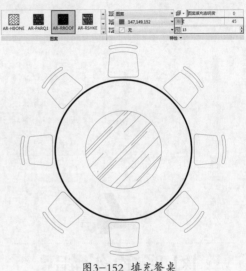

图3-152 填充餐桌

第4章

图形的编辑

编辑图形的命令有几大类，分别是修剪类、变化类、复制类及编辑夹点类等。熟练掌握编辑命令的使用方法，才能够得心应手地运用AutoCAD来编辑图形。本章介绍各类编辑命令的使用方法。

本章重点

学习如何使用修剪类命令　｜　掌握如何使用变化类命令

学习如何使用复制类命令　｜　了解各类辅助绘图命令的使用方法

学习利用夹点编辑图形的方式

4.1 图形修剪类

用来修剪图形的命令包括"修剪""延伸""删除",本节介绍这些命令的调用方式。

4.1.1 修剪 重点

启用"修剪"命令,修剪对象,使其适应其他对象的边。

在"修改"面板上单击"修改"按钮,如图4-1所示,激活命令。

图4-1 单击按钮

执行命令后,命令行提示如下。

```
命令: TR
TRIM                    \\启用命令
当前设置:投影=UCS,边=无
选择剪切边...
选择对象或 <全部选择>:
选择要修剪的对象,或按住 Shift 键选择要延伸的
对象,或[栏选(F)\窗交(C)\投影(P)\边(E)\删除
(R)\放弃(U)]:     \\选择对象
```

启用命令后按两次空格键,将光标置于需要删除的对象上,如图4-2所示。

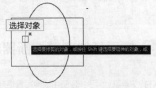

图4-2 选择对象

单击选择对象,该对象随即被删除,如图4-3所示。

图4-3 修剪对象

或者在启用"修剪"命令后,首先选择剪切边界并按Enter键,如图4-4所示。

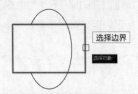

图4-4 选择剪切边界

接着选择需要修剪的对象,如图4-5所示。

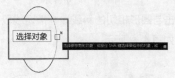

图4-5 选择对象

位于剪切边内部的对象被修剪,如图4-6所示。

图4-6 修剪对象

提示

在命令行中输入"TR"并按空格键,也可以启用"修剪"命令。

练习4-1 修剪圆翼蝶形螺母

难度: ☆☆

素材文件: 素材\ 第4章\ 练习4-1修剪圆翼蝶形螺母-素材.dwg
效果文件: 素材\ 第4章\ 练习4-1修剪圆翼蝶形螺母.dwg
在线视频: 第4章\ 练习4-1 修剪圆翼蝶形螺母.mp4

01 打开"素材\第 4 章\练习 4-1 修剪圆翼蝶形螺母－素材.dwg"文件，如图 4-7 所示。

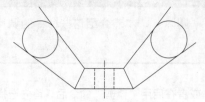

图4-7 打开素材

02 启用"修剪（TRIM/TR）"命令，单击圆形，如图 4-8 所示，指定其为修剪对象。

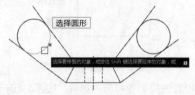

图4-8 修剪对象

03 单击与圆形相切的斜线段，指定线段为修剪对象，如图 4-9 所示。

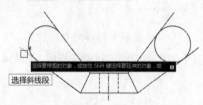

图4-9 选择对象

04 单击另一段与圆形相切的斜线段，修剪图形的结果如图 4-10 所示。

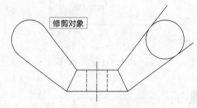

图4-10 修剪结果

05 继续修剪右侧的圆形与斜线段，完善圆翼蝶形螺母图形，如图 4-11 所示。

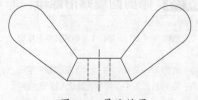

图4-11 最终结果

4.1.2 延伸

启用"延伸"命令，对图形执行延伸操作，使其适应其他图形的边。

在"修改"面板上单击"修剪"按钮右侧的下三角按钮，在弹出的列表中选择"延伸"选项，如图4-12所示，激活命令。

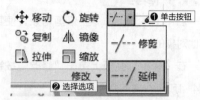

图4-12 选择选项

单击指定延伸边界，如图4-13所示。

再单击需要延伸的对象，例如，单击垂直线段，即可向下延伸线段，使之与椭圆相接，如图4-14所示。水平线段没有参与"延伸"编辑，仍然保持原有状态。

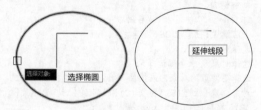

图4-13 选择延伸边界　图4-14 向下延伸线段

> **提示**
>
> 在命令行中输入"EX"并按空格键，也可以启用"延伸"命令。

练习4-2 使用延伸完善熔断器箱图形

难度：☆☆

素材文件：素材\第 4 章\练习4-2 使用延伸完善熔断器箱图形－素材.dwg

效果文件：素材\第 4 章\练习4-2 使用延伸完善熔断器箱图形.dwg

在线视频：第4 章\练习4-2 使用延伸完善熔断器箱图形.mp4

01 打开"素材\第 4 章\练习 4-2 使用延伸完善熔断器箱图形－素材.dwg"文件，如图 4-15 所示。

02 启用"延伸（EXTEND/EX）"命令，单击 A 线段为延伸边界，如图 4-16 所示。

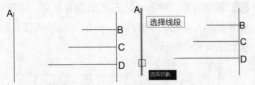

图4-15 打开素材　　图4-16 选择延伸边界

03 从右下角至左上角拖出矩形选框，选择 B、C、D 线段，如图 4-17 所示。

04 选中的线段同时向左延伸，完善熔断器箱形的结果如图 4-18 所示。

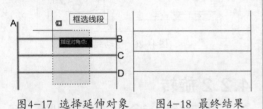

图4-17 选择延伸对象　　图4-18 最终结果

4.1.3 删除

启用"删除"命令，可以将选中的对象删除。

单击"修改"面板上的"删除"按钮 ，如图4-19所示，激活命令。

图4-19 单击按钮

单击选择待删除的对象，按Enter键，选中的对象被删除，结果如图4-20所示。

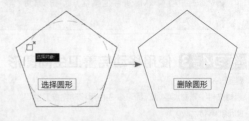

图4-20 删除图形

提示

在命令行中输入"E"并按空格键，也可以启用"删除"命令。

4.2　图形变化类

改变图形显示样式的命令有"移动""旋转""缩放"及"拉伸"等，本节介绍这些命令的调用方法。

4.2.1 移动

启用"移动"命令，在指定的方向上将对象移动至指定的距离。

单击"修改"面板上的"移动"按钮 ⊕，如图4-21所示，激活命令。

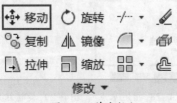

图4-21 单击按钮

选择对象，如图4-22所示，按Enter键，在对象上单击，指定基点。

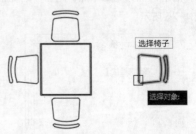

图4-22 选择对象

移动鼠标，指定第二个点，将对象移动指定距离的结果如图4-23所示。

图4-23 移动对象

提示

在命令行中输入"M"并按空格键，也可以启用"移动"命令。

练习4-3 使用移动完善卫生间图形

难度：☆☆

素材文件：素材\第4章\练习4-3 使用移动完善卫生间
图形-素材.dwg

效果文件：素材\第4章\练习4-3 使用移动完善卫生间图形.dwg

在线视频：第4章\练习4-3 使用移动完善卫生间图形.mp4

01 打开"素材\第4章\练习4-3 使用移动完善
卫生间图形-素材.dwg"文件，如图4-24所示。

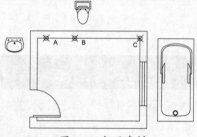

图4-24 打开素材

02 启用"移动（MOVE/M）"命令，选择洗脸
盆图形，单击图形的左上角点为基点；向右移动
鼠标，指定A点为第二个点，向右移动洗脸盆，
如图4-25所示。

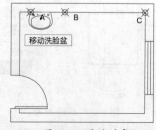

图4-25 移动对象

03 按Enter键，继续启用"移动"命令。选择

坐便器，单击坐便器左上角点为基点，以B点为
第二个点，向下移动洗脸盆。

04 选择浴缸，单击浴缸右上角点为基点，向左
移动鼠标，单击C点为第二个点，移动浴缸的结
果如图4-26所示。

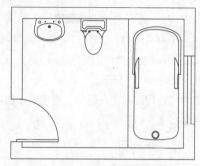

图4-26 移动结果

4.2.2 旋转

启用"旋转"命令，可以指定角度，旋转
选中的对象。

单击"修改"面板上的"旋转"按钮○，
如图4-27所示，激活命令。

图4-27 单击按钮

在图形上单击指定旋转基点，如图4-28所
示。接着输入旋转角度，如输入"45"，指定
旋转角度为"45°"。

指定旋转角度，按Enter键，旋转图形的效
果如图4-29所示。

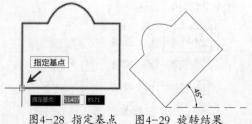

图4-28 指定基点　图4-29 旋转结果

练习4-4 使用旋转修改门图形

难度: ☆☆

素材文件: 素材\ 第4章\ 练习4-4 使用旋转修改门
图形-素材.dwg

效果文件: 素材\ 第4章\ 练习4-4 使用旋转修改门
图形.dwg

在线视频: 第4章\ 练习4-4 使用旋转修改门图形.mp4

01 打开"素材\第4章\练习4-4使用旋转修改门图形-素材.dwg"文件，如图4-30所示。

02 启用"旋转（ROTATE/RO）"命令，选择单扇门，单击门的右下角点为旋转基点，如图4-31所示。

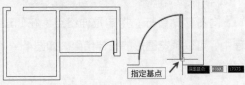

图4-30 打开素材　　图4-31 指定基点

03 按Enter键，根据命令行的提示，输入"C"，选择"复制"选项。

04 输入"180"，指定旋转角度，如图4-32所示。

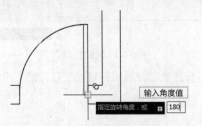

图4-32 指定旋转角度

05 按Enter键，旋转并复制单扇门，如图4-33所示。

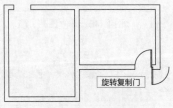

图4-33 旋转结果

06 启用"移动（MOVE/M）"命令，将单扇门移动至左上角的门洞中，如图4-34所示。

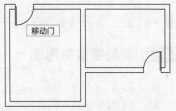

图4-34 移动单扇门

4.2.3 缩放

启用"缩放"命令，指定比例因子，可以放大或者缩小对象。

单击"修改"面板上的"缩放"按钮🔲，如图4-35所示，激活命令。

图4-35 单击按钮

选择对象，单击指定缩放基点。输入比例因子，如图4-36所示。

比例因子大于1，表示对象将被放大。比例因子小于1，对象则被缩小。

图4-36 指定比例因子

按Enter键，缩放对象的结果如图4-37所示。

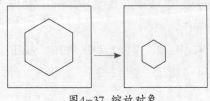

图4-37 缩放对象

练习4-5 参照缩放树形图

难度：☆☆

素材文件：素材\ 第4章\ 练习4-5 参照缩放树形图- 素材.dwg
效果文件：素材\ 第4章\ 练习4-5 参照缩放树形图. dwg
在线视频：第4章\ 练习4-5 参照缩放树形图.mp4

01 打开"素材\第4章\练习4-5参照缩放树形图 – 素材.dwg"文件，如图4-38所示。

02 启用"缩放(SCALE/SC)"命令，选择树形图，单击指定基点，输入比例因子，如图4-39所示。

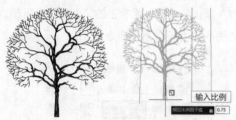

图4-38 打开素材　　图4-39 指定比例因子

03 按 Enter 键，缩放树形图的结果如图4-40所示。

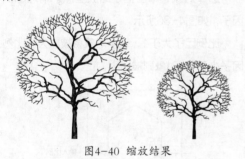

图4-40 缩放结果

4.2.4 拉伸 重点

启用"拉伸"命令，通过沿路径移动图形的夹点，使得图形发生拉伸变形的效果。某些对象类型，如圆、椭圆、块不可以执行"拉伸"操作。

在"修改"面板上单击"拉伸"按钮，如图4-41所示，激活命令。

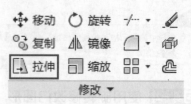

图4-41 单击按钮

从右下角至左上角拖出矩形选框，选择要执行拉伸操作的部分，如图4-42所示。

在图形上单击指定拉伸基点，图4-43所示为单击图形的右下角点为基点。

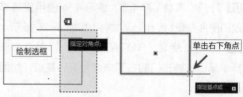

图4-42 选择图形　　图4-43 指定基点

向右移动鼠标，指定拉伸终点。在此过程中，可以预览图形的拉伸结果，如图4-44所示。

图4-44 指定拉伸距离

在合适的位置松开鼠标左键，结束拉伸操作，如图4-45所示。

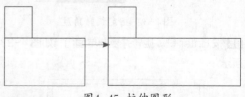

图4-45 拉伸图形

练习4-6 使用拉伸修改门的位置

难度: ☆☆

素材文件: 素材\第4章\练习4-6 使用拉伸修改门的位置-素材.dwg

效果文件: 素材\第4章\练习4-6 使用拉伸修改门的位置.dwg

在线视频: 第4章\练习4-6 使用拉伸修改门的位置.mp4

01 打开"素材\第4章\练习4-6 使用拉伸修改门的位置–素材.dwg"文件,如图4-46所示。

02 启用"拉伸(STRETCH/S)"命令,框选墙体和双扇门图形,如图4-47所示。

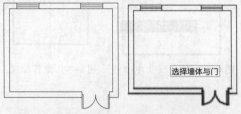

图4-46 打开素材　　图4-47 选择图形

03 单击门洞的左上角点,如图4-48所示,指定该点为拉伸基点。

图4-48 指定基点

04 向左移动鼠标,输入拉伸距离为"2000",按 Enter 键,调整门位置的结果如图4-49所示。

图4-49 调整门位置

4.2.5 拉长

启用"拉长"命令,可以修改对象的长度及圆弧的包含角。

单击"修改"面板上的"拉长"按钮 🗹,如图4-50所示,激活命令。

图4-50 单击按钮

执行命令后,命令行提示如下。

```
命令: LEN
LENGTHEN            \\启用命令
选择要测量的对象或 [增量(DE)\百分比(P)\总计
(T)\动态(DY)] <增量(DE)>: DE
            \\输入"DE",选择"增量"选项
输入长度增量或 [角度(A)] <200>: 500
            \\输入增量值
选择要修改的对象或 [放弃(U)]:
            \\选择要拉长的对象
```

执行上述操作后,将矩形内的垂直线段拉长的结果如图4-51所示。

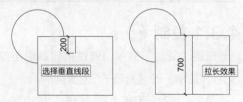

图4-51 拉长线段

> **提示**
>
> 在命令行中输入"LEN"并按空格键,也可以启用"拉长"命令。

练习4-7 使用拉长修改中心线

难度: ☆☆

素材文件: 素材\第4章\练习4-7 使用拉长修改中心线-素材.dwg

效果文件: 素材\第4章\练习4-7 使用拉长修改中心线.dwg

在线视频: 第4章\练习4-7 使用拉长修改中心线.mp4

01 打开"素材\第4章\练习4-7 使用拉长修改中心线–素材.dwg"文件,如图4-52所示。

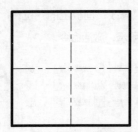

图4-52 打开素材

02 启用"拉长（LENGTHEN/LEN）"命令，根据命令行的提示，输入"DE"，选择"增量"选项。

03 指定增量值为"200"，选择水平中心线，预览拉长效果，如图4-53所示。

04 移动鼠标，在水平中心线的左侧单击，如图4-54所示，向左拉长中心线。

05 依次单击垂直中心线的两端，延长线段的结果如图4-55所示。

图4-53 选择中心线

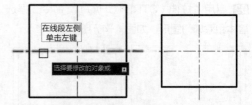

图4-54 向左拉长中心线　　图4-55 操作结果

4.3 图形复制类

复制图形的命令包括"复制""偏移""阵列"等，本节介绍这些命令的操作方法。

4.3.1 复制 重点

启用"复制"命令，通过指定基点与位移，可以创建一个或者若干个对象副本。

单击"修改"面板上的"复制"按钮，如图4-56所示，激活命令。

图4-56 单击按钮

执行命令后，选择需要创建副本的对象，单击左键，指定复制基点，如图4-57所示。

移动鼠标，指定方向与位移，单击指定第二个点，如图4-58所示，结果是在该点创建对象副本。

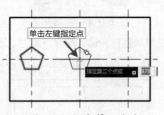

图4-58 指定第二个点

此时尚处在命令中，继续指定下一个点，创建对象副本，如图4-59所示。

创建完毕后，按Enter键，退出命令。

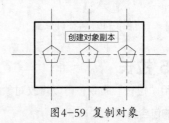

图4-59 复制对象

图4-57 指定基点

练习4-8 使用复制补全螺纹孔

难度：☆☆

素材文件：素材\第4章\练习4-8 使用复制补全螺纹孔-素材.dwg

效果文件：素材\第4章\练习4-8 使用复制补全螺纹孔.dwg

在线视频：第4章\练习4-8 使用复制补全螺纹孔.mp4

01 打开"素材\第4章\练习4-8 使用复制补全螺纹孔-素材.dwg"文件，如图4-60所示。

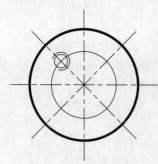

图4-60 打开素材

02 启用"复制（COPY/CO）"命令，命令行提示如下。

```
命令：CO              \\启用命令
COPY
选择对象：指定对角点：找到 2 个
选择对象：          \\选择螺纹孔
当前设置：复制模式 = 多个
指定基点或 [位移(D)\模式(O)] <位移>：D
                  \\输入"D"，选择"位移"选项
指定位移 <0, 0, 0>：@424,0,0
                  \\输入位移值
```

03 按照所指定的位移值，向右移动复制螺纹孔，如图4-61所示。

04 按 Enter 键，重复启用"复制"命令。选择两个螺纹孔，向下移动复制，完善图形的结果如图 4-62 所示。

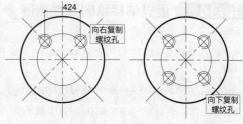

图4-61 复制对象　　图4-62 完善图形

4.3.2 偏移

启用"偏移"命令，通过指定距离或者通过一个点来偏移对象。

单击"修改"面板上的"偏移"按钮，如图4-63所示，激活命令。

移动　旋转
复制　镜像
拉伸　缩放

修改 ▼

图4-63 单击按钮

输入要偏移的距离，选择矩形，如图4-64所示。向内移动鼠标，指定偏移方向。

按Enter键，结束偏移操作，如图4-65所示。在执行"偏移"命令后输入"E"，选择"删除"选项。命令行提示"要在偏移后删除源对象吗？[是(Y)/否(N)] <否>："，选择"是（Y）"选项，则在偏移对象后，源对象被删除;反之亦然。

图4-64 选择图形　　图4-65 偏移图形

练习4-9 通过偏移绘制弹性挡圈

难度：☆☆

素材文件：素材\第4章\练习4-9通过偏移绘制弹性挡圈-素材.dwg

效果文件：素材\第4章\练习4-9通过偏移绘制弹性挡圈.dwg

在线视频：第4章\练习4-9通过偏移绘制弹性挡圈.mp4

01 打开"素材\第4章\练习4-9通过偏移绘制弹性挡圈-素材.dwg"文件，如图4-66所示。

02 启用"偏移（OFFSET/O）"命令，指定偏移距离分别为"5""40"，选择中心线，向左右两侧偏移，如图4-67所示。

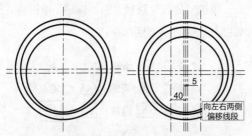

图4-66 打开素材　　图4-67 偏移中心线

03 启用"直线（LINE/L）"命令，以偏移得到的线段为基础，绘制垂直线段，如图4-68所示。

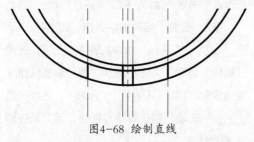

图4-68 绘制直线

04 启用"删除（ERASE/E）"命令，删除辅助线。

05 启用"修剪（TRIM/TR）"命令，修剪圆形，如图4-69所示。

06 启用"偏移（OFFSET/O）"命令，设置偏移距离为"23"，向左右两侧偏移垂直中心线。

07 按Enter键，再次启用"偏移"命令。修改偏移距离为"109"，向下偏移水平中心线，如图4-70所示。

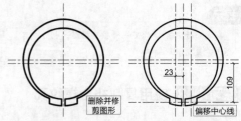

图4-69 修剪图形　　图4-70 偏移线段

08 启用"圆（CIRCLE/C）"命令，设置半径为"5"，以线段交点为圆心，绘制圆形，如图4-71所示。

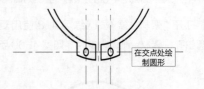

图4-71 绘制圆形

09 启用"删除（ERASE/E）"命令，删除辅助线，结果如图4-72所示。

图4-72 完善图形

4.3.3 镜像

启用"镜像"命令，可以沿着指定的镜像线创建对象副本。

在"修改"面板上单击"镜像"按钮，如图4-73所示，激活命令。

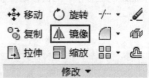

图4-73 单击按钮

选择对象，单击指定镜像线上的第一点，如图4-74所示。

移动鼠标，指定镜像线的第二点，如图

4-75所示。用户可以在任意方向上指定镜像线。根据镜像线位置的不同，镜像操作所产生的对象副本的位置也会受到影响。

图4-74 指定第一点　图4-75 指定第二点

按Enter键，结束镜像操作，在镜像线的一侧创建对象副本，如图4-76所示。

在指定镜像线的位置后，命令行提示"要删除源对象吗？[是(Y)/否(N)] <否>:"，选择"否（N）"选项，可以保留源对象。

图4-76 镜像复制对象

练习4-10 镜像绘制篮球场图形

难度：☆☆

素材文件：素材\ 第4章\ 练习4-10 镜像绘制篮球场图形-素材. dwg

效果文件：素材\ 第4章\ 练习4-10 镜像绘制篮球场图形.dwg

在线视频：第4章\ 练习4-10 镜像绘制篮球场图形.mp4

01 打开"素材 \ 第 4 章 \ 练习 4-10 镜像绘制篮球场图形 - 素材 . dwg"文件，如图 4-77 所示。

02 启用"镜像（MIRROR/MI）"命令，选择图形，如图 4-78 所示。

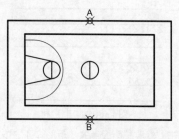

图4-77 打开素材

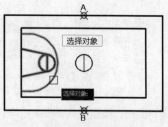

图4-78 选择图形

03 指定 A 点为镜像线的第一点，指定 B 点为镜像线的第二点，向右镜像复制对象，完善篮球场图形，如图 4-79 所示。

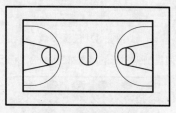

图4-79 镜像复制对象

4.3.4 阵列 重点

对图形执行"阵列"操作，可以得到多个图形副本。AutoCAD提供了3种阵列方式，分别是"矩形阵列""路径阵列""环形阵列"。本节介绍这3种阵列命令的操作方法。

练习4-11 矩形阵列绘制行道路

难度：☆☆

素材文件：素材\ 第4章\ 练习4-11 矩形阵列绘制行道路-素材. dwg

效果文件：素材\ 第4章\ 练习4-11 矩形阵列绘制行道路.dwg

在线视频：第4章\ 练习4-11 矩形阵列绘制行道路.mp4

01 打开"素材 \ 第 4 章 \ 练习 4-11 矩形阵列绘制行道路 - 素材 . dwg"文件，如图 4-80 所示。

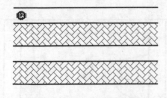

图4-80 打开素材

02 单击“修改”面板上的“矩形阵列”按钮，如图 4-81 所示，激活命令。

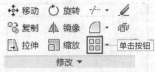

图4-81 激活命令

03 选择树图形，按空格键，进入“阵列创建”选项卡。

04 在“列”面板与“行”面板中设置参数，如图 4-82 所示。

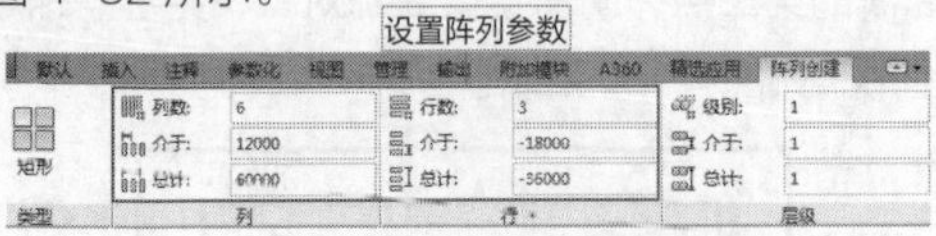

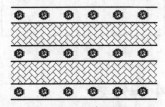

图4-82 设置参数

05 阵列复制树图形的结果如图 4-83 所示。

图4-83 阵列复制树图形

> **提示**
>
> 在命令行中输入“ARRAYRECT”并按空格键，也可以启用“矩形阵列”命令。

练习4-12 路径阵列绘制园路汀步

难度：☆☆

素材文件：素材\第4 章\练习4-12 路径阵列绘制园路汀步-素材.dwg

效果文件：素材\第4 章\练习4-12 路径阵列绘制园路汀步.dwg

在线视频：第4 章\练习4-12 路径阵列绘制园路汀步.mp4

01 打开“素材\第 4 章\练习 4-12 路径阵列绘制园路汀步-素材.dwg”文件，如图 4-84 所示。

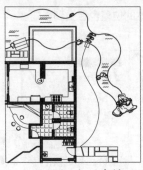

图4-84 打开素材

02 单击“修改”面板上“矩形阵列”右侧的下三角按钮，在弹出的列表中选择“路径阵列”选项，如图 4-85 所示，激活命令。

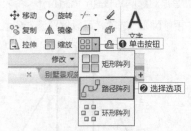

图4-85 激活命令

03 选择汀步，按空格键，选择路径曲线，进入“阵列创建”选项卡。

04 在“项目”面板中修改“介于”选项值，如图 4-86 所示。

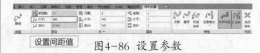

图4-86 设置参数

05 沿着路径曲线阵列复制汀步，结果如图 4-87 所示。

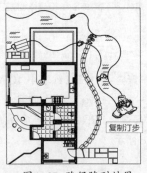

图4-87 路径阵列结果

06 启用"修剪（TRIM/TR）"命令，修剪汀步与其他图形重叠的部分，如图4-88所示。

图4-88 修剪图形

练习4-13 环形阵列绘制树池

难度：☆☆
素材文件：素材\第4章\练习4-13 环形阵列绘制树池-素材.dwg
效果文件：素材\第4章\练习4-13 环形阵列绘制树池.dwg
在线视频：第4章\练习4-13 环形阵列绘制树池.mp4

01 打开"素材\第4章\练习4-13 环形阵列绘制树池-素材.dwg"文件，如图4-89所示。
02 单击"修改"面板上"矩形阵列"按钮右侧的下三角按钮，在弹出的列表中选择"环形阵列"选项，如图4-90所示。

图4-89 打开素材　　　图4-90 激活命令

03 选择树图形上方的矩形为阵列对象，单击指定圆心为阵列的中心点，进入"阵列创建"选项卡。
04 在"项目"面板中修改"项目数"选项值，如图4-91所示。

图4-91 设置参数

05 系统按照指定的中心点与项目数阵列复制对象，结果如图4-92所示。

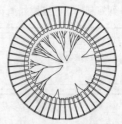

图4-92 环形阵列结果

练习4-14 阵列绘制同步带

难度：☆☆
素材文件：素材\第4章\练习4-14 阵列绘制同步带-素材.dwg
效果文件：素材\第4章\练习4-14 阵列绘制同步带.dwg
在线视频：第4章\练习4-14 阵列绘制同步带.mp4

01 打开"素材\第4章\练习4-14 阵列绘制同步带-素材.dwg"文件，如图4-93所示。

图4-93 打开素材

02 在"修改"面板上单击"矩形阵列"按钮，选择右侧的齿轮作为阵列对象，设置参数，如图4-94所示。

图4-94 设置参数

03 向右阵列复制齿轮的结果如图4-95所示。

图4-95 复制齿轮

04 单击"修改"面板上的"环形阵列"按钮，选择左侧的齿轮作为阵列对象，设置阵列参数，如图4-96所示。

图4-96 复制齿轮

05 沿弧线阵列复制齿轮的结果如图4-97所示。

图4-97 复制齿轮

06 启用"镜像（MIRROR/MI）"命令，选择位于水平线上的齿轮，向下镜像复制齿轮，如图4-98所示。

图4-98 镜像复制齿轮

07 选择左侧的齿轮，启用"镜像（MIRROR/MI）"命令，向右镜像复制，如图4-99所示。

图4-99 向右镜像复制齿轮

08 启用"修剪（TRIM/TR）"命令，修剪线段，完成同步带图形的绘制，如图4-100所示。

图4-100 绘制同步带

4.4 辅助绘图类

通过借助辅助命令来编辑图形，可以修改图形的显示样式，得到新的图形。本节介绍各类辅助命令的调用方法。

4.4.1 圆角

启用"圆角"命令，通过指定半径值为对象添加圆角。圆角操作所创建的圆弧与选定的两条直线均相切。

单击"修改"面板上的"圆角"按钮 ，如图4-101所示，激活命令。

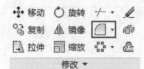

图4-101 单击按钮

启用命令后，输入"R"，选择"半径"选项。输入半径值，依次单击第一条直线与第二条直线，可以为图形添加圆角。

> **提示**
>
> 在命令行中输入"F"并按空格键，也可以启用"圆角"命令。

练习4-15 机械轴零件倒圆角

难度：☆☆
素材文件：素材\第4章\练习4-15 机械轴零件倒圆角-素材.dwg
效果文件：素材\第4章\练习4-15 机械轴零件倒圆角.dwg
在线视频：第4章\练习4-15 机械轴零件倒圆角.mp4

01 打开"素材\第4章\练习4-15 机械轴零件倒圆角-素材.dwg"文件，如图4-102所示。

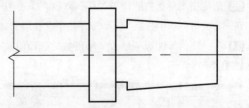

图4-102 打开素材

02 启用"圆角（FILLET/F）"命令，输入"R"，选择"半径"选项，指定半径值为"5"。

03 输入"M"，选择"多个"选项，依次单击线段，对线段执行圆角操作，如图4-103所示。

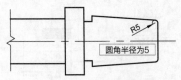

图4-103 圆角操作

04 按Enter键，再次启用"圆角"命令，修改半径为"3"，单击线段，执行圆角操作，完善图形，如图4-104所示。

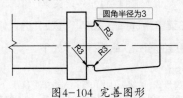

图4-104 完善图形

4.4.2 分解

在需要单独修改复合对象的部件时，可以启用"分解"命令，将复合对象分解为其部件对象。可以分解的对象包括块、多段线及面域等。

在"修改"面板上单击"分解"按钮，如图4-105所示，激活命令。

图4-105 单击按钮

启用执行命令后，单击选择待分解的对象，按Enter键，即可将复合对象分解为其部件对象。

提示

在命令行中输入"X"并按空格键，也可以启用"分解"命令。

练习4-16 家具倒斜角处理

难度：☆☆

素材文件：素材\第4章\练习4-16家具倒斜角处理-素材.dwg

效果文件：素材\第4章\练习4-16家具倒斜角处理.dwg

在线视频：第4章\练习4-16家具倒斜角处理.mp4

01 打开"素材\第4章\练习4-16家具倒斜角

处理-素材.dwg"文件，如图4-106所示。

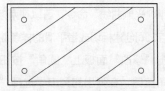

图4-106 打开素材

02 单击"修改"面板上的"圆角"按钮右侧的下三角按钮，在弹出的列表中选择"倒角"选项，如图4-107所示，激活命令。

图4-107 选择选项

03 命令行提示如下。

```
命令：CHA\\启用命令
CHAMFER
("修剪"模式) 当前倒角距离 1 = 0，距离 2 = 0
选择第一条直线或 [放弃(U)\多段线(P)\距离
(D)\角度(A)\修剪(T)\方式(E)\多个(M)]： D
        \\输入"D"，选择"距离"选项
指定 第一个 倒角距离 <0>: 100
        \\输入距离值
指定 第二个 倒角距离 <100>:
        \\按Enter键
选择第一条直线或 [放弃(U)\多段线(P)\距离
(D)\角度(A)\修剪(T)\方式(E)\多个(M)]:
选择第二条直线，或按住 Shift 键选择直线以应用
角点或 [距离(D)\角度(A)\方法(M)]:
```

04 依次选择需要执行倒角操作的两条直线，即可为图形创建倒角，如图4-108所示。

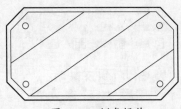

图4-108 倒角操作

提示

在命令行中输入"CHA"并按空格键，也可以启用"倒角"命令。

4.4.3 光顺曲线

启用"光顺曲线"命令，可以在两条开放曲线的端点之间创建相切或者平滑的样条曲线。

单击"修改"面板上"圆角"按钮右侧的下三角按钮，在弹出的列表中选择"光顺曲线"选项，如图4-109所示，激活命令。

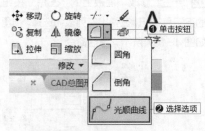

图4-109 激活命令

执行命令后，依次单击直线与圆弧，即可创建光顺曲线来连接两个对象，如图4-110所示。

图4-110 创建光顺曲线

4.4.4 编辑多段线 （难点）

启用"编辑多段线"命令，可以修改多段线的显示样式，或者将不同的多段线合并为一个多段线，也可将多段线转换为样条曲线。

单击"修改"面板上的"编辑多段线"按钮，如图4-111所示，激活命令。

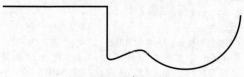

图4-111 激活命令

单击选择多段线，在光标的右下角弹出选项菜单，如图4-112所示。选择相应选项，可以对多段线执行相应的修改操作。

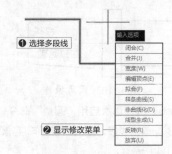

图4-112 修改菜单

在菜单中选择"宽度"选项，进入修改多段线宽度的模式，命令行提示如下。

```
命令：PEDIT           \\启用命令
选择多段线或 [多条(M)]： \\选择多段线
输入选项 [闭合(C)\合并(J)\宽度(W)\编辑顶点
(E)\拟合(F)\样条曲线(S)\非曲线化(D)\线型生
成(L)\反转(R)\放弃(U)]：W
                      \\选择"宽度"选项
指定所有线段的新宽度：10 \\输入新的宽度值
```

重新指定宽度值后，多段线的线宽随之在绘图区域中更新显示。

修改菜单中其他选项的含义介绍如下。

- **闭合：**连接多段线的起点与终点，闭合多段线。
- **合并：**依次选择多个多段线，将其合并为一个多段线。
- **编辑顶点：**对多段线的顶点执行"增加""删除"或者"移动"等操作，最终可以改变多段线的显示样式。
- **拟合：**以曲线拟合的方式将多段线转换为平滑的曲线。
- **样条曲线：**以样条拟合的方式将多段线转换为平滑的曲线。
- **非曲线化：**将平滑曲线还原为多段线，同时删除拟合曲线。
- **线型生成：**生成经过多段线顶点的连续图案类型。

> **提示**
>
> 双击多段线，也可以进入编辑多段线的模式。

4.4.5 对齐 （重点）

启用"对齐"命令，可以将选中的对象与其他对象对齐。

单击"修改"面板上的"对齐"按钮 ⬛，如图4-113所示，激活命令。

图4-113 激活命令

执行命令后，依次单击指定源点与目标点，按Enter键，即可对齐选定对象。

提示

在命令行中输入"AL"并按空格键，也可以启用"对齐"命令。

练习4-17 使用对齐命令装配三通管

难度：☆☆

素材文件：素材\第4章\练习4-17 使用对齐命令装配三通管-素材.dwg

效果文件：素材\第4章\练习4-17 使用对齐命令装配三通管.dwg

在线视频：第4章\练习4-17 使用对齐命令装配三通管.mp4

01 打开"素材\第4章\练习4-17 使用对齐命令装配三通管-素材.dwg"文件，如图4-114所示。

02 启用"对齐（ALIGN/AL）"命令，命令行提示如下。

```
命令：_align              \\启用命令
选择对象：找到 1 个        \\选择三通
选择对象：
指定第一个源点：           \\单击a点
指定第一个目标点：         \\单击A点
指定第二个源点：           \\单击b点
指定第二个目标点：         \\单击B点
指定第三个源点或 <继续>：  \\单击c点
指定第三个目标点：         \\单击C点
```

03 执行上述操作后，三通管件与管道对齐，如图4-115所示。

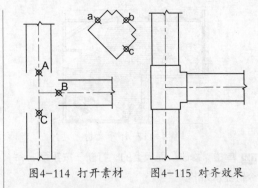

图4-114 打开素材　　　图4-115 对齐效果

4.4.6 打断

启用"打断"命令，可以在对象上的两个指定点之间创建间隔，从而将对象打断为两个对象。

单击"修改"面板上的"打断"按钮 ⬛，如图4-116所示，激活命令。

图4-116 激活命令

执行命令后，依次指定第一个打断点与第二个打断点，两个点之间的图形部分被删除。

提示

在命令行中输入"BREAK"并按空格键，也可以启用"打断"命令。

练习4-18 使用打断创建注释空间

难度：☆☆

素材文件：素材\第4章\练习4-18 使用打断创建注释空间-素材.dwg

效果文件：素材\第4章\练习4-18 使用打断创建注释空间.dwg

在线视频：第4章\练习4-18 使用打断创建注释空间.mp4

01 打开"素材\第4章\练习4-18 使用打断创建注释空间-素材.dwg"文件，如图4-117所示。

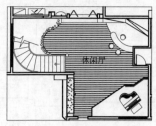

图4-117 打开素材

02 单击"修改"面板上的"打断"按钮，命令行提示如下。

```
命令：_break          \\启用命令
选择对象：           \\选择覆盖标注文字
的线段
指定第二个打断点 或 ［第一点(F)］：F
                     \\输入"F"，选择
                     "第一点"选项
指定第一个打断点：    \\在文字的左侧单击
指定第一个点
指定第二个打断点：    \\在文字的右侧单击
指定第二个点
```

03 执行上述操作后，覆盖文字的部分线段被删除，创建空间以使文字能够清晰地显示，如图4-118所示。

　　因为每执行一次"打断"命令，只能打断一根线段，为了能够使文字能够清晰地显示出来，必须进行几次"打断"操作，将所有覆盖文字的线段全部删除。

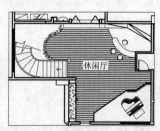

图4-118 打断结果

练习4-19 使用打断修改电路图

难度：☆☆

| 素材文件：素材\第4章\练习4-19 使用打断修改电路图-素材.dwg |
| 效果文件：素材\第4章\练习4-19 使用打断修改电路图.dwg |
| 在线视频：第4章\练习4-19 使用打断修改电路图.mp4 |

01 打开"素材\第4章\练习4-19 使用打断修改电路图-素材.dwg"文件，如图4-119所示。

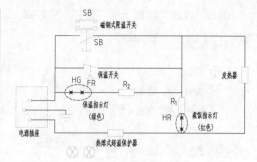

图4-119 打开素材

02 单击"修改"面板中的"打断"按钮，依次指定打断的第一点与第二点，将虚线椭圆内的线路打断，如图4-120所示。

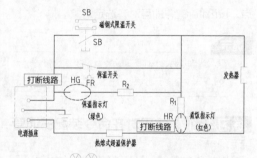

图4-120 打断结果

03 启用"移动（MOVE/M）"命令，将指示灯移动至线路打断处，如图4-121所示。

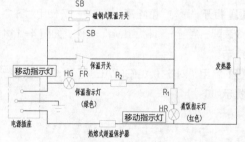

图4-121 移动结果

4.4.7 合并 难点

　　启用"合并"命令，可以合并相似的对象，使之形成一个完整的对象。

　　单击"修改"面板上的"合并"按钮，如图4-122所示，激活命令。

图4-122 单击按钮

执行命令后，选择对象或者要一次合并的多个对象，按Enter键，可将选中的若干个对象合并为一个对象。

练习4-20 使用合并修改电路图

难度：☆☆

素材文件：素材\ 第4章\ 练习4-20 使用合并修改电路图-素材.dwg

效果文件：素材\ 第4章\ 练习4-20 使用合并修改电路图.dwg

在线视频：第4章\ 练习4-20 使用合并修改电路图.mp4

01 打开"素材\ 第4章\ 练习4-20 使用合并修改电路图 – 素材 .dwg"文件，如图4-123所示。

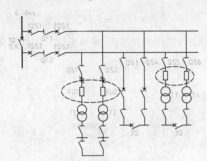

图4-123 打开素材

02 启用"删除（ERASE/E）"命令，选择虚线椭圆内的电阻器，按 Enter 键将其删除，如图4-124所示。

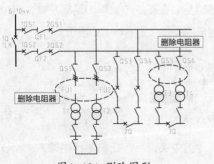

图4-124 删除图形

03 单击"修改"面板上的"合并"按钮，依次单击线路，合并线路的结果如图4-125所示。

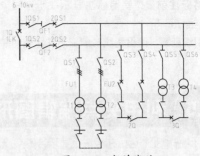

图4-125 合并线路

4.4.8 绘图次序 难点

启用"绘图次序"命令，可以调整图形的显示层次，使得该图形显示在其他图形的前面或者后面。

单击"修改"面板上的"绘图次序"按钮，向下弹出菜单，在其中显示图形叠放次序的类型，如图4-126所示。

图4-126 显示菜单

在菜单中选择选项，可以调整图形的显示次序。其中各选项的含义介绍如下。

● **前置：** 使得选中的对象显示在所有对象的前面。

● **后置：** 使得选中的对象显示在所有对象的后面。

● **置于对象之上：** 使得对象显示在指定的对象之前。

● **置于对象之下：** 使得对象显示在指定的对象之后。

- **将文字前置：** 使得文字显示在所有对象的前面。
- **将标注前置：** 使得标注显示在所有对象的前面。
- **引线前置：** 使得引线对象显示在所有对象的

前面。
- **所有注释前置：** 使得所有的注释对象，包括文字、标注及引线等，显示在所有对象之前。
- **所有填充图案项后置：** 将图案填充显示在所有对象之后。

4.5 利用夹点编辑图形

选中图形后，在图形上显示若干夹点。激活夹点，可以编辑图形的位置、大小等属性。本节介绍利用夹点编辑图形的方法。

4.5.1 夹点模式概述

选中图形，在图形上显示蓝色的夹点。不同类型的图形，显示的夹点数目不同。例如，椭圆与矩形所显示的夹点数目就不相同，如图4-127所示。

在没有显示图形之前，夹点处于隐藏状态。选中图形之后，夹点才会显示在图形上。

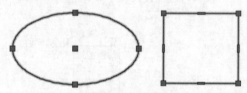

图4-127 显示夹点

未被激活的夹点显示为蓝色，将光标置于夹点之上，稍等几秒，夹点变为红色。同时在光标的右下角显示编辑菜单，如图4-128所示。在菜单中选择选项，利用夹点编辑图形。

在夹点上单击鼠标左键，夹点显示为红色，进入夹点编辑模式，可以利用夹点对图形进行拉伸、平移、复制等操作。

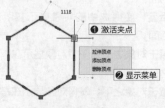

图4-128 激活夹点

4.5.2 利用夹点拉伸对象

选择图形，激活夹点，在菜单中选择"拉伸顶点"选项。向上移动鼠标，在合适的位置松开左键，结束拉伸对象的操作，如图4-129所示。

启用"拉伸（STRETCH/S）"命令，同样可以对图形对象执行拉伸操作，操作结果与利用夹点拉伸对象相同。

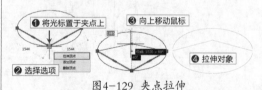

图4-129 夹点拉伸

4.5.3 利用夹点移动对象

选择夹点，按Enter键，进入移动模式。移动鼠标，在新的位置单击鼠标左键，结束移动对象的操作，如图4-130所示。

图4-130 夹点移动

选中夹点后，在命令行中输入"MO"，进入"移动"模式。移动鼠标，也可将图形移动至新的位置。

4.5.4 利用夹点旋转对象

选中图形上的夹点，按两次Enter键，进入"旋转"模式。

指定旋转角度，按Enter键，即可利用夹点旋转图形，如图4-131所示。

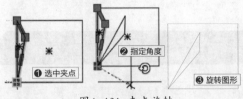

图4-131 夹点旋转

选择夹点，在命令行中输入"RO"，进入"旋转"模式。以夹点为基点，按照指定的角度旋转图形。

4.5.5 利用夹点缩放对象

选中夹点，按3次Enter键，进入"缩放"模式。输入比例因子，按Enter键，可以放大或者缩小图形，如图4-132所示。

图4-132 夹点缩放

选中夹点，在命令行中输入"SC"，进入"缩放"模式。指定比例因子，以夹点为基点，执行缩放图形的操作。

如果比例因子大于1，表示图形会被放大；如果比例因子小于1，则图形被缩小。

4.5.6 利用夹点镜像对象

选中夹点，按4次Enter键，进入"镜像"模式。在命令行中输入"C"，选择"复制"选项。移动鼠标，指定第二个点，按Enter键，结束镜像操作，如图4-133所示。

图4-133 夹点镜像

或者选中夹点后，在命令行中输入"MI"，进入"镜像"模式。指定第二点，也可执行镜像操作。

默认情况下，利用夹点执行镜像操作，操作完毕后会删除源对象。假如要保留源对象，需要在指定镜像线的第二点之前输入"C"，选择"复制"选项。

4.5.7 利用夹点复制对象

选中夹点，按一次Enter键进入"移动"模式。在命令行中输入"C"，选择"复制"选项。

移动鼠标，指定新的放置点，复制对象如图4-134所示。

图4-134 夹点复制

4.6 知识拓展

本章介绍了编辑命令的操作方法，包括"修剪类""变化类""复制类"命令。

通过执行"修剪类"命令，可以修剪、延伸及删除图形，结果是更改图形的显示样式，或者直接删除图形。

执行"变化类"命令，可以移动、旋转及缩

放图形，结果是更改图形的位置或角度，还可以调整图形的尺寸大小或者更改图形的样式。

执行"复制类"命令，可以复制、偏移或者阵列图形，结果是创建一个或者多个图形副本。

启用辅助绘图命令，可以为图形添加圆角或者倒角，还可以对齐选定的两个图形，或者打断图形。

选择图形会显示若干夹点，这些夹点不是为了装饰图形而存在的。激活夹点可以编辑图形，如拉伸对象、移动对象及旋转对象等。

4.7 拓展训练

难度: ☆☆	难度: ☆☆
素材文件: 素材\ 第4章\ 习题1- 素材.dwg	素材文件: 素材\ 第4章\ 习题2- 素材.dwg
效果文件: 素材\ 第4章\ 习题1.dwg	效果文件: 素材\ 第4章\ 习题2.dwg
在线视频: 第4章\ 习题1.mp4	在线视频: 第4章\ 习题2.mp4

在命令行中输入"TR"并按空格键，启用"修剪"命令。修剪线段，得到立面门轮廓，如图4-135所示。

在命令行中输入"F"并按空格键，设置"圆角半径"为40、20，对床头柜图形执行圆角操作，如图4-136所示。

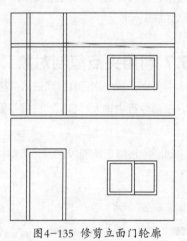

图4-135 修剪立面门轮廓

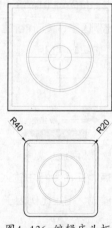

图4-136 编辑床头柜

第**2**篇

进阶篇

第**5**章

创建图形标注

　　AutoCAD为各种类型的图形都提供了与之适用的尺寸标注，包括线性标注、对齐标注及角度标注等。对尺寸标注执行编辑操作，可以修改尺寸标注的属性，使之适应图形的变化。本章介绍创建及编辑图形尺寸标注的方法。

本章重点

学习如何创建尺寸标注的样式　|　掌握创建标注的技巧

学习如何编辑尺寸标注

机械制图尺寸注法的国家标准规定了各种类型图纸所使用的尺寸标注规则，在绘制图形标注时，需要遵循标注原则，以免造成错误。

5.1.1 尺寸标注的组成

尺寸标注的组成元素有尺寸界线、尺寸箭头、尺寸线及尺寸文字，如图5-1所示。

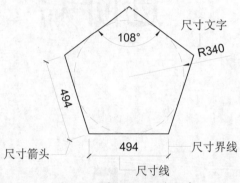

图5-1 尺寸标注的组成元素

尺寸标注各组成元素的介绍如下。

- **尺寸文字:** 显示被标注图形的实际尺寸大小，位于尺寸线的上方或者中断处。
- **尺寸箭头:** 显示在尺寸线的两端，指定尺寸标注的起始位置。
- **尺寸线:** 表示尺寸标注的方向与范围，与所标注的对象平行。
- **尺寸界线:** 用来注明尺寸标注的界限，由图样中的轮廓线、轴线或者对称中心线引出来。

5.1.2 尺寸标注的原则

在机械制图尺寸注法的国家标准中，规定了尺寸标注的创建规范，本节介绍在建筑制图与机械制图中应该遵循的尺寸标注原则。

1. 建筑制图的尺寸标注原则

- 制图尺寸以毫米为单位，不需要在尺寸文字后添加计量单位。
- 以所创建的尺寸标注来代表图形的真实大小，与绘图比例无关。
- 尺寸文字位于尺寸线的上方，或者尺寸线的中断处，所有的尺寸文字的高度应该一致。
- 图形的尺寸标注应清晰明了，避免重复标注。
- 制图人员应该为完整的构件图形创建尺寸标注，为施工提供参考依据。

2. 机械制图的尺寸标注原则

- 尺寸标注以毫米为单位，尺寸文字后面不需要注明单位。
- 机械零件应绘制完整，并且添加相应的尺寸，符合设计要求，并且能为施工提供参考。
- 在一张图纸上，标注文字只能是某种形式的字体，不可同时使用几种字体。
- 尺寸标注的创建不可重复，并且需要排列整齐，方便查看。

尺寸标注的样式用来规定尺寸标注的显示样式，包括尺寸界线、尺寸线、尺寸文字及尺寸箭头的显示样式。

5.2.1 新建标注样式

新建AutoCAD空白文件后，文件中自带有各种样式，如多线样式、尺寸标注样式等。

在制图之前，用户需要创建符合当前制图要求的尺寸标注样式。

选择"默认"选项卡，在"注释"面板中单击"标注样式"按钮，如图5-2所示，激活命令。

图5-2 单击按钮

打开"标注样式管理器"对话框，在"样式"列表中显示已有的标注样式。单击右侧的"新建"按钮，如图5-3所示，创建新的标注样式。

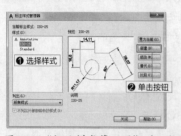

① 选择样式
② 单击按钮

图5-3 "标注样式管理器"对话框

打开"创建新标注样式"对话框，在"新样式名"文本框中输入样式名称，如图5-4所示。

在"基础样式"选项列表中选择样式类型，新样式继承所指定的基础样式的参数，用户在此基础上再定义新样式的参数。

单击"继续"按钮，打开"新建标注样式：副本ISO-25"对话框，如图5-5所示。

在对话框的左上角，显示新样式的名称，例如，"ISO-25"即是新名称。

在"线""符号和箭头""文字"选项卡中修改样式参数。

提示

在命令行中输入"D"并按空格键，也可以启用"标注样式"命令。

5.2.2 设置标注样式 重点

新建尺寸标注样式后，修改样式参数，使得尺寸标注以指定的样式显示。

1."线"选项卡

在"线"选项卡中设置"尺寸线"及"尺寸界线"的参数，各选项含义简介如下。

"尺寸线"选项组

● **颜色、线型、线宽：** 指定尺寸线的颜色、线型与线宽。

● **超出标记：** 设置尺寸线的超出量。

● **基线间距：** 指定基线间距尺寸线的间距。

● **隐藏：** 显示／隐藏"尺寸线1""尺寸线2"。

"尺寸界线"选项组

● **颜色、线宽：** 指定尺寸界线的颜色与线宽。

● **尺寸界线1的线型、尺寸界线2的线型：** 指定尺寸界线1、尺寸界线2的线型。

● **隐藏：** 显示／隐藏"尺寸界线1""尺寸界线2"。

● **超出尺寸线：** 指定尺寸界线超出尺寸线的距离。

● **起点偏移量：** 指定尺寸界线与标注图形端点的距离。

2."符号和箭头"选项卡

在"符号和箭头"选项卡中设置箭头的类型与大小，以及符号的样式参数，如图5-6所示。

① 输入
② 输入

图5-4 "创建新标注样式"对话框

图5-5 设置参数

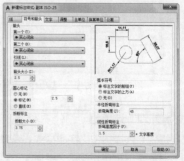

图5-6 "符号和箭头"选项卡

"箭头"选项组

- **第一个、第二个：**指定尺寸线两端的箭头样式。
- **引线：**指定快速引线标注中的箭头样式。
- **箭头大小：**指定箭头的大小。

"圆心标记"选项组

- **无：**启用"圆心标记"命令时，不在圆心显示标记。
- **标记：**指定标记的大小，并创建圆心标记。
- **直线：**创建中心线。

"折断标注"选项组

- **折断大小：**设置启用"折断标注"命令时，标注线的打断长度。

"弧长符号"选项组

在选项组中选择选项，指定弧长符号的显示位置。可以控制符号是显示在标注文字的前面或者上方，或者不显示符号。

"半径折弯标注"选项组

指定"折弯角度"的大小，默认为45°。角度值不能大于90°。

"线性折弯标注"选项组

修改"折弯高度因子"选项值，指定折弯标注打断时，折弯线的高度。

3. "文字"选项卡

在"文字"选项卡中设置文字的外观、位置及对齐方式，如图5-7所示。

图5-7 "文字"选项卡

"文字外观"选项组

- **文字样式：**选择标注文字的样式。或者单击选项后的矩形按钮，在"文字样式"对话框中创建或者编辑样式。

- **文字颜色：**指定标注文字的颜色。
- **填充颜色：**指定标注文字的背景颜色。
- **文字高度：**指定标注文字的高度。
- **分数高度比例：**指定标注文字的分数相对于其他标注文字的比例。
- **绘制文字边框：**为标注文字添加边框。

"文字位置"选项组

- **垂直：**指定标注文字相对于尺寸线在垂直方向的位置。
- **水平：**指定标注文字相对于尺寸线在水平方向的位置。
- **从尺寸线偏移：**指定标注文字与尺寸线的间距。

"文字对齐"选项组

- **水平：**标注文字始终水平放置，与尺寸线的方向无关。
- **与尺寸线对齐：**标注文字与尺寸线平行。
- **ISO标准：**文字位于尺寸界线内时，与尺寸线对齐。文字位于尺寸界线外时，标注文字水平排列。

4. "调整"选项卡

在选项卡中设置尺寸界线、尺寸箭头及文字的显示样式，如图5-8所示。

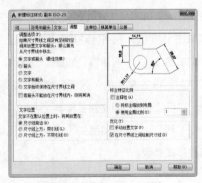

图5-8 "调整"选项卡

"调整选项"选项组

如果尺寸界线之间没有足够的空间来放置文字和箭头，在该选项组中选择需要从尺寸界线中移出的对象，如箭头或者文字。

- **若箭头不能放在尺寸界线内，则将其消：**假如尺寸界线之间不能放置箭头时，不显示标注箭头。

"文字位置"选项组

在选项组中设置，当文字不在默认位置上时，需要将其放置在何处。

"标注特征比例"选项组

● **注释性**：选择该选项，标注被指定为注释对象。
● **将标注缩放到布局**：根据当前模型空间视口与图纸之间的缩放关系设置比例。
● **使用全局比例**：对全部尺寸标注设置缩放比例，并且不改变尺寸的测量值。

"优化"选项组

● **手动放置文字**：将文字手动放置在尺寸线的相应位置。
● **在尺寸界线之间绘制尺寸线**：始终在尺寸界线之间绘制尺寸线。

5. "主单位"选项卡

在选项卡中设置尺寸标注的单位精度，并设置标注前缀与后缀的样式，如图5-9所示。

图5-9 "主单位"选项卡

"线性标注"选项组

● **单位格式**：指定标注单位的格式。
● **精度**：指定除去角度标注以外的所有尺寸标注的精度。
● **分数格式**：设置尺寸标注的分数格式。
● **小数分隔符**：指定尺寸标注中小数的分隔符样式。
● **舍入**：尺寸标注的舍入值。
● **前缀、后缀**：指定前缀与后缀的样式。

"测量单位比例"选项组

● **比例因子**：指定尺寸标注的缩放比例。
● **仅应用到布局标注**：指定比例关系仅适用于布局。

"消零"选项组

● **前导**：显示或消除角度标注的前导。
● **后续**：显示或消除角度标注的后续。

"角度标注"选项组

● **单位格式**：指定角度标注的单位格式。
● **精度**：指定角度标注的精度值。

6. "换算单位"选项卡

在选项卡中指定换算单位的格式、精度等参数，如图5-10所示。

勾选"显示换算单位"复选框后，选项组中各选项被激活。修改选项参数，设置尺寸标注的单位。

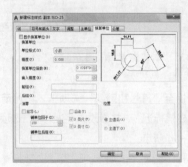

图5-10 "换算单位"选项卡

7. "公差"选项卡

在选项卡中设置尺寸标注公差的格式、对齐方式及精度等，如图5-11所示。

图5-11 "公差"选项卡

练习5-1 创建建筑制图标注样式

难度：☆☆

素材文件：无

效果文件：素材\ 第5章\ 练习5-1创建建筑制图标注样式.dwg

在线视频：第5章\ 练习5-1 创建建筑制图标注样式.mp4

01 在 AutoCAD 中新建空白文件，在命令行中输入"D"，打开"标注样式管理器"对话框。

02 单击"新建"按钮，打开"创建新标注样式"对话框。设置"新样式名"，如图 5-12 所示。

03 单击"继续"按钮，在打开的对话框中选择"线"选项卡。

04 修改"超出尺寸线"及"起点偏移量"选项值，如图 5-13 所示。

 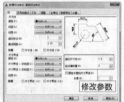

图5-12 "创建新标注样式"对话框　　图5-13 "线"选项卡

05 切换至"符号和箭头"选项卡，设置箭头样式为"建筑标记"，并修改"箭头大小"选项值，如图 5-14 所示。

06 选择"文字"选项卡，保持"文字样式"为"Standard"不变，修改"文字高度"与"从尺寸线偏移"值，如图 5-15 所示。

图5-14 "符号和箭头"选项卡　　图5-15 "文字"选项卡

07 选择"主单位"选项卡，设置"单位格式"为"小数"，并修改"精度"类型，如图 5-16 所示。

08 单击"确定"按钮，返回"标注样式管理器"对话框。

09 以新创建的"建筑标注样式"为基础样式，新建一个名称为"半径标注样式"的新样式。

10 修改"半径标注样式"的箭头样式为"实心闭合"，如图 5-17 所示。

图5-16 "主单位"选项卡　　图5-17 指定箭头样式

11 其他样式参数保持不变，单击"确定"按钮，返回"标注样式管理器"对话框。

12 在"样式"列表中显示已创建的标注样式，如图 5-18 所示。选择样式，单击右侧的"置为当前"按钮，可以将该样式指定为当前正在使用的样式。

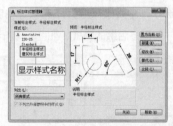

图5-18 "标注样式管理器"对话框

13 利用所创建的标注样式来创建线性标注与半径标注，如图 5-19 所示。

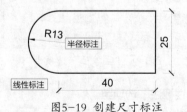

图5-19 创建尺寸标注

练习5-2 创建公制-英制换算样式

难度：☆☆

素材文件：素材\ 第5章\ 练习5-2 创建公制- 英制换算样式- 素材. dwg

效果文件：素材\ 第5章\ 练习5-2 创建公制- 英制换算样式.dwg

在线视频：第5章\ 练习5-2 创建公制- 英制换算样式.mp4

01 打开"素材\第5章\练习5-2创建公制－英制换算样式－素材.dwg"文件，如图5-20所示。

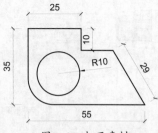

图5-20 打开素材

02 在命令行中输入"D"，打开"标注样式管理器"对话框。在"样式"列表中选择"建筑标注样式"，单击"修改"按钮。

03 在打开的"修改标注样式：建筑标注样式"对话框中选择"换算单位"选项卡，在其中选择"显示换算单位"选项。

04 在"换算单位倍数"选项中自动显示倍数值。在"位置"选项下选择"主值下"选项，如图5-21所示。指定换算结果的显示位置。

05 单击"确定"按钮，返回"标注样式管理器"对话框。

图5-21 修改参数

06 在"样式"列表中选择"半径标注样式"，参考上述修改方法，设置该样式的"换算单位"参数。

07 结束修改操作，返回视图，查看修改结果，如图5-22所示。

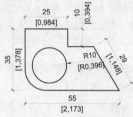

图5-22 显示换算结果

5.3 标注的创建

尺寸标注的类型有线性标注、对齐标注及角度标注等，本节介绍这些标注的创建方式。

5.3.1 智能标注 重点

启用"标注"命令，可以在单个命令会话中创建多种类型的标注。

单击"注释"面板上的"标注"按钮，如图5-23所示，激活命令。

图5-23 单击按钮

执行命令后，根据命令行的提示，在绘图区域中选择对象。接着系统会根据所选定的对象类型创建与之相适应的尺寸标注。例如，为圆形创建半径/直径标注，为线段创建线性标注。

> **提示**
> 在命令行中输入"DI"并按Enter键，也可以启用"线性"标注命令。

练习5-3 使用智能标注注释图形 重点

难度：☆☆
素材文件：素材\第5章\练习5-3 使用智能标注注释图形-素材.dwg
效果文件：素材\第5章\练习5-3 使用智能标注注释图形.dwg
在线视频：第5章\练习5-3 使用智能标注注释图形.mp4

01 打开"素材\第5章\练习5-3 使用智能标注注释图形-素材.dwg"文件，如图5-24所示。

02 在命令行中输入"DIM"，启用"标注"命令。将光标置于圆弧之上，显示圆弧的半径值，如图5-25所示。

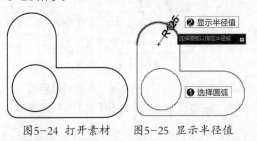

图5-24 打开素材　　图5-25 显示半径值

提示

默认情况下是为圆弧或者圆形创建直径标注。在命令行中输入"R"，选择"半径"选项，可以将标注类型更改为半径标注。

03 在合适的位置单击鼠标左键，为圆弧创建半径标注，如图5-26所示。

04 继续选择线段、圆形，为这些图形创建与之相适应的半径标注、线性标注，如图5-27所示。

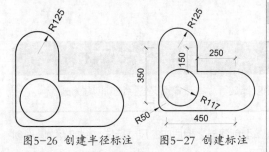

图5-26 创建半径标注　　图5-27 创建标注

5.3.2 线性标注 重点

启用"线性"标注命令，可以使用水平、竖直或者旋转的尺寸线来创建线性标注。

选择"默认"选项卡，在"注释"面板的标注列表中选择"线性"选项，激活命令。

或者切换至"注释"选项卡，在"标注"面板的标注列表中选择"线性"选项，如图5-28所示，同样可以激活命令。

依次指定尺寸界线原点、尺寸线位置，即可创建线性标注。

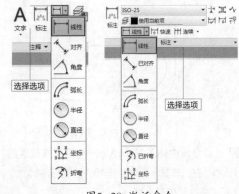

图5-28 激活命令

提示

在命令行中输入"DI"并按 Enter 键，也可以启用"线性"标注命令。

练习5-4 标注零件图的线性尺寸

难度：☆☆

素材文件：素材\第5章\练习5-4 标注零件图的线性尺寸-素材.dwg

效果文件：素材\第5章\练习5-4 标注零件图的线性尺寸.dwg

在线视频：第5章\练习5-4 标注零件图的线性尺寸.mp4

01 打开"素材\第5章\练习5-4 标注零件图的线性尺寸-素材.dwg"文件，如图5-29所示。

02 在命令行中输入"DI"，启用"线性"标注命令。

03 在图形上依次单击指定第一个、第二个尺寸界线的原点，移动鼠标，指定尺寸界线的位置，结束创建线性标注的操作。

04 按 Enter 键，继续执行"线性"标注命令。指定原点，创建标注的结果如图5-30所示。

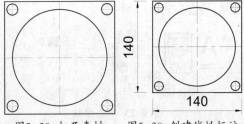

图5-29 打开素材　　图5-30 创建线性标注

5.3.3 对齐标注 重点

启用"对齐"标注命令，可以创建与尺寸界线的原点对齐的线性标注。

在为斜线段创建标注时，常常选用"对齐"标注命令。

选择"默认"选项卡，在"注释"面板中单击"线性"按钮右侧的下三角按钮，在弹出的下拉列表中选择"对齐"选项，激活命令。

切换至"注释"选项卡，在"标注"面板中单击"线性"标注右侧的下三角按钮，在弹出的下拉列表中选择"对齐"选项，如图5-31所示，激活命令。

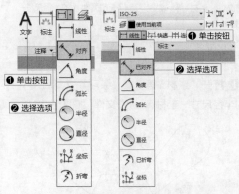

图5-31 激活命令

单击指定第一、第二尺寸界线的原点、尺寸线的位置，即可创建对齐标注。

练习5-5 标注零件图的对齐尺寸

难度：☆☆

素材文件：素材\ 第5章\ 练习5-5 标注零件图的对齐尺寸-素材.dwg

效果文件：素材\ 第5章\ 练习5-5 标注零件图的对齐尺寸.dwg

在线视频：第5章\ 练习5-5 标注零件图的对齐尺寸.mp4

01 打开"素材\ 第5章\ 练习5-5 标注零件图的对齐尺寸-素材.dwg"文件，如图5-32所示。

02 选择"默认"选项卡，在"注释"面板上单击"线性"按钮右侧的下三角按钮，在弹出的下拉列表中选择"对齐"选项。

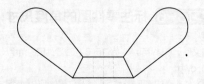

图5-32 打开素材

03 依次指定第一条、第二条尺寸界线的原点，移动鼠标，指定尺寸线的位置，创建对齐标注的结果如图5-33所示。

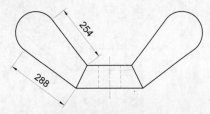

图5-33 创建对齐标注

5.3.4 角度标注

启用"角度"标注命令，可以测量选定的对象或者3个点之间的角度。

选择"默认"选项卡，在"注释"面板中单击"对齐"按钮右侧的下三角按钮，在弹出的下拉列表中选择"角度"选项，激活命令。

切换至"注释"选项卡，在"标注"面板中单击"对齐"按钮右侧的下三角按钮，在弹出的下拉列表中选择"对齐"选项，如图5-34所示，激活命令。

依次选择第一、第二条直线，以及标注弧线的位置，即可创建角度标注。

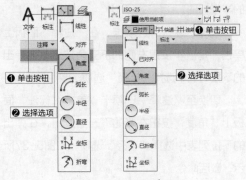

图5-34 激活命令

难度： ☆☆

素材文件：素材\第5章\练习5-6 标注零件图的角度尺寸-素材.dwg

效果文件：素材\第5章\练习5-6 标注零件图的角度尺寸.dwg

在线视频：第5章\练习5-6 标注零件图的角度尺寸.mp4

01 打开"素材\第5章\练习5-6 标注零件图的角度尺寸-素材.dwg"文件，如图5-35所示。

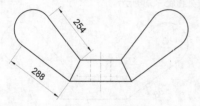

图5-35 打开素材

02 选择"默认"选项卡，在"注释"面板上单击"对齐"按钮右侧的下三角按钮，在弹出的下拉列表中选择"角度"选项。

03 激活命令后，依次选择第一、第二条直线，移动鼠标，指定标注弧线的位置；单击，创建角度标注，如图5-36所示。

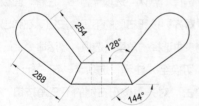

图5-36 创建角度标注

5.3.5 半径标注 重点

启用"半径"标注命令，创建圆弧或者圆的半径标注。

选择"默认"选项卡，在"注释"面板上单击"角度"按钮右侧的下三角按钮，在弹出的下拉列表中选择"半径"选项，激活命令。

切换至"注释"选项卡，单击"标注"面板上"角度"按钮右侧的下三角按钮，在弹出的下拉列表中选择"半径"选项，如图5-37所示，激活命令。

选择圆或者圆弧，移动鼠标，指定尺寸标注的放置点，即可创建半径标注。

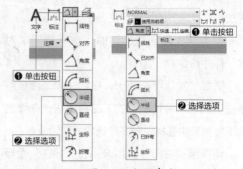

图5-37 激活命令

难度： ☆☆

素材文件：素材\第5章\练习5-7 标注零件图的半径尺寸-素材.dwg

效果文件：素材\第5章\练习5-7 标注零件图的半径尺寸.dwg

在线视频：第5章\练习5-7 标注零件图的半径尺寸.mp4

01 打开"素材\第5章\练习5-7 标注零件图的半径尺寸-素材.dwg"文件，如图5-38所示。

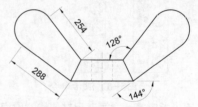

图5-38 打开素材

02 选择"默认"选项卡，在"注释"面板中单击"角度"按钮右侧的下三角按钮，在弹出的下拉列表中选择"半径"选项，激活命令。

03 选择圆形，移动鼠标，指定尺寸线的位置；单击鼠标左键，创建半径标注，如图5-39所示。

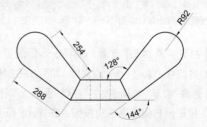

图5-39 创建半径标注

5.3.6 直径标注 重点

启用"直径"标注命令，可以测量选定的圆或圆弧的直径。

选择"默认"选项卡，在"注释"面板上单击"半径"按钮右侧的下三角按钮，在弹出的下拉列表中选择"直径"选项，激活命令。

切换至"注释"选项卡，在"标注"面板上单击"半径"按钮右侧的下三角按钮，在弹出的下拉列表中选择"直径"选项，如图5-40所示，激活命令。

选择圆或圆弧，指定标注弧线的位置，即可创建直径标注。

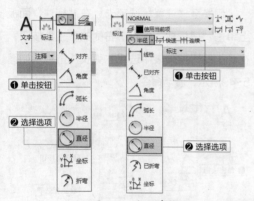

图5-40 激活命令

练习5-8 标注零件图的直径尺寸

难度：☆☆

素材文件：素材\第5章\练习5-8标注零件图的直径尺寸-素材.dwg

效果文件：素材\第5章\练习5-8标注零件图的直径尺寸.dwg

在线视频：第5章\练习5-8标注零件图的直径尺寸.mp4

01 打开"素材\第5章\练习5-8标注零件图的直径尺寸-素材.dwg"文件，如图5-41所示。

02 选择"默认"选项卡，在"注释"面板上单击"半径"按钮右侧的下三角按钮，在弹出的下拉列表中选择"直径"选项，激活命令。

03 选择圆形，移动鼠标，单击指定尺寸线的位置，创建直径标注，如图5-42所示。

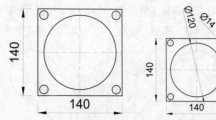

图5-41 打开素材　图5-42 创建直径标注

5.3.7 折弯标注 难点

当圆弧或者圆的中心位于布局之外，并且没有办法在其实际位置显示时，可以启用"折弯标注"命令，在方便的位置指定标注原点，创建折弯标注。

选择"默认"选项卡，在"注释"面板上单击"直径"按钮右侧的下三角按钮，在弹出的下拉列表中选择"折弯"选项，激活命令。

切换至"注释"选项卡，单击"标注"面板上的"直径"按钮，向下弹出列表，在其中选择"已折弯"选项，如图5-43所示，激活命令。

选择圆或圆弧，依次指定图示中心位置及尺寸线位置；在尺寸线上指定折弯位置，创建折弯标注。

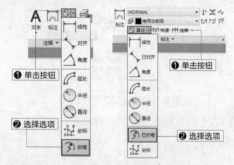

图5-43 激活命令

练习5-9 标注零件图的折弯尺寸

难度：☆☆

素材文件：素材\第5章\练习5-9标注零件图的折弯尺寸-素材.dwg

效果文件：素材\第5章\练习5-9标注零件图的折弯尺寸.dwg

在线视频：第5章\练习5-9标注零件图的折弯尺寸.mp4

01 打开"素材\第5章\练习5-9标注零件图的折弯尺寸-素材.dwg"文件，如图5-44所示。

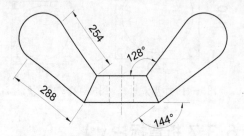

图5-44 打开素材

02 选择"默认"选项卡，单击"注释"面板中的"直径"按钮⊘，在弹出的下拉列表中选择"折弯"选项，激活命令。

03 单击选择圆弧，在圆弧的一侧指定图示中心位置，即标注原点，如图5-45所示。

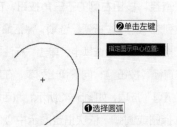

图5-45 指定图示中心位置

04 移动鼠标，指定尺寸线位置，如图5-46所示。

图5-46 指定尺寸线位置

05 在尺寸线上单击指定折弯位置，如图5-47所示。

图5-47 指定折弯位置

06 创建折弯标注，如图5-48所示。

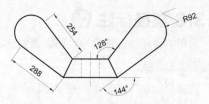

图5-48 创建折弯标注

5.3.8 弧长标注

启用"弧长"标注命令，可以测量圆弧或者多段线圆弧上的距离。

选择"默认"选项卡，在"注释"面板上单击"折弯"按钮右侧的下三角按钮，在弹出的下拉列表中选择"弧长"选项，激活命令。

切换至"注释"选项卡，在"标注"面板上单击"已折弯"按钮右侧的下三角按钮，在弹出的下拉列表中选择"弧长"选项，如图5-49所示，激活命令。

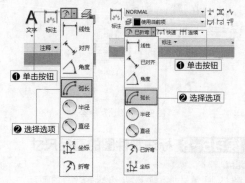

图5-49 激活命令

选择弧线段或者多段线圆弧段，移动鼠标，指定弧长标注位置；单击，创建弧长标注，如图5-50所示。

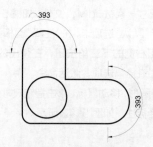

图5-50 创建弧长标注

5.3.9 坐标标注 （难点）

启用"坐标标注"命令，可以测量从原点（称为基准）到要素（例如，部件上的一个孔）的水平或者垂直距离。

坐标标注通过保持特征与基准点之间的精确偏移量，避免误差增大。

选择"默认"选项卡，单击"注释"面板上"弧长"按钮 ⟋ 右侧的下三角按钮，在弹出的下拉列表中选择"坐标"选项，激活命令。

切换至"注释"选项卡，单击"标注"面板上"弧长"按钮 ⟋ 右侧的下三角按钮，在弹出的下拉列表中选择"坐标"选项，如图5-51所示，激活命令。

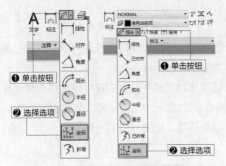

图5-51 激活命令

在图形上单击指定点坐标，移动鼠标，指定引线端点；单击，创建坐标标注，如图5-52所示。

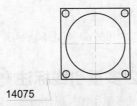

14075

图5-52 创建坐标标注

5.3.10 连续标注

启用"连续"标注命令，自动从创建的上一个线性约束、角度约束或者坐标标注继续创建其他标注；或者从选定的尺寸界线继续创建其他标注，将会自动排列尺寸线。

选择"注释"选项卡，单击"标注"面板上的"连续"按钮 ⟋ ，如图5-53所示，激活命令。

移动鼠标，继续指定第二个尺寸界线原点，创建连续标注。

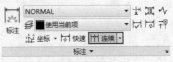

图5-53 单击按钮

> **提示**
>
> 在命令行中输入"DCO"并按 Enter 键，也可以启用"连续"标注命令。

练习5-10 连续标注墙体轴线尺寸

难度：☆☆

素材文件：素材\第5章\练习5-10连续标注墙体轴线尺寸-素材.dwg

效果文件：素材\第5章\练习5-10连续标注墙体轴线尺寸.dwg

在线视频：第5章\练习5-10连续标注墙体轴线尺寸.mp4

01 打开"素材\第5章\练习5-10连续标注墙体轴线尺寸-素材.dwg"文件，如图5-54所示。

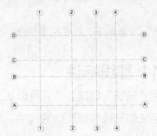

图5-54 打开素材

02 在命令行中输入"DLI"，启用"线性"标注命令，单击指定尺寸界线的原点与尺寸线的位置，创建线性标注，如图5-55所示。

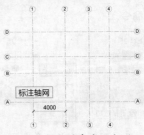

图5-55 创建线性标注

03 在命令行中输入"DCO"，启用"连续"标注命令。移动鼠标，连续指定第二个尺寸界线的原点，绘制连续标注，如图5-56所示。

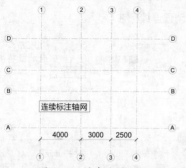

图5-56 创建连续标注

04 重复上述操作，继续为轴网绘制尺寸标注，如图5-57所示。

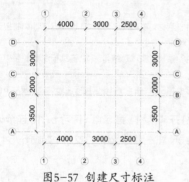

图5-57 创建尺寸标注

5.3.11 基线标注

调用"基线"标注命令，可以从上一个或者选定标注的基线创建连续的线性、角度或者坐标标注。

选择"注释"选项卡，单击"标注"面板上"连续"按钮右侧的下三角按钮，在弹出的下拉列表中选择"基线"选项，如图5-58所示，激活命令。

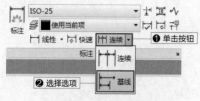

图5-58 激活命令

单击选择基准标注，移动鼠标，指定第二个尺寸界线原点，创建基线标注。

练习5-11 基线标注密封沟槽尺寸

难度：☆☆

素材文件：素材\第5章\练习5-11基线标注密封沟槽尺寸-素材.dwg

效果文件：素材\第5章\练习5-11基线标注密封沟槽尺寸.dwg

在线视频：第5章\练习5-11基线标注密封沟槽尺寸.mp4

01 打开"素材\第5章\练习5-11基线标注密封沟槽尺寸-素材.dwg"文件，如图5-59所示。

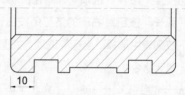

图5-59 打开素材

02 选择"注释"选项卡，在"标注"面板上单击"基线"按钮，激活命令。

03 选择素材文件中已有的尺寸标注作为基线标注，向右移动鼠标，单击指定第二个尺寸界线原点，创建基线标注，如图5-60所示。

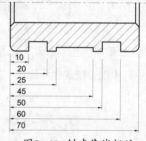

图5-60 创建基线标注

5.3.12 多重引线标注 重点

启用"多重引线"标注命令，创建包含箭头、水平基线、引线或曲线和多行文字对象或块。

多重引线标注常常用来为指定对象提供说明，如材料、工艺等。

选择"默认"选项卡，单击"注释"面板上的"多重引线"按钮，激活命令。

切换至"注释"选项卡，单击"引线"面

板上的"多重引线"按钮，如图5-61所示，也可激活命令。

图5-61 激活命令

单击指定引线箭头的位置，移动鼠标，指定引线基线的位置。输入文字，在空白区域单击左键，创建多重引线标注。

> **提示**
>
> 在命令行中输入"MLD"并按 Enter 键，也可以启用"多重引线"标注命令。

练习5-12 多重引线标注机械装配图 难点

难度：☆☆

素材文件：素材\第5章\练习5-12 多重引线标注机械装配图- 素材. dwg

效果文件：素材\第5章\练习5-12 多重引线标注机械装配图. dwg

在线视频：第5章\练习5-12 多重引线标注机械装配图.mp4

01 打开"素材\第5章\练习5-12 多重引线标注机械装配图-素材. dwg"文件，如图5-62所示。

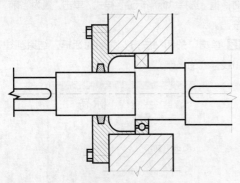

图5-62 打开素材

02 在命令行中输入"MLD"，启用"多重引线"标注命令。在图形上单击指定引线箭头的位置，如图5-63所示。

03 向下移动鼠标，指定引线基线的位置，如图5-64所示。

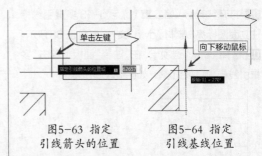

图5-63 指定
引线箭头的位置　　图5-64 指定
引线基线位置

04 输入注释文字，如图5-65所示。

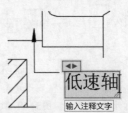

图5-65 输入文字

05 移动鼠标，在空白区域单击鼠标左键，创建引线标注，如图5-66所示。

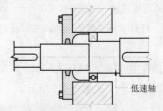

图5-66 创建标注

06 按 Enter 键，重复启用"多重引线"标注命令，继续为图形创建引线标注，如图5-67所示。

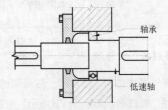

图5-67 创建引线标注

练习5-13 多重引线标注立面图标高 难点

难度：☆☆

素材文件：素材\第5章\练习5-13 多重引线标注立面图标高-素材. dwg

效果文件：素材\第5章\练习5-13 多重引线标注立面图标高. dwg

在线视频：第5章\练习5-13 多重引线标注立面图标高.mp4

01 打开"素材\第5章\练习5-13多重引线标注立面图标高–素材.dwg"文件，如图5-68所示。

02 选择"默认"选项卡，在"注释"面板上单击"多重引线样式"按钮，如图5-69所示。

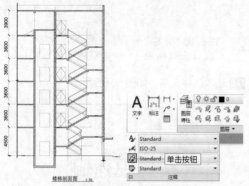

图5-68 打开素材　　　图5-69 激活命令

03 打开"多重引线样式管理器"对话框，单击右侧的"新建"按钮，打开"创建新多重引线样式"对话框。

04 设置"新样式名"，如图5-70所示，单击"继续"按钮，打开"修改多重引线样式：标高标注"对话框。

05 在对话框中选择"引线格式"选项卡，设置"符号"类型为"无"，如图5-71所示。

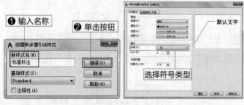

图5-70 "创建新多　　图5-71 "引线格式"
重引线样式"对话框　　　　选项卡

06 选择"多线结构"选项卡，取消勾选"自动包含基线"复选框，如图5-72所示。

图5-72 "引线结构"选项卡

07 选择"内容"选项卡，设置"多重引线类型"为"块"，在"源块"列表中选择"用户块"，如图5-73所示。

图5-73 "内容"选项卡

08 打开"选择自定义内容快"对话框，在"从图形块中选择"下拉列表中选择"标高"图块，如图5-74所示。

图5-74 "选择自定义内容块"对话框

09 单击"确定"按钮，返回"修改多重引线样式：标高标注"对话框。

10 在"附着"选项列表中选择"插入点"选项，如图5-75所示。

11 单击"确定"按钮，返回"多重引线样式管理器"对话框。选择"标高标注"样式，单击"置为当前"按钮。

12 单击"关闭"按钮，关闭对话框，结束创建引线样式的操作。

图5-75 设置"附着"形式

13 在命令行中输入"MLD"，启用"多重引线"标注命令。单击指定引线箭头的位置，向左移动鼠标，指定引线基线的位置。

14 接着打开"编辑属性"对话框，在"请输入标高"文本框中输入标高，如图5-76所示。

15 单击"确定"按钮，创建标高标注，如图 5-77 所示。

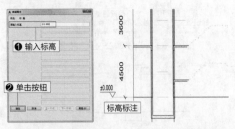

図5-76 "编辑 属性"对话框

図5-77 创建标高

16 重复上述操作，继续为立面图创建标高标注，如图 5-78 所示。

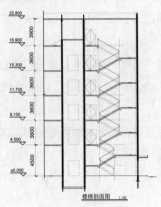

图5-78 标注结果

5.3.13 快速引线标注

启用"快速引线"标注命令，可以创建形式自由的引线标注。用户不仅能够自定义引线的转折次数，还能够设置注释内容的类型。

在命令行中输入"LE"，启用"快速引线"标注命令。命令行提示如下。

```
命令: LE
QLEADER                        \\启用命令
指定第一个引线点或 [设置(S)] <设置>:
                               \\指定箭头位置
指定下一点:                     \\指定转折点
指定文字宽度 <0>:               \\按Enter键
输入注释文字的第一行 <多行文字(M)>: 桂花树
                               \\输入文字
输入注释文字的下一行:           \\按Enter键
```

执行上述操作，为图形创建引线标注，如图 5-79 所示。

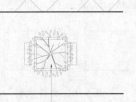

图5-79 创建快速引线标注

提示

在命令行中输入"QLEADER"并按 Enter 键，也可以启用"快速引线"标注命令。

5.3.14 形位公差标注

启用"公差"命令，可以创建包含在特征控制框中的形位公差。

形位公差用来表示形状、轮廓、方向、位置和跳动的允许偏差。

选择"注释"选项卡，单击"标注"面板上的"形位"按钮，如图5-80所示，激活命令。

图5-80 激活命令

启用命令后，打开"形位公差"对话框。在其中设置"符号"与"公差"参数，单击"确定"按钮，指定放置点，即可创建形为公差标注。

提示

在命令行中输入"TOL"并按 Enter 键，也可以启用"形位公差"标注命令。

练习5-14 标注轴的形位公差

难度：☆☆
素材文件：素材\第5章\练习5-14 标注轴的形位公差-素材.dwg
效果文件：素材\第5章\练习5-14 标注轴的形位公差.dwg
在线视频：第5章\练习5-14 标注轴的形位公差.mp4

01 打开"素材\第5章\练习5-14标注轴的形位公差-素材.dwg"文件，如图5-81所示。

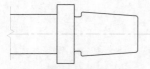

图5-81 打开素材

02 在命令行中输入"MLD"，启用"多重引线"命令。指定箭头的起点与终点，不输入文字，在空白区域单击，退出命令，绘制箭头，如图5-82所示。

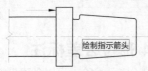

图5-82 绘制箭头

03 在命令行中输入"TOL"，启用"公差"命令，打开"形位公差"对话框。

04 单击左上角的"符号"色块，打开"特征符号"对话框。单击右上角的"垂直度"符号，如图5-83所示。

图5-83 "特征符号"对话框

05 返回"形位公差"对话框，设置"公差1"与"基准1"的值，如图5-84所示。

06 单击"确定"按钮，关闭对话框。指定形位公差的插入点，结果如图5-85所示。

图5-84 "形位公差"对话框

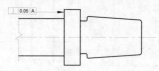

图5-85 创建形位公差标注

5.3.15 圆心标记

启用"圆心标记"命令，在选定的圆、圆弧或者多边形圆弧的中心处创建关联的十字形标记。

选择"注释"选项卡，单击"中心线"面板上的"圆心标记"按钮⊕，如图5-86所示，激活命令。

选择圆或者圆弧，即可为图形添加圆心标记，如图5-87所示。

图5-86 激活命令　图5-87 创建圆心标记

提示

在命令行中输入"DCE"并按Enter键，也可以启用"圆心标记"标注命令。

5.4 标注的编辑

编辑标注有多种方式，如标注打断、调整标注间距、更新标注等，本节介绍编辑标注的方法。

5.4.1 标注打断

执行"标注打断"操作，可以在标注或者 延伸线与其他对象交叉处折断或者恢复标注和延伸线。

选择"注释"选项卡,单击"标注"面板上的"打断"按钮，如图5-88所示,激活命令。

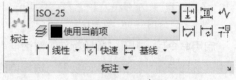

图5-88 激活命令

选择要添加折断的标注,按Enter键,即可打断标注。

提示

在命令行中输入"DIMBREAK"并按Enter键,也可以启用"打断"标注命令。

练习5-15 打断标注优化图形

难度:☆☆

素材文件:素材\第5章\练习5-15打断标注优化图形-素材.dwg

效果文件:素材\第5章\练习5-15打断标注优化图形.dwg

在线视频:第5章\练习5-15打断标注优化图形.mp4

01 打开"素材\第5章\练习5-15打断标注优化图形-素材.dwg"文件,如图5-89所示。

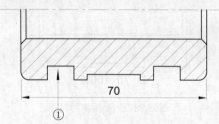

图5-89 打开素材

02 选择"注释"选项卡,单击"标注"面板上的"打断"按钮，命令行提示如下。

```
命令:_DIMBREAK \\启用命令
选择要添加\删除断断的标注或 [多个(M)]:
            \\选择尺寸标注"70"
选择要折断标注的对象或 [自动(A)\手动(M)\删除
(R)] <自动>: \\按按Enter键
1 个对象已修改
```

03 执行上述操作后,打断尺寸标注的效果如图5-90所示。

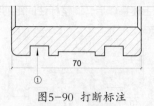

① 图5-90 打断标注

5.4.2 调整标注间距

执行"调整标注间距"的操作,可以调整线性标注或者角度标注之间的间距。

选择"注释"选项卡,单击"标注"面板上的"调整间距"按钮，如图5-91所示,激活命令。

图5-91 单击按钮

依次选择基准标注与要产生间距的标注,输入距离值,即可修改标注间距。

练习5-16 调整间距优化图形

难度:☆☆

素材文件:素材\第5章\练习5-16调整间距优化图形-素材.dwg

效果文件:素材\第5章\练习5-16调整间距优化图形.dwg

在线视频:第5章\练习5-16调整间距优化图形.mp4

01 打开"素材\第5章\练习5-16调整间距优化图形.dwg"文件,如图5-92所示。

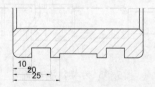

图5-92 打开素材

02 选择"注释"选项卡,单击"标注"面板上的"调整间距"按钮，命令行提示如下。

```
命令:_DIMSPACE \\启用命令
选择基准标注: \\选择尺寸标注"10"
选择要产生间距的标注:指定对角点:找到 2 个
            \\选择尺寸标注"20""25"
输入值或 [自动(A)] <自动>:10
            \\输入距离值
```

03 执行上述操作后，调整标注间距的结果如图5-93所示。

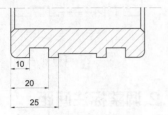

图5-93 调整标注间距

5.4.3 折弯线性标注

执行"折弯线性"标注命令，可以在线性标注或者对齐标注上添加或者删除折弯线。

标注中的折弯线表示所标注的对象的折断。标注值表示实际距离，不是图形中测量的距离。

选择"注释"选项卡，单击"标注"面板上的"折弯标注"按钮，如图5-94所示，激活命令。

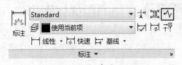

图5-94 单击按钮

选择要添加折弯的标注，在尺寸线上单击指定折弯位置，即可为尺寸标注添加折弯，如图5-95所示。

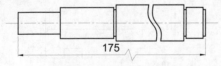

图5-95 为标注添加折弯

5.4.4 检验标注 🔴难点

执行"检验"标注命令，可以添加或删除与选定标注关联的检验信息。

选择"注释"选项卡，单击"标注"面板上的"检验"按钮，如图5-96所示，激活命令。

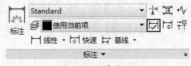

图5-96 单击按钮

启用命令后，打开"检验标注"对话框。单击"选择标注"按钮，返回视图，选择待检验的标注。

保持"形状"类型的选择不变，选择"标签"选项，输入用来标识检验标注的文字，如图5-97所示。

图5-97 "检验标注"对话框

单击"确定"按钮，在尺寸标注文字的左侧显示检验标签文字，在右侧显示检验率，如图5-98所示。

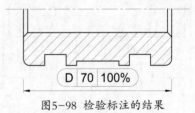

图5-98 检验标注的结果

5.4.5 更新标注 🔴难点

执行"更新"标注命令，可以使用修改后的标注样式更新标注对象。

选择"注释"选项卡，单击"标注"面板上的"更新"按钮，如图5-99所示，激活命令。

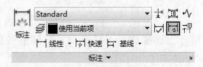

图5-99 单击按钮

执行命令后，命令行提示如下。

```
命令: _-dimstyle
当前标注样式: Standard    注释性: 否
输入标注样式选项
[注释性(AN)\保存(S)\恢复(R)\状态(ST)\变量
(V)\应用(A)\?] <恢复>: _apply
选择对象: 找到 1 个
```

命令行中各选项含义简介如下。

- **注释性：** 指定选中的标注更新为注释对象。
- **保存：** 保存标注系统变量的当前设置参数到标注样式中。
- **状态：** 显示标注系统变量的当前值。
- **变量：** 显示标注样式的系统变量，或者设置选中标注的系统变量。
- **应用：** 被选中的标注对象自动更新为当前标注格式。

5.4.6 尺寸关联性 难点

启用"重新关联"命令，可以将选定的标注关联或者重新关联到对象或对象上的点。

尺寸标注与图形相关联，当用户修改图形时，尺寸标注也会随之更新。

选择"注释"选项卡，单击"标注"面板上的"重新关联"按钮，如图5-100所示，激活命令。

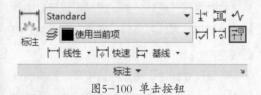

图5-100 单击按钮

提示

在命令行中输入"DRA"并按Enter键，也可以启用"重新关联"标注命令。

执行命令后，命令行提示如下。

```
命令: _dimreassociate   \\启用命令
选择要重新关联的标注 ...
选择对象或 [解除关联(D)]: 找到 1 个
         \\选择要建立关联的尺寸标注
指定第一个尺寸界线原点或 [选择对象(S)] <下一
个>:      \\单击要关联的第一点
指定第二个尺寸界线原点 <下一个>:
         \\单击要关联的第二点
```

命令行提示指定尺寸界线原点后，在每一个关联点的一旁会显示一个蓝色的"×"，表示当前标注的原点与图形没有发生关联。

如果标注原点与图形为关联状态，则在原点一旁显示被矩形框选的"×"。

解除尺寸标注与图形的关联状态，当用户修改图形后，尺寸标注不会发生变化。

在命令行中输入"DDA"，命令行提示如下。

```
命令: DDA              \\启用命令
DIMDISASSOCIATE
选择要解除关联的标注 ...
选择对象: 找到 1 个     \\选择尺寸标注
1 已解除关联。
```

选择尺寸标注后，按Enter键，即可解除关联的尺寸标注。

提示

在执行"重新关联"命令时，在命令行中输入"D"，选择"解除关联"选项，也可执行"解除关联"操作。

5.4.7 倾斜标注 难点

当线性标注的尺寸界线与图形的其他要素冲突时，启用"倾斜"命令，可以将标注的延伸线倾斜。

选择"注释"选项卡，单击"标注"面板上的"倾斜"按钮，如图5-101所示，激活命令。

图5-101 单击按钮

执行命令后，命令行提示如下。

```
命令: _dimedit           \\启用命令
输入标注编辑类型 [默认(H)\新建(N)\旋转
(R)\倾斜(O)] <默认>: _O \\选择"倾斜"选项
选择对象: 找到 1 个      \\选择尺寸标注
输入倾斜角度 (按 ENTER 表示无): 45
                       \\输入角度值
```

执行上述操作后，尺寸界线向一侧倾斜，如图5-102所示。

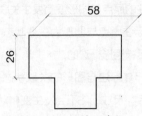

图5-102 倾斜尺寸标注

命令行中各选项含义介绍如下。

- **默认：** 按默认的位置与方向放置尺寸标注文字。
- **新建：** 进入在位编辑模式，用户可以修改尺寸标注文字。
- **旋转：** 指定角度值，旋转尺寸标注文字。
- **倾斜：** 指定角度值，使得尺寸界线朝某个方向倾斜。

提示

在命令行中输入"DED"并按 Enter 键，也可以启用"倾斜"标注命令。

5.4.8 对齐标注文字 难点

默认情况下，尺寸标注文字与尺寸线居中对齐。通过执行"对齐"操作，可以修改尺寸标注文字的位置。

选择"注释"选项卡，单击"标注"面板上的"左对正"按钮、"居中对正"按钮、"右对正"按钮，如图5-103所示，可以修改尺寸标注文字的对齐方式。

图5-103 单击按钮

单击"左对正"按钮，命令行提示如下。

```
命令：_dimtedit          \\启用命令
选择标注：                \\选择尺寸标注
```

为标注文字指定新位置或 [左对齐(L)\右对齐(R)\居中(C)\默认(H)\角度(A)]：_L
　　\\选择"左对齐"选项

执行上述操作后，原本位于尺寸线正中间的文字向左移动，效果如图5-104所示。

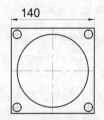

图5-104 左对齐标注文字

命令行中各选项的含义介绍如下。

- **左对齐：** 向左对齐标注文字。
- **右对齐：** 向右对齐标注文字。
- **居中：** 居中对齐标注文字。
- **默认：** 保持标注文字的默认样式不变。
- **角度：** 指定角度，旋转标注文字。

5.4.9 翻转箭头

在标注图形尺寸的时候，如果尺寸界线内空间过窄，会使得尺寸箭头重叠显示，影响标注效果。

此时执行"翻转箭头"的操作，可以将箭头翻转到尺寸界线的两侧，使得尺寸标注方便识别。

选择尺寸标注，将光标置于尺寸箭头端点的夹点之上，在光标的右下角弹出菜单，选择"翻转箭头"选项，如图5-105所示。

选择选项后，箭头向外翻转，结果如图5-106所示。

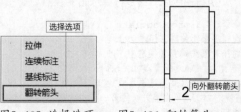

图5-105 选择选项　　图5-106 翻转箭头

5.4.10 编辑多重引线 🔴重点

编辑多重引线的方式有对齐引线、添加与删除引线，以及合并引线，本节介绍编辑方法。

选择"注释"选项卡，在"引线"面板上显示"对齐"按钮🖼、"添加引线"按钮🖍、"合并"按钮🖉、"删除引线"按钮🖍，如图5-107所示。

单击按钮，激活编辑命令，编辑选中的多重引线。

图5-107 显示编辑按钮

1. 对齐引线

单击"引线"面板上的"对齐"按钮🖼，选择"低速轴"多重引线，单击"轴承"为要对齐到的多重引线；向上移动鼠标，指定对齐方向，如图5-108所示。

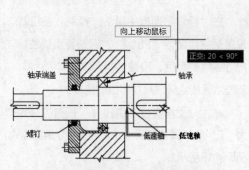

图5-108 指定方向

在合适的位置单击，结束对齐操作。"低速轴"引线标注向右移动，与"轴承"引线标注对齐，效果如图5-109所示。

2. 添加引线

单击"引线"面板上的"添加引线"按钮🖍，选择"螺钉"引线标注；移动鼠标，指定引线箭头位置，如图5-110所示。

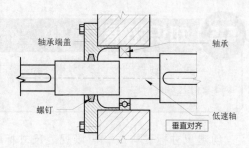

图5-109 对齐引线

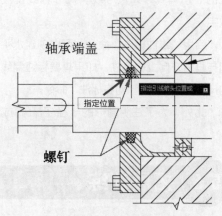

图5-110 指定箭头位置

单击，即可为"螺钉"引线标注添加一根引线，如图5-111所示。

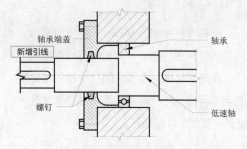

图5-111 添加引线

3. 删除引线

单击"引线"面板上的"删除引线"按钮🖍，首先选择引线标注，接着单击需要删除的引线，按Enter键，即可将引线删除。

4. 合并引线

单击"引线"面板上的"合并"按钮🖉，依次选择需要合并的引线标注，移动鼠标，单击，放置合并后的多重引线标注即可。

5.5 知识拓展

本章介绍创建图形标注的方法，包括线性标注、对齐标注及角度标注等。启用标注命令，创建各种类型的尺寸标注。

创建尺寸标注样式，可以规范尺寸标注的显示样式，如尺寸线、尺寸界线及尺寸数字。

启用"线性标注"命令，可以创建水平方向与垂直方向上的尺寸。如果想要标注斜线段的尺寸，可以启用"对齐标注"命令。

此外，为了注明图形的半径/直径，或者

图形夹角的大小、弧线的长度，可以启用相应的标注命令，如半径标注、直径标注或者角度标注。

编辑尺寸标注，更改标注的显示效果。可编辑的范围包括尺寸关联性，即尺寸标注与所标注对象的关联性，尺寸线的角度及标注文字的对齐方式。

5.6 拓展训练

难度：☆☆
素材文件：素材\ 第5章\ 习题1- 素材.dwg
效果文件：素材\ 第5章\ 习题1.dwg
在线视频：第5章\ 习题1.mp4

在命令行中输入"DLI"并按空格键，启用"线性标注"命令，为机械零件创建尺寸标注。单击"标注"面板上的"半径"按钮◎，启用"半径标注"命令，为机械零件创建半径标注，如图5-112所示。

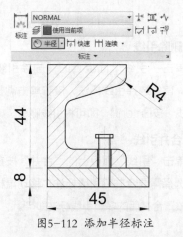

图5-112 添加半径标注

难度：☆☆
素材文件：素材\ 第5章\ 习题1.dwg
效果文件：素材\ 第5章\ 习题2.dwg
在线视频：第5章\ 习题2.mp4

在"标注"面板中单击"倾斜"按钮H，设置倾斜角度为"25°"，调整垂直线性标注尺寸界线的角度。设置倾斜角度为"75°"，调整水平线性标注尺寸界线的角度。

单击"文字角度"按钮，设置旋转角度为"3°"，调整半径标注尺寸数字的角度，如图5-113所示。

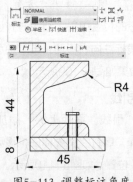

图5-113 调整标注角度

第 **6** 章

文字与表格

为了说明所绘图纸的意义，有必要在图纸上创建说明文字。在AutoCAD中，创建说明文字有两种方式，一种是使用文字来说明，另一种是绘制表格来说明。两种方式各有优点，本章介绍这两种方式的使用方式。读者在学习完毕本章内容后，在今后的绘图工作中，可以根据实际情况来选用适合的表达方式。

本章重点

学习如何使用创建文字标注 │ 掌握使用编辑文字的技巧
学习如何使用创建表格 │ 了解添加表格内容的方法

6.1 创建文字

　　AutoCAD中的文字有两种形式，一种是单行文字，另一种是多行文字。本节介绍创建文字样式与文字标注的方法。

6.1.1 文字样式的创建与其他操作

　　创建文字样式，可以设置文字的显示效果，包括文字的字体、高度、宽度等。

1. 创建文字样式

　　选择"默认"选项卡，在"注释"面板上单击"文字样式"按钮 A，激活命令。

　　或者切换至"注释"选项卡，单击"文字"面板右下角的"文字样式"按钮 A，如图6-1所示，激活命令。

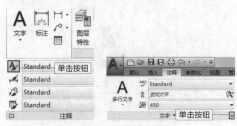

图6-1　激活命令

　　执行上述操作后，打开"文字样式"对话框，如图6-2所示。单击右上角的"新建"按钮 ，执行"新建样式"的操作。

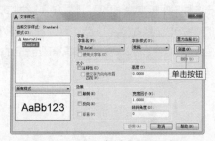

图6-2　"文字样式"对话框

　　打开"新建文字样式"对话框，设置"样式名"，如图6-3所示，单击"确定"按钮，返回"文字样式"对话框。

图6-3　"新建文字样式"对话框

　　在"样式"列表中显示样板文件默认创建的文字样式，以及用户自己创建的文字样式，如图6-4所示。

图6-4　新建文字样式

> **提示**
>
> 在命令行中输入"ST"并按空格键，也可启用"文字样式"命令。

2. 应用文字样式

　　在"文字样式"对话框中选择样式，例如，选择"室内标注文字"样式，单击右上角的"置为当前"按钮，可以将样式设置为当前正在使用的文字样式。

　　选择"默认"选项卡，在"注释"面板的"文字样式"选项显示当前文字样式的名称。

　　切换至"注释"选项卡，在"文字"面板中显示当前文字样式的名称，如图6-5所示。

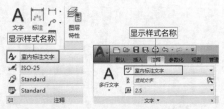

图6-5　显示当前文字样式名称

在"文字样式"对话框中选择文字样式,单击鼠标右键,在弹出的快捷菜单中选择"置为当前"命令,也可将样式设置为当前正在使用的样式。

3. 重命名文字样式

在"文字样式"对话框中选择文字样式,单击鼠标右键,在弹出的快捷菜单中选择"重命名"命令,如图6-6所示。

图6-6 选择"重命名"命令

样式名称进入可编辑模式,输入新的样式名称,在空白区域单击鼠标左键,即可重命名文字样式,如图6-7所示。

图6-7 重命名文字样式

4. 删除文字样式

当前正在使用的文字样式是不可以被删除的,如果要删除文字样式,需要修改文字样式的状态。

在"文字样式"对话框中选择待删除的样式,并确认该样式不是当前正在使用的样式。

在选中的样式名称上单击鼠标右键,在弹出的快捷菜单中选择"删除"命令,如图6-8所示,即可删除文字样式。

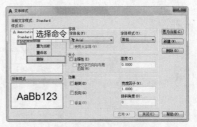

图6-8 删除文字样式

练习6-1 创建国标文字样式

难度: ☆☆	
素材文件: 无	
效果文件: 素材\ 第6章\ 练习6-1 创建国标文字样式.dwg	
在线视频: 第6章\ 练习6-1 创建国标文字样式.mp4	

01 新建空白文件,在命令行中输入"ST"并按空格键,打开"文字样式"对话框。

02 单击对话框右上角的"新建"按钮 ,打开"新建文字样式"对话框。

03 在"样式名"文本框中输入样式名称,如图6-9所示,单击"确定"按钮,返回"文字样式"对话框。

图6-9 "新建文字样式"对话框

04 单击"字体名"选项,在弹出的列表中选择"gbenor.shx"样式,如图6-10所示。

图6-10 选择"字体名"

05 选择"大字体"选项,激活"大字体"选项。在列表中选择"gbcbig.shx"样式,如图6-11所示。

06 选择"国际文字样式",单击"置为当前"按钮,如图6-12所示,将该样式置为当前正在使用的文字样式。

图6-11 选择"大字体"

07 单击"关闭"按钮,关闭"文字样式"对话框。

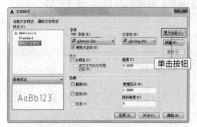

图6-12 将样式置为当前样式

6.1.2 创建单行文字

启用"单行文字"命令,可以创建一行或者多行文字。其中,每一行文字都是独立的对象,都可以对其执行"移动""格式设置"或者其他修改。

选择"默认"选项卡,在"注释"面板中单击"单行文字"按钮 A ,激活命令。

切换至"注释"选项卡,单击"文字"面板中的"单行文字"按钮 A ,如图6-13所示,也可激活命令。

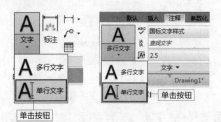

图6-13 激活命令

执行命令后,在绘图区域中单击鼠标左键,指定文字的起点。接着指定文字高度、旋转角度,输入注释文字。

然后在空白区域单击鼠标左键,按Enter键,即可结束创建文字的操作。

提示

在命令行中输入"DT"并按空格键,也可启用"单行文字"命令。

练习6-2 使用单行文字注释图形

难度:☆☆

素材文件: 素材\ 第6章\ 练习6-2 使用单行文字注释图形-素材.dwg

效果文件: 素材\ 第6章\ 练习6-2 使用单行文字注释图形.dwg

在线视频: 第6章\ 练习6-2 使用单行文字注释图形.mp4

01 打开"素材\第6章\练习6-2 使用单行文字注释图形-素材.dwg"文件,如图6-14所示。

02 在命令行中输入"DT",命令行提示如下。

```
命令: DT              \\启用命令
TEXT
当前文字样式:    "国标文字样式"  文字高度:
600 注释性: 否  对正: 左
指定文字的起点 或 [对正(J)\样式(S)]:
                       \\单击指定起点
指定高度 <600>:     \\按Enter键
指定文字的旋转角度 <0>:  \\按Enter键
```

03 执行上述操作后,在屏幕中显示文字输入框,在其中输入注释文字。

04 接着在空白区域单击,按Enter键,创建单行文字的结果如图6-15所示。

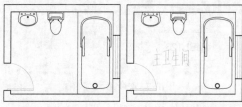

图6-14 打开素材　　图6-15 创建单行文字

6.1.3 单行文字的编辑与其他操作

编辑单行文字,可以修改文字样式、内容等。

1. 修改文字内容

双击单行文字,进入在位编辑模式,此时可以删除原有的文字,重新输入新的说明文字,如图6-16所示。

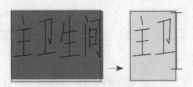

图6-16 修改文字内容

输入完毕后，在空白区域单击鼠标左键，按Enter键，结束修改文字内容的操作，如图6-17所示。

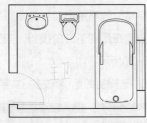

图6-17 修改结果

2. 修改文字属性

选择"注释"选项卡，单击"文字"面板上的"对正"按钮⒜；选择文字，在光标的右下角弹出菜单列表，如图6-18所示。

在菜单中显示多种文字对齐的方式，如"左对齐""对齐"等，选择选项，修改文字的对齐方式。

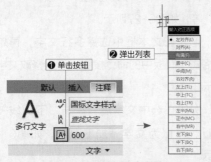

图6-18 修改对齐方式

在"文字"面板中单击"缩放"按钮，选择文字，单击鼠标右键，在光标的右下角弹出快捷菜单，如图6-19所示。

在菜单中选择选项，输入新高度，即可更改单行文字的大小。

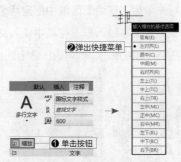

图6-19 选择缩放方式

3. 输入特殊字符的方法

有时会遇上需要输入特殊符号的情况，如度数符号、正负符号及下画线等。在单行文字中输入特殊符号，可以利用百分号（%）加字母的方式。

如果需要在数字"45"后添加度数符号，可以先输入两个"%"，紧接着输入"D"，即可在"45"后面添加度数符号，如图6-20所示。

图6-20 输入特殊符号

输入特殊符号所转换得到的常用符号介绍如下。

- "%%D"：转换为度数符号（°）。
- "%%C"：转换为直径符号（φ）。
- "%%P"：转换为正负符号（±）。
- "%%O"：转换为上画线。
- "%%U"：转换为下画线。

6.1.4 创建多行文字 重点

启用"多行文字"命令，可以创建若干说明文字。这些文字为一个整体，在被编辑时会集体受到影响。

选择"默认"选项卡，单击"注释"面板上的"多行文字"按钮A，激活命令。

切换至"注释"选项卡，单击"文字"面板上的"多行文字"按钮A，如图6-21所示，激活命令。

执行命令后，在绘图区域中指定两个对角点，出现矩形文字输入框。在其中输入文字，完成后在空白区域单击，即可退出命令。

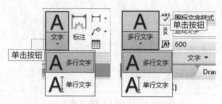

图6-21 激活命令

提示

在命令行中输入"T"或者"MT"并按空格键，也可启用"多行文字"命令。

练习6-3 使用多行文字创建技术要求

难度：☆☆

素材文件：无

效果文件：素材\第6章\练习6-3使用多行文字创建技术要求.dwg

在线视频：第6章\练习6-3使用多行文字创建技术要求.mp4

01 选择"默认"选项卡，在"注释"面板上单击"多行文字"按钮，在绘图区域中指定对角点，如图6-22所示，绘制矩形框。

图6-22 绘制矩形框

02 在矩形框内输入文字，通过按Enter键换行，如图6-23所示。

03 在空白区域单击鼠标左键，创建多行文字的结果如图6-24所示。

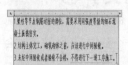

图6-23 输入文字　　图6-24 创建多行文字

6.1.5 多行文字的编辑与其他操作 重点

使用内置的编辑器，可以修改多行文字的外观、内容等属性。

1. 修改样式

双击多行文字，进入"多行文字编辑器"选项卡。

在"样式"面板中单击"样式"窗口右下角的下三角按钮，向下弹出样式列表，如图6-25所示。

在列表中显示当前文件包含的所有文字样式，选择其他样式，可以修改多行文字的样式。

在"字高"选项中显示当前多行文字的字号，单击选项右侧的下三角按钮，向下弹出列表，如图6-26所示。

在列表中选择字高值，修改多行文字的字高。

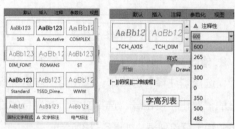

图6-25 选择样式　　图6-26 选择字高

2. 修改格式

在"格式"列表中提供了丰富多行文字显示样式的命令，如"加粗""倾斜""下画线"等，如图6-27所示。

首先在文本框中选择多行文字，再单击"格式"面板中的命令按钮，可以修改文字的显示样式。

例如在选中文字后，单击"下画线"按钮 **U**，可以为文字添加下画线，如图6-28所示。

图6-27 "格式"面板　　图6-28 添加下画线

3. 修改段落属性

在"段落"面板中提供了修改段落对齐方式、标记方式的工具。

单击"对正"按钮 🅰，向下弹出列表，选择选项，指定段落的对齐方式。

单击"项目符号和编号"选项，在弹出的列表中显示多种编号方式，如图6-29所示。在"以字母标记"方式中，还提供了"小写"标记与"大写"标记两种方式供选择。

图6-29 编号列表

选择多行文字，将其标记方式改为"以字母标记"→"小写"，效果如图6-30所示。

b	梁柱等节点钢筋过密的部位，需要采用同强度等级的细石混凝土浇筑密实。
b	结构主体完工，砌筑墙体之前，应该进行中间验收。
c	未经中间验收或者验收不合格，不得进行下一道工序施工。

图6-30 修改标记方式

如果需要调整段落的行距，可以单击"行距"按钮 📏 行距，在弹出的列表中选择行距，如图6-31所示。

4. 插入特殊内容

在"插入"面板中单击"符号"按钮 @，在弹出的列表中显示各种类型的符号，如图6-32所示。选择选项，可以在段落中插入指定的符号。

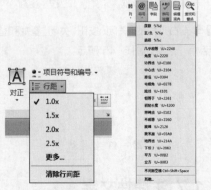

图6-31 行距列表 图6-32 特殊符号列表

练习6-4 编辑文字创建尺寸公差

难度：☆☆

素材文件：素材\第6章\练习6-4 编辑文字创建尺寸公差-素材.dwg

效果文件：素材\第6章\练习6-4 编辑文字创建尺寸公差.dwg

在线视频：第6章\练习6-4 编辑文字创建尺寸公差.mp4

01 打开"素材\第6章\练习6-4 编辑文字创建尺寸公差-素材.dwg"文件，如图6-33所示。

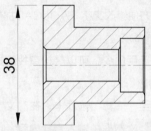

图6-33 打开素材

02 双击标注文字"38"，将光标定位在"38"的前面，输入"%%"。

03 输入"D"，转换为"直径"符号，如图6-34所示。

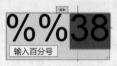

图6-34 输入符号

04 将光标定位在"38"后面，输入公差"K7+0.007^-0.018"，如图6-35所示。

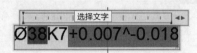

图6-35 输入公差文字

05 选择"+0.007^-0.018"文字，单击"格式"面板上的"堆叠"按钮 🔳，如图6-36所示。

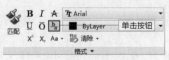

图6-36 激活命令

06 堆叠放置公差文字的效果如图6-37所示。

07 在空白位置单击，退出编辑模式，结果如图6-38所示。

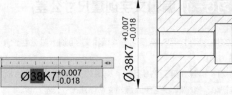

图6-37 堆叠放置效果　　图6-38 创建尺寸公差

6.1.6 文字的查找与替换

为了方便修改文字，AutoCAD提供了"查找与替换"命令。

通过启用命令，可以轻松查找到指定的文字，并完成修改。

切换至"注释"选项卡，在"文字"面板的"查找"文本框中输入查找内容，单击文本框右侧的"查找"按钮，打开"查找和替换"对话框，如图6-39所示。

图6-39 "查找和替换"对话框

设置"替换为"内容，单击"全部替换"按钮，即可完成替换。

> **提示**
>
> 在命令行中输入"FIND"并按空格键，也可启用"查找替换"命令。

练习6-5 替换技术要求中的文字

难度：☆☆

素材文件：素材\ 第6 章\ 练习6-5 替换技术要求中的文字-素材.dwg

效果文件：素材\ 第6 章\ 练习6-5 替换技术要求中的文字.dwg

在线视频：第6章\ 练习6-5 替换技术要求中的文字.mp4

01 打开"素材\ 第6 章\ 练习6-5 替换技术要求中的文字–素材.dwg"文件，如图6-40所示。

02 选择"注释"选项卡，在"文字"面板的"查找"文本框中输入需要查的文字。

03 单击文本框右侧的"查找"按钮，如图6-41所示。

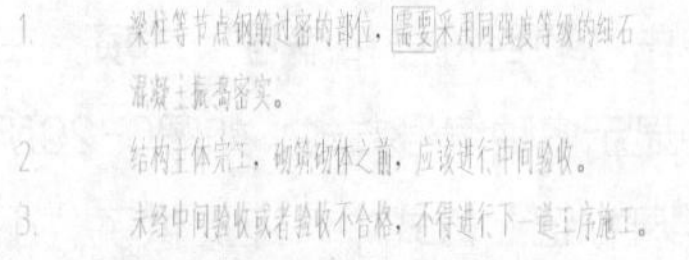

图6-40 打开素材

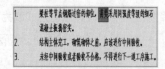

图6-41 输入文字

04 在视图中，被查找到的文字显示为选中状态，如图6-42 所示。

图6-42 查找结果

05 弹出"查找和替换"对话框，在"查找内容"文本框中显示查找结果，在"替换为"文本框中输入替换文字，如图6-43 所示。

06 单击"全部替换"按钮，弹出"查找和替换"对话框，显示已完成查找与替换操作，单击"确定"按钮，如图6-44 所示。

图6-43 "查找　　图6-44 单击"确
和替换"对话框　　　定"按钮

07 单击右上角的"关闭"按钮，关闭"查找和替换"对话框，结果如图6-45 所示。

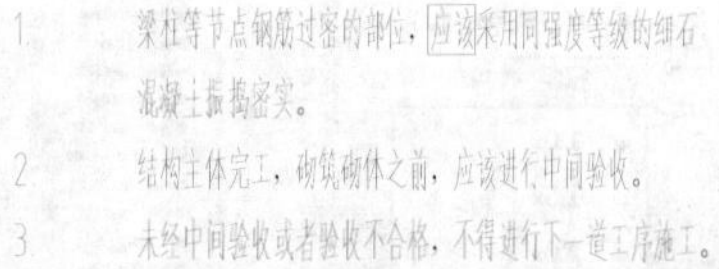

图6-45 替换结果

6.1.7 注释性文字 难点

用户在AutoCAD中以1:1的比例来绘制图

形，在打印输出图纸时，设置打印比例，结果是在以不同的比例输出图形时，图形会按照比例缩小或者放大。

但是文字、尺寸标注等图形随着打印比例缩放后，会发生与所标注图形大小不符合的情况。

为了解决这个情况，可以将标注文字的性质设置为"注释性"文字。

打开"文字样式"对话框，在"样式"列表中选择文字样式，选择"注释性"选项即可，如图6-46所示。

图6-46 "文字样式"对话框

在右下角的工具栏上单击"注释比例"按钮，向上弹出比例列表，如图6-47所示，在列表中选择注释比例。

假如只是要为某个文字对象添加"注释性"，可以先选中文字，按Ctrl+1组合键，打开"特性"面板。

在"文字"选项组中单击"注释性"选项，在列表中选择"是"选项，即可为文字添加"注释性"，最后在"注释比例"列表中设置比例即可完成操作。

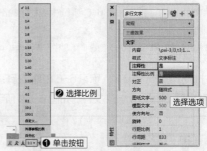

图6-47 设置比例与特性

6.2 创建表格

表格是具有行列结构且能包含数据的复合对象，通过创建空的表格，并在其中输入数据，能够为图纸提供说明。

本节介绍创建与编辑表格的方法。

6.2.1 表格样式的创建

启用"表格样式"命令，可以指定当前表格样式，用来确定所有新表格的外观。表格样式包含的元素有背景颜色、页边距、边界、文字及其他表格特征。

选择"默认"选项卡，在"注释"面板上单击"表格样式"按钮，激活命令。

切换至"注释"选项卡，在"表格"面板上单击"表格样式"选项，在弹出的列表中选择"管理表格样式"选项，如图6-48所示，激活命令。

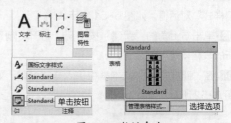

图6-48 激活命令

或者单击"表格"面板右下角的"表格样式"按钮，如图6-49所示，同样可以激活命令。

图6-49 单击按钮

执行上述操作后，打开"表格样式"对话框，在其中可以创建、管理表格样式。

提示

在命令行中输入"TS"并按空格键，也可启用"表格样式"命令。

练习6-6 创建"标题栏"表格样式

难度：☆☆

素材文件：素材\第6章\练习6-6创建"标题栏"表格样式-素材.dwg

效果文件：素材\第6章\练习6-6创建"标题栏"表格样式.dwg

在线视频：第6章\练习6-6创建"标题栏"表格样式.mp4

01 打开"素材\第6章\练习6-6创建'标题栏'表格样式－素材.dwg"文件，如图6-50所示。

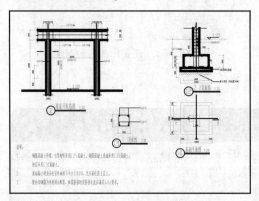

图6-50 打开素材

02 在命令行中输入"TS"并按空格键，打开"表格样式"对话框，如图6-51所示。

03 单击右上角的"新建"按钮，打开"创建新的表格样式"对话框。

04 在"新样式名"文本框中输入样式名称，如图6-52所示。

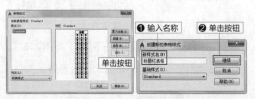

图6-51 "表格样式"
对话框

图6-52 "创建新的
表格样式"对话框

05 单击"继续"按钮，打开打开"新建表格样式：标题栏表格"对话框。

06 在界面的右侧选择"常规"选项卡，设置"对齐"选项，在列表中选择"正中"选项，如图6-53所示。

图6-53 设置对齐方式

07 选择"文字"选项卡，在"文字高度"选项中设置参数，如图6-54所示。

图6-54 设置文字高度

08 单击"确定"按钮，返回"表格样式"对话框。

09 选择新建的表格样式，单击"置为当前"按钮，如图6-55所示，将其置为当前正在使用的表格样式。

图6-55 "表格样式"对话框

6.2.2 插入表格

启用"表格"命令，可以创建空白的表格对象，用户可以在表格中输入数据。

选择"默认"选项卡，单击"注释"面板中的"表格"按钮，激活命令。

切换至"注释"选项卡，单击"表格"面板中的"表格"按钮，如图6-56所示，激活命令。

图6-56 激活命令

执行上述操作后，打开"插入表格"对话框。在其中设置表格样式、插入方式等参数，单击"确定"按钮，即可在指定的位置插入表格。

> **提示**
>
> 在命令行中输入"TB"并按空格键，也可启用"表格"命令。

练习6-7 通过表格创建标题栏

难度：☆☆

素材文件：素材\第6章\练习6-6 创建"标题栏"表格样式.dwg

效果文件：素材\第6章\练习6-7 通过表格创建标题栏.dwg

在线视频：第6章\练习6-7 通过表格创建标题栏.mp4

01 打开"素材\第6章\练习6-6 创建'标题栏'表格样式.dwg"文件。

02 在命令行中输入"TB"并按空格键，打开"插入表格"对话框。

03 选择"标题栏表格"样式，设置"插入方式"为"指定窗口"；分别设置"列数"与"数据行数"，指定"设置单元样式"为"数据"，如图6-57所示。

图6-57 "插入表格"对话框

04 单击"确定"按钮，在图框的右下角单击指定对角点，绘制表格，如图6-58所示。

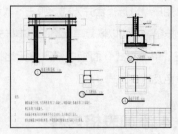

图6-58 插入表格

6.2.3 编辑表格

编辑表格包括编辑表格的显示样式及编辑单元格。

1. 激活夹点编辑表格

选中表格，在表格上显示蓝色的夹点，如图6-59所示。激活夹点，可以编辑表格的显示样式。

例如，激活左上角点的夹点，可以移动表格至任意位置。激活右上角的夹点，可以统一拉伸表格的宽度。激活左下角的夹点，可以统一拉伸表格的高度。

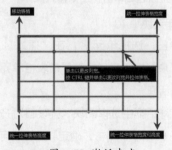

图6-59 激活夹点

2. 编辑表格单元

将光标置于表格单元之上，单击左键，进入"表格单元"选项卡，如图6-60所示。

图6-60 "表格单元"选项卡

在"行"面板与"列"面板中单击命令按钮，可以插入行/列、删除行/列。

选择多个单元格，激活"合并单元"按

钮，用户可以选择合并方式。单击"取消合并单元"按钮，可以恢复单元格的原本样式。

在"单元样式"面板中修改单元格样式、背景颜色及对齐方式。

6.2.4 添加表格内容

单击激活表格单元格，可以在其中输入文字，或者插入块、公式。

1. 输入文字

在单元格内双击，进入"文字编辑器"选项卡。在其中设置文字的样式、格式等参数，可以在单元格中输入文字，如图6-61所示。

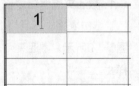

图6-61 输入文字

输入完毕后，按Enter键，转换至下一个单元格，此时可以继续输入文字。

在空白区域单击，结束输入操作。

2. 插入块

单击，选择单元格，在"插入"面板上单击"块"按钮，打开"在表格单元中插入块"对话框。

在对话框中选择图块，并设置对齐方式，如图6-62所示。单击"确定"按钮，可将图块插入至单元格中。

图6-62 "插入块"操作

3. 插入公式

选择单元格，在"插入"面板上单击"公式"按钮 f_x，向下弹出列表，显示各种类型的

公式，如图6-63所示。

选择某类公式，按照命令行的提示继续操作，即可通过公式得到计算结果，结果会显示在单元格中。

图6-63 选择公式

练习6-8 填写标题栏表格

难度：☆☆

素材文件：素材\第6章\练习6-6创建"标题栏"表格样式.dwg

效果文件：素材\第6章\练习6-8填写标题栏表格.dwg

在线视频：第6章\练习6-8填写标题栏表格.mp4

01 打开"素材\第6章\练习6-7通过表格创建标题栏.dwg"文件。

02 在表格中选择单元格，如图6-64所示，激活"合并"面板中的"合并单元"按钮。

图6-64 选择单元格

03 单击"合并单元"按钮，在弹出的列表中选择"合并全部"选项，合并选中的单元格，如图6-65所示。

图6-65 合并单元格

04 选择单元格，执行"合并"操作，结果如图6-66所示。

图6-66 合并结果

05 选择表格，激活夹点，调整表格的列宽，如图6-67所示。

图6-67 调整列宽

06 双击单元格，输入文字，如图 6-68 所示。

图6-68 输入文字

07 选择"工程名称"与"项目名称"文字，在"样式"面板中修改字高为"100"，如图 6-69 所示。

图6-69 调整字高

6.3 知识拓展

本章介绍了创建文字与表格的方法。为了说明图形的含义，除了尺寸标注之外，还需要适当地添加文字说明。利用单行文字与多行文字命令，可以创建不同类型的说明文字。

有时，表格会比整段或者整篇的文字更加具有说明性。例如，在说明建筑项目的门窗信息时，就可以通过表格来表达。在表行与表列中输入信息，可以明确表明每一种型号门窗的个数、类型、位置。

6.4 拓展训练

难度：☆☆	难度：☆☆
素材文件：素材\ 第6章\ 习题1- 素材.dwg	素材文件：无
效果文件：素材\ 第6章\ 习题1.dwg	效果文件：素材\ 第6章\ 习题2.dwg
在线视频：第6章\ 习题1.mp4	在线视频：第6章\ 习题2.mp4

在"文字"面板中单击"单行文字"按钮 A，启用"单行文字"命令。在绘图区域中指定文字的起点、高度，设置角度为0°，绘制图名与比例标注，如图6-70所示。

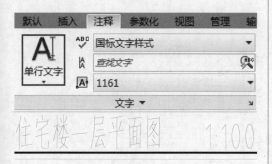

图6-70 绘制图名与比例标注

在"表格"面板中单击"表格"按钮，启用"表格"命令。在绘图区域中指定对角点，创建表格。双击单元格，输入文字，如图6-71所示。

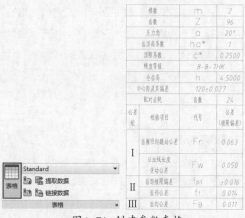

图6-71 创建参数表格

第**7**章

图层与图形特性

　　AutoCAD中的"图层"功能，为用户绘制、编辑图形提供了极大的便利。用户设置图层的属性（如颜色、线型、线宽等）后，所有位于该图层上的图形以统一的样式显示。只要修改图层属性，就可以批量修改位于图层中的图形。修改某个图形的特性，只会影响该图形，不会对其他图形产生影响。本章介绍图层与图形特性知识的运用方法。

本章重点

学习如何创建与设置图层　|　掌握操作图层的技巧
学习如何设置图形特性

7.1 图层概述

为了更好地理解"图层"，本节为读者简要介绍图层的基本概念及分类原则。

7.1.1 图层的基本概念

在AutoCAD中可以创建若干图层，用户根据图形对象不同的类别或特点，将其归类组织到图层中去。

位于同一图层的图形，具有相同的属性，如颜色、线宽、线型等。

在绘制图纸的过程中，管理图层属性的同时也可以管理图形。

以建筑图纸为例，图纸中包含建筑、结构、水电等信息。如果按类型将图形组织到相应的图层中去，就为不同类型的工作人员参考图纸提供了便利。

修改某类图形时，锁定、冻结其他不相关的图形，就可以防止在编辑的过程中被误删、误改。

当需要批量修改图形属性时，只要修改图层的属性，就可以影响位于其中的所有图形。减少了工作人员的工作量，并且保证了准确率。

7.1.2 图层的分类原则

以建筑设计图纸为例，简要介绍图层的分类原则。

1. 按照对象类型分类

建筑设计图纸中包含墙体、门窗等建筑构件图形，为每一类图形创建相应的图层，方便管理图形。

例如，创建"墙体"图层、"门窗"图层，可以通过管理图层属性，更改墙体与门窗的显示样式。

2. 按照对象功能分类

除了主要的构件图形之外，还需要绘制一些辅助图形，如轴网、辅助线、尺寸标注、文字标注等。

创建图层，通过开/关图层，可以控制这些图形在视图中的显示或隐藏。

隐藏某些图形后，可以提高显示效率，方便制图人员看图、改图。

7.2 图层的创建与设置

新创建的图层，其属性均为默认值。为了区别各个图层，需要设置图层属性。本节介绍创建与设置图层的方法。

7.2.1 新建并命名图层

新建的空白文件仅包含默认的图层，为了满足使用需求，需要用户自己创建图层。

选择"默认"选项卡，单击"图层"面板上的"图层特性"按钮，如图7-1所示，激活命令。

图7-1 激活命令

> **提示**
>
> 在命令行中输入"LA"并按空格键，同样可以启用"图层特性"命令。

执行上述操作后，打开"图层特性管理器"选项板，如图7-2所示，在其中显示名称为"0"的默认图层。

图7-2 "图层特性管理器"选项板

单击"新建图层"按钮，在选项板中创建一个新图层。系统为新建图层命名为"图层1"，如图7-3所示。

将光标置于图层列表的空白处，单击鼠标右键，在弹出的快捷菜单中选择"新建图层"命令，同样可以新建图层。

此时图层名称处于活动状态，用户可以自定义图层名称。例如，将名称设置为"中心线"，如图7-4所示。

选择图层，按F2键，进入重命名图层的状态，此时可以修改图层名称。

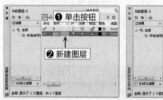

图7-3 新建图层　　　图7-4 重命名图层

7.2.2 设置图层颜色 重点

修改图层的颜色，也会同时改变位于其中的图形的颜色。

在"图层特性管理器"对话框中单击"中心线"图层中的"颜色"按钮，打开"选择颜色"对话框。

在其中选择颜色，如选择红色，如图7-5所示，单击"确定"按钮，结束操作。

操作完毕后，在"颜色"选项中显示该图层的颜色，如图7-6所示。

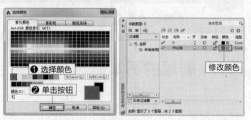

图7-5 "选择　　　图7-6 修改颜色
颜色"对话框

7.2.3 设置图层线型 重点

在"图层特性管理器"选项板中新建图层后，默认为"Continuous"线型。

用户可以使用默认的线型，也可以自定义图层的线型。

单击"中心线"图层中的"线型"按钮，打开"选择线型"对话框，如图7-7所示。

在其中显示已加载的线型，单击"加载"按钮，打开"加载或重载线型"对话框。

在其中选择线型，如图7-8所示，单击"确定"按钮，返回"选择线型"对话框。

图7-7 "选择　　　图7-8 "加载
线型"对话框　　　或重载线型"对话框

在对话框中选择线型，如图7-9所示，单击"确定"按钮，可将该线型指定给图层。

图7-9 显示已加载线型

在"中心线"图层的"线型"选项中显示

线型名称，如图7-10所示。

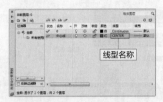

图7-10 设置线型

练习7-1 调整中心线线型比例

难度：☆☆

素材文件：素材\第7章\练习7-1调整中心线线型比例-素材.dwg

效果文件：素材\第7章\练习7-1调整中心线线型比例.dwg

在线视频：第7章\练习7-1调整中心线线型比例.mp4

01 打开"素材\第7章\练习7-1调整中心线线型比例-素材.dwg"文件，如图7-11所示。

02 选择"默认"选项卡，单击"特性"面板上的"线型"选项，在弹出的列表中选择"其他"选项，如图7-12所示。

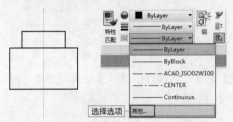

图7-11 打开素材　图7-12 向下弹出列表

03 打开"线型管理器"对话框，在线型列表中选择中心线的线型"CENTER"，修改"全局比例因子"参数，如图7-13所示。

04 单击"确定"按钮，返回视图，此时中心线的显示效果发生了变化，如图7-14所示。

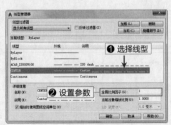

图7-13 "线型管理器"　图7-14 修改
　　　对话框　　　　　　结果

提示

如果"线型管理器"对话框的下方没有显示参数选项，可以单击右上角的"显示细节"按钮，此时可以展开"详细信息"列表。

7.2.4 设置图层线宽 重点

新建图层的线宽为"默认"样式，为了适应绘图需求，用户可以自定义图层的线宽。

在"图层特性管理器"选项板中单击某一图层中的"线宽"按钮，打开"线宽"对话框。

在其中选择线宽类型，如图7-15所示，单击"确定"按钮，结束设置操作。

图7-15 "线宽"对话框

同时位于该图层上的图形，其线宽也随之更新，效果如图7-16所示。

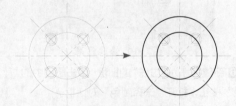

图7-16 修改结果

练习7-2 创建绘图基本图层

难度：☆☆

素材文件：无

效果文件：素材\第7章\练习7-2创建绘图基本图层.dwg

在线视频：第7章\练习7-2创建绘图基本图层.mp4

01 新建空白文件，在命令行中输入"LA"并按空格键，打开"图层特性管理器"选项板。

02 单击"新建图层"按钮 ，新建一个名称为"粗实线"的图层，如图7-17所示。

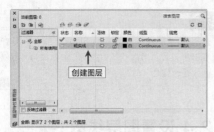

图7-17 创建"粗实线"图层

03 单击"粗实线"图层中的"线宽"按钮,打开"线宽"对话框。

04 在"线宽"列表中选择线宽类型,如图 7-18 所示,单击"确定"按钮,关闭对话框。

图7-18 "线宽"对话框

05 修改"粗实线"图层线宽的效果如图 7-19 所示。

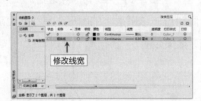

图7-19 修改结果

06 新建名称为"虚线"的图层,单击图层中的"颜色"按钮,打开"选择颜色"对话框。

07 选择"蓝色",如图 7-20 所示,单击"确定"按钮,关闭对话框。

08 单击"虚线"图层中的"线型"按钮,打开"选择线型"对话框,单击"加载"按钮,打开"加载或重载线型"对话框。

09 在"可用线型"列表中选择名称为"ACAD_ISO02W100"的线型,如图 7-21 所示。单击"确定"按钮,关闭对话框。

10 在"选择线型"对话框中选择"ACAD_ISO02W100"线型,如图 7-22 所示,单击"确定"按钮,关闭对话框。

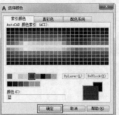

图7-20 "选择颜色"对话框

图7-21 "加载或重载线型"对话框

图7-22 "选择线型"对话框

11 单击"虚线"图层中的"线宽"按钮,设置"线宽"为"0.15 毫米",指定线宽的效果如图 7-23 所示。

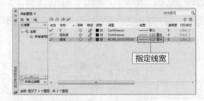

图7-23 修改结果

12 重复上述操作,继续创建其他图层,如图 7-24 所示。

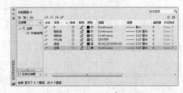

图7-24 创建图层

为了方便用户练习创建图层,在表7-1中提供图层的属性信息。

表7-1 图层属性列表

名称	冻结	锁定	颜色	线型	线宽/mm
粗实线	解冻	解锁	黑	Continuous	0.3
细实线	解冻	解锁	红	Continuous	0.15
中心线	解冻	解锁	红	CENTER	0.15
虚线	解冻	解锁	蓝	ACAD_ISO02W100	0.15
注释	解锁	解冻	绿	Continuous	0.15

掌握其他操作图层的提示，如打开/关闭图层、冻结/解冻图层及锁/解锁图层等，可以帮助用户更大限度地利用"图层"功能。

7.3.1 打开与关闭图层 重点

当图层为"打开"状态时，图层中的图形为可见状态。"关闭"图层后，图形被隐藏。

打开"图层特性管理器"选项板，选择图层，例如，选择"粗实线"图层，单击"开"按钮💡，按钮暗显💡，表示该图层被关闭。

选择"默认"选项卡，在"图层"面板上单击"图层"选项，向下弹出图层列表。单击图层中的"开"按钮💡，按钮暗显💡，如图7-25所示，也可以关闭图层。

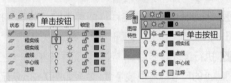

图7-25 关闭图层

在"图层"面板中单击"关"按钮，如图7-26所示，选择要关闭的图层上的对象，即可将该对象所在的图层关闭。

单击"打开所有图层"按钮，可以打开图形中的所有图层。

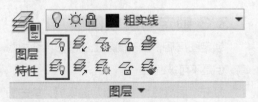

图7-26 单击按钮

提示

如果关闭当前图层，系统会打开"图层－关闭当前图层"对话框。询问用户是继续关闭图层，或者保持图层的打开状态。

练习7-3 通过关闭图层控制图形

难度：☆☆	
素材文件：无	
效果文件：素材\ 第7章\ 练习7-3 通过关闭图层控制图形.dwg	
在线视频：第7章\ 练习7-3 通过关闭图层控制图形.mp4	

01 打开"素材\第7章\练习7-3 通过关闭图层控制图形.dwg"文件，如图7-27所示。

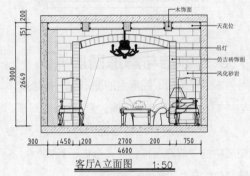

图7-27 打开文件

02 在命令行中输入"LA"并按空格键，单击"尺寸标注"图层与"文字标注"图层中的"开"按钮💡，按钮暗显💡，如图7-28所示。

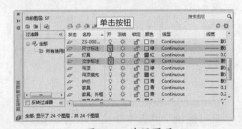

图7-28 关闭图层

03 执行上述操作后，立面图中的尺寸标注与文字标注被隐藏，如图7-29所示。

04 重复操作，继续关闭"家具"图层、"立面填充"图层、"灯具"图层等，最终保留立面轮廓图形，如图7-30所示。

图7-29 隐藏图形的效果

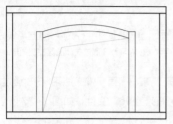

图7-30 最终效果

7.3.2 冻结与解冻图层 重点

冻结图层后，图层上的图形同时被隐藏，与"关闭"图层的效果相同。

打开"图层特性管理器"选项板，单击图层中的"解冻"按钮☀，当按钮转换为"冻结"❄状态时，该图层被冻结。

选择"默认"选项卡，单击"图层"面板上的"图层"选项，在弹出的列表中单击"解冻"按钮☀，也可以冻结图层，如图7-31所示。

图7-31 冻结图层

在"图层"面板中单击"冻结"按钮❄，如图7-32所示，可以冻结选定对象上的图层。

单击"解冻所有图层"按钮❄，可以解冻图形中的所有图层。

图7-32 单击按钮

练习7-4 通过冻结图层控制图形

难度：☆☆

素材文件：无

效果文件：素材\ 第7 章\ 练习7-4 通过冻结图层控制图形.dwg

在线视频：第7 章\ 练习7-4 通过冻结图层控制图形.mp4

01 打开"素材\ 第7 章\ 练习7-4 通过冻结图层控制图形.dwg"文件，如图7-33 所示。

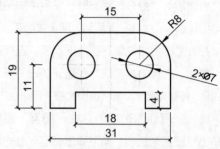

图7-33 打开文件

02 选择"默认"选项卡，单击"图层"面板上的"图层"选项，向下弹出列表。

03 在列表中单击"注释"图层中的"解冻"按钮☀，按钮暗显❄，如图7-34 所示。

04 执行上述操作后，"注释"图层被冻结。位于图层上的尺寸标注也被隐藏，效果如图7-35 所示。

图7-34 冻结图层　　图7-35 隐藏注释图形

7.3.3 锁定与解锁图层

锁定图层后，位于图层上的图形不会被隐藏，但是不可被编辑。

打开"图层特性管理器"选项板，单击图层上的"解锁"按钮🔓，按钮转换为"锁定"样式🔒，表示该图层被锁定。

选择"默认"选项卡，单击"图层"面板上的"图层"选项，在弹出的列表中单击"解锁"按钮🔓，即可锁定图层，如图7-36所示。

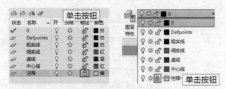

图7-36 锁定图层

单击"图层"面板上的"锁定"按钮🔒，如图7-37所示，可以锁定选定对象的图层。

单击"解锁"按钮🔓，可以解锁选定对象的图层。

图7-37 单击按钮

在编辑图形的过程中，为了防止图形被无意修改，可以锁定图层，结果是位于其中的图形也被锁定。

锁定图形后，用户可以不必担心图形在编辑的过程中被随意修改。

7.3.4 设置当前图层 （重点）

将某个图层置为当前图层，表示当前所绘制的图形都位于该图层之上。

打开"图层特性管理器"选项板，双击图层中的"状态"按钮，当按钮显示为✔时，如图7-38所示，表示该图层为当前图层。

图7-38 设置图层状态

或者选择图层，单击鼠标右键，在弹出的快捷菜单中选择"置为当前"命令，如图7-39所示，也可将图层置为当前。

单击"图层"面板上的"置为当前"按

钮🛠，如图7-40所示，可以将当前图层设置为选定对象的图层。

图7-39 选择选项

图7-40 单击按钮

当前图层可以被关闭，但是不能被冻结。用户在冻结当前图层时，系统弹出"图层-无法冻结"对话框，如图7-41所示，提醒用户不能冻结该图层。

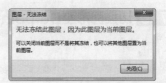

图7-41 "图层-无法冻结"对话框

7.3.5 转换图形所在图层 （重点）

转换图形所在的图层后，图形的属性也会随之更新。

选择图形的外轮廓线，在"图层"面板上单击"图层"选项，在弹出的列表中选择其他图层，如选择"虚线"图层，如图7-42所示。

结果是将图形的外轮廓线转换至"虚线"图层。

图7-42 选择目标图层

转换外轮廓线的图层后，其线型发生了变化，如图7-43所示。

图7-43 转换图层

在"图层"面板上单击"匹配图层"按钮，如图7-44所示。

选择对象，接着选择目标图层上的对象，命令行提示"一个对象已更改到图层'虚线'上"，表示原对象已转换至目标图层。

图7-44 单击按钮

练习7-5 切换图形至Defpoints图层

难度：☆☆
素材文件：无
效果文件：素材\ 第7章\ 练习7-5 切换图形至Defpoints 图层. dwg
在线视频：第7章\ 练习7-5 切换图形至Defpoints图层.mp4

01 打开"素材\第7章\练习7-5切换图形至Defpoints图层.dwg"文件，如图7-45所示。

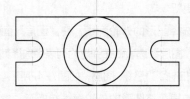

图7-45 打开文件

02 切换至"默认"选项卡，选择图形对象，单击"图层"面板上的"图层"选项，向下弹出列表。

03 在列表中选择"Defpoints"图层，如图7-46所示。

04 结束操作后，图形对象由其他图层切换至"Defpoints"图层。

图7-46 选择"Defpoints"图层

7.3.6 排序图层、按名称搜索图层

大型图纸中往往包含多个图层，学会快速定位图层的方法，可以帮助用户提高绘图效率。

1. 排序图层

打开"图层特性管理器"选项板，单击"名称"标题右侧的按钮，如图7-47所示，可以全局更改整个图形中的图层名。

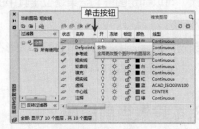

图7-47 单击按钮

在未排序图层之前，0图层排在第一行。单击按钮，调整图层的顺序后，0图层位于最后一行，如图7-48所示。

再次单击"名称"标题右侧的按钮，图层的排序恢复默认设置。

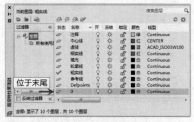

图7-48 调整排列顺序

2. 按名称搜索图层

在"图层特性管理器"选项板的右上角，显示"搜索"文本框。

在其中输入图层名称，如"注释"，即可在选项板中单独显示搜索到的图层信息，如图7-49所示。

单击"搜索"文本框后的"×"按钮，可以结束单独显示图层的状态，重新显示图形中的所有图层。

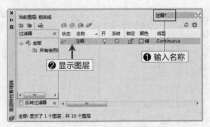

图7-49 搜索图层

7.3.7 保存和恢复图层状态

为了避免重复执行创建图层、设置图层属性的操作，可以存储图层状态，并导入到另一文件中使用。

修改图层的属性后，还可以再改回原本的设置。

本节介绍保存与恢复图层状态的方式。

1. 保存图层状态

打开"图层特性管理器"选项板，单击左上角的"图层状态管理器"按钮，如图7-50所示，打开"图层状态管理器"对话框。

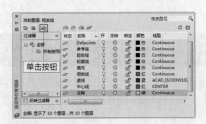

图7-50 单击按钮

单击对话框右上角的"新建"按钮，打开"要保存的新图层状态"对话框。

在"新图层状态名"文本框中设置名称，如图7-51所示。还可以在"说明"文本框中输入备注文字，单击"确定"按钮，关闭对话框。

在"图层状态管理器"对话框中显示新建的图层状态信息。单击右下角的按钮，向右展开特性列表。

在"要恢复的图层特性"列表中选择要存储的图层状态与特性，如图7-52所示。

单击"输出"按钮，打开"输出图层状态"对话框。在其中设置名称与存储路径，单击"保存"按钮，可将图层状态输出并保存。

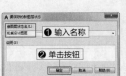 

图7-51 "要保存的　　图7-52 "图层
新图层状态"对话框　　状态管理器"对话框

2. 恢复图层状态

在"图层状态管理器"对话框中选择图层状态，单击"恢复"按钮，即可撤销更改图层状态的效果，恢复图层原本的状态。

7.3.8 删除多余图层

在"图层特性管理器"选项板中选中要删除的图层，单击"删除图层"按钮，如图7-53所示，可以删除选中的图层。

按Alt+D组合键，也可删除选中的图层。

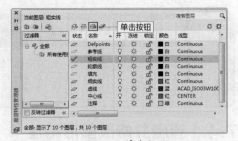

图7-53 单击按钮

选择图层，单击鼠标右键，在弹出的快捷菜单中选择"删除"命令，如图7-54所示，删除选中的图层。

図7-54 右键菜单

如果误删了图层，按"Ctrl+Z"组合键，撤销"删除"操作即可恢复被删除的图层。

提示

选择图层，按Delete键，也可删除图层。

有四种类型的图层不能被删除，依次介绍如下。

● 0图层与Defpoints图层。
● 当前图层。
● 包含对象的图层。
● 依赖外部参照的图层。

假如要删除包含对象的图层，需要先删除图层中的对象。

只有删除了外部参照图形，依赖外部参照的图层才可以被删除。

7.3.9 清理图层和线型 _{难点}

单击软件界面左上角的"应用程序菜单"按钮，向下弹出列表。

选择"图形使用工具"选项，向右弹出命令列表。选择"清理"选项，如图7-55所示，打开"清理"对话框。

在对话框中可以查看"能清理的项目"与"不能清理的项目"，如图7-56所示。

图7-55 选择选项　　图7-56 "清理"对话框

在清理的过程中，系统会随时打开"清理-确认清理"对话框，如图7-57所示。

默认在列表中显示"能清理的项目"，单击"清理此项目"或者"清理所有项目"按钮，执行"清理"操作。

图7-57 "清理-确认清理"对话框

7.4 图形特性设置

图形的特性包括颜色、线型、线宽等，绘制或编辑图形的过程中，常常涉及修改图形特性的操作。

7.4.1 查看并修改图形特性

查看、修改图形的特性，可以在"特性"选项板或"特性"面板中进行。

1."特性"选项板

单击"特性"面板右下角的"特性"按钮，打开"特性"选项板。

或者选择图形，单击鼠标右键，在弹出的快捷菜单中选择"特性"命令，如图7-58所示，也可以打开"特性"选项板。

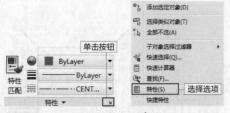

图7-58 激活命令

提示

打开"特性"选项板的方式还有如下两个：在命令行中输入"PR"或"CH"并按空格键；按"Ctrl+1"组合键。

在"特性"选项板中显示图形的属性设置，如"名称""图层"和"线型"等，如图7-59所示，用户在选项板中查看或者修改图形的特性。

图7-59 "特性"选项板

选择图形，单击鼠标右键，在弹出的快捷菜单中选择"快捷特性"命令，弹出图7-60所示的"快捷特性"选项板。在其中显示图形的基本属性设置，如"颜色""图层"等。修改参数，同样可以更改图形的特性。

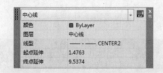

图7-60 "快捷特性"选项板

2. 通过面板编辑特性

在"特性"面板中显示图形的"颜色""线型"与"线宽"特性。

单击"对象颜色"选项，向下弹出列表，显示各类颜色，选择相应选项，即可重新指定对象颜色。

单击"线宽"选项，在弹出的列表中显示各种规格的线宽，如图7-61所示。选择相应选项，更改对象线宽。

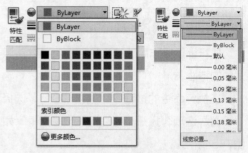

图7-61 弹出列表

单击"线型"选项，向下弹出列表，显示已加载的各种线型，如图7-62所示。选择相应选项，更改对象线型。

图7-62 "线型"列表

7.4.2 匹配图形属性 重点

执行"特性匹配"操作，可以将选定对象的特性应用到其他对象。

可以应用的特性类型包括颜色、图层、线型、线型比例、线宽、打印样式、透明度及其他指定的特性。

单击"特性"面板上的"特性匹配"按钮，如图7-63所示，启用命令。

图7-63 单击按钮

提示

在命令行中输入"MA"并按空格键，也可以激活命令。

执行命令后，命令行提示如下。

```
命令：MA          \\启用命令
MATCHPROP
选择源对象：       \\选择对象
当前活动设置：  颜色 图层 线型 线型比例 线宽
透明度 厚度 打印样式 标注 文字 图案填充 多段
线 视口 表格材质 多重引线中心对象
选择目标对象或 [设置(S)]：\\选择目标对象
```

　　执行上述操作后，结果是目标对象继承源对象的特性。

　　在执行命令的过程中，输入"S"，选择"设置"选项，打开"特性设置"对话框，如图7-64所示。

　　选择选项，指定在执行"特性匹配"操作时可以被匹配的特性。

图7-64　"特性设置"对话框

练习7-6　特性匹配图形

难度：☆☆

素材文件：素材\ 第7章\ 练习7-6 特性匹配图形- 素材.dwg

效果文件：素材\ 第7章\ 练习7-6 特性匹配图形.dwg

在线视频：第7章\ 练习7-6 特性匹配图形.mp4

01 打开"素材\ 第 7 章\ 练习 7-6 特性匹配图形 - 素材 .dwg"文件，如图 7-65 所示。

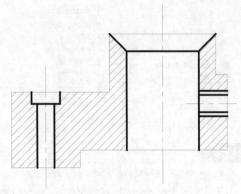

图7-65　打开素材

02 在命令行中输入"MA"并按空格键，单击选择图形的内部边界线为源对象。移动鼠标，单击外部轮廓线为目标对象。

03 匹配操作后，外部轮廓线继承内部边界线的特性，效果如图 7-66 所示。

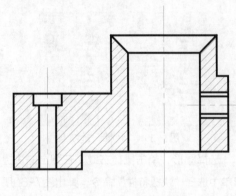

图7-66　特性设置的效果

7.5　知识拓展

　　本章介绍图层与图形特性的知识。利用图层来批量管理图形，可以起到事半功倍的效果。用户可以创建多个图层，并分别定义图层的属性，如颜色、线型、线宽等。位于图层上的图形，继承图层属性。相应地，当修改图层属性后，位于其中的图形也会发生变化。

　　图形特性包括线型、线宽、颜色等，修改特性，在"特性"选项板中进行。按Ctrl+1组合键，在工作界面的左上角显示"特性"选项板，修改参数便可改变图形特性。

难度: ☆☆
素材文件: 无
效果文件: 素材\ 第7 章\ 习题1. dwg
在线视频: 第7 章\ 习题1.mp4

在命令行中输入"LA"并按空格键，启用"图层特性"命令。在"图层特性管理器"选项板中新建图层，并设置图层的颜色、线型，如图7-67所示。

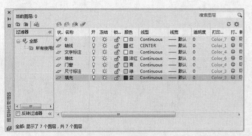

图7-67 设置图层效果

难度: ☆☆
素材文件: 素材\ 第7 章\ 习题2- 素材. dwg
效果文件: 素材\ 第7 章\ 习题2. dwg
在线视频: 第7 章\ 习题2.mp4

选择图形的中心线，按Ctrl+1组合键，打开"特性"选项板。单击"颜色"选项，在列表中选择"白色"，更改中心线的颜色。

单击"线型"选项，在列表中选择"CENTERX2"线型，更改中心线的线型，如图7-68所示。

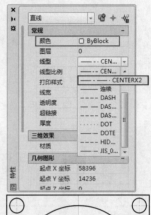

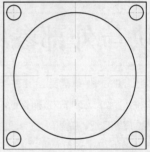

图7-68 修改图形线型

第 **8** 章

图块与外部参照

在绘制图纸的过程中，需要运用各种类型的图块来辅助表达。例如，绘制室内设计图纸，需要家具图块；绘制建筑图纸，需要梁、柱等图块。为了方便用户利用图块，AutoCAD提供了插入块与编辑块功能。用户运用这两项功能，可以插入外部块，或者自定义图块。利用外部参照与AutoCAD设计中心，可以更加灵活地利用图块。

本章重点

学习如何插入块 ｜ 掌握使用编辑块的技巧

学习如何使用外部参照功能 ｜ 了解AutoCAD设计中心的使用方法

8.1 图块

在绘图的过程中，有些图形会被反复调用。将这些图形创建成块，不仅方便存储，也利于用户快速调用。

本节介绍创建块与插入块的方法。

8.1.1 内部图块

执行"创建"命令，可以从选定对象创建块。

用户通过选择对象、指定插入点、命名，可以创建内部块。

选择"默认"选项卡，在"块"面板中单击"创建"按钮，如图8-1所示，激活命令。

图8-1 激活命令

技巧

在命令行中输入"B"并按空格键，也可以启用"创建"块命令。

选择对象，执行上述操作后，打开"块定义"对话框。在其中设置块名称、指定插入基点，按照需要设置其他参数，单击"确定"按钮，即可创建图块。

练习8-1 创建电视内部图块

难度：☆☆

素材文件：素材\第8章\练习8-1 创建电视内部图块-素材.dwg

效果文件：素材\第8章\练习8-1 创建电视内部图块.dwg

在线视频：第8章\练习8-1 创建电视内部图块.mp4

01 打开"素材\第8章\练习8-1 创建电视内部图块-素材.dwg"文件，如图8-2所示。

02 在绘图区域中选择图形，输入"B"并按Enter键，打开"块定义"对话框。

03 单击"基点"选项组下的"拾取点"按钮 ▤，

返回绘图区域，单击图形的左下角点，如图8-3所示，指定该点为插入基点。

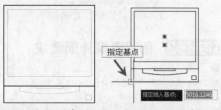

图8-2 打开素材　　　图8-3 指定基点

04 在对话框的"名称"文本框中输入块名称，如图8-4所示。单击"确定"按钮，结束操作。

图8-4 "块定义"对话框

05 在绘图区域中选择图形，发现图形已被组合为一个整体。显示于图块左下角的夹点，图8-5所示是图块的插入基点。

图8-5 创建块

8.1.2 外部图块

为了与其他文件共享图形，可以将图形创建为"外部图块"。

选择对象，在命令行中输入"W"并按空格键，启用"写块"命令，打开"写块"对话框，如图8-6所示。

单击"拾取点"按钮 ≣，在对象上单击指定插入基点。

设置"文件名和路径"，单击"确定"按钮，可将对象存储至指定的文件夹中。

图8-6 "写块"对话框

单击按钮

图8-9 "写块"对话框

8.1.3 属性块 重点

属性是所创建的包含在块定义中的对象。属性可以保存数据，如部件号、产品名称等。

启用"定义属性"命令，可以创建用于在块中存储数据的属性定义。

单击"块"面板中的"定义属性"按钮 ，如图8-10所示，激活命令。

图8-10 激活命令

技巧

在命令行中输入"ATT"并按空格键，也可以启用"定义属性"命令。

执行上述操作后，打开"属性定义"对话框，如图8-11所示。

在对话框中设置参数，单击"确定"按钮，在绘图区域中指定属性的放置点，即可为图块创建属性。

图8-11 "属性定义"对话框

练习8-2 创建电视外部图块

难度：☆☆

素材文件：素材\第8章\练习8-2 创建电视外部图块-素材.dwg

效果文件：素材\第8章\练习8-2 创建电视外部图块.dwg

在线视频：第8章\练习8-2 创建电视外部图块.mp4

01 打开"素材 \ 第 8 章 \ 练习 8-2 创建电视外部图块 - 素材 .dwg"文件，如图 8-7 所示。

02 选择对象，在命令行中输入"W"并按空格键，打开"写块"对话框。

03 单击"基点"选项组下的"拾取点"按钮 ≣，返回绘图区域，单击图形的左下角点，指定该点为插入基点。

04 在"写块"对话框中单击"文件名和路径"选项右侧的矩形按钮 ，打开"浏览图形文件"对话框。

05 在对话框中指定保存路径，设置"文件名"，如图 8-8 所示。单击"保存"按钮，返回"写块"对话框。

图8-7 打开素材　　图8-8 "浏览图形文件"对话框

06 在对话框中单击"确定"按钮，如图 8-9 所示，可以将对象保存至指定的路径中。

难度：☆☆

素材文件：素材\第8章\练习8-3创建标高属性块-
素材.dwg

效果文件：素材\第8章\练习8-3创建标高属性块.dwg

在线视频：第8章\练习8-3创建标高属性块.mp4

01 打开"素材\第8章\练习8-3创建标高属性块-素材.dwg"文件，如图8-12所示。

图8-12 打开素材

02 在命令行中输入"ATT"并按空格键，打开"属性定义"对话框。

03 在"属性"选项组与"文字设置"选项组中设置参数，如图8-13所示，单击"确定"按钮，结束操作。

图8-13 "属性定义"对话框

04 在标高图形之上单击指定属性的放置点，结果如图8-14所示。

图8-14 创建属性

05 选择标高图形与文字属性，在命令行中输入"B"并按空格键，打开"块定义"对话框。

06 在"名称"文本框中输入参数，指定块名称，如图8-15所示。单击"确定"按钮，关闭对话框。

07 接着弹出"编辑属性"对话框，在"指定标高值"文本框中输入参数，如图8-16所示。单击"确定"按钮，关闭对话框。

图8-15 "块定义"
对话框

图8-16 "编辑属性"对话框

08 执行上述操作后，图块中标高值的显示结果如图8-17所示。

图8-17 指定标高值

8.1.4 动态图块 **重点**

为普通图块添加动作，该图块可转换为动态图块。

通过激活动态图块上的动作夹点，可以编辑图块，如移动、缩放、旋转等。

在"块"面板上单击"块编辑器"按钮，如图8-18所示，激活命令。

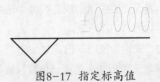

图8-18 激活命令

提示

在命令行中输入"BE"并按空格键，也可以启用"块编辑器"命令。

执行上述操作后，打开"编辑块定义"对话框。在其中选择要编辑的块，单击"确定"按钮，即可进入块编辑器。

在块编辑器中为图块添加动作，即可创建动态块。

难度：☆ ☆

素材文件：素材\ 第8 章\ 练习8-4 创建沙发动态图块–
素材.dwg

效果文件：素材\ 第8 章\ 练习8-4 创建沙发动态图块.dwg

在线视频：第8 章\ 练习8-4 创建沙发动态图块.mp4

1. 添加参数

01 打开"素材\ 第 8 章 \ 练习 8-4 创建沙发动
态图块 – 素材 .dwg"文件。

02 在命令行中输入"BE"并按空格键，打开"编
辑块定义"对话框。

03 在"要创建或编辑的块"列表中选择"组合
沙发"，如图 8-19 所示。

04 单击"确定"按钮，进入块编辑器。在左侧
的"块编写选项板"中选择"参数"选项卡，单
击"旋转"按钮 △，如图 8-20 所示。

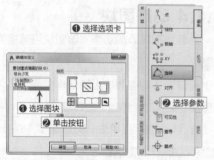

图8-19　"编辑块定义"　　图8-20　选择
　　　对话框　　　　　　　参数

05 单击组合沙发的左下角点，如图 8-21 所示，
指定该点为旋转基点。

06 向上移动鼠标，单击指定参数半径，如图
8-22 所示。

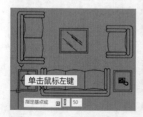

图8-21　指定旋转基点　　图8-22　指定参数半径

07 根据命令行的提示，指定默认的旋转角度，
如图 8-23 所示。

08 向右移动鼠标，指定标签位置，如图8-24所示。

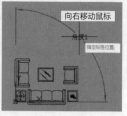

图8-23　指定角度　　　图8-24　指定标签位置

09 在合适的位置单击，创建标签，如图 8-25
所示。

图8-25　创建"旋转"参数

2. 添加动作

01 在"块编写选项板"中选择"动作"选项卡，
单击"旋转"按钮 ⟳，如图 8-26 所示。

02 选择"角度"参数，如图 8-27 所示。

图8-26　选择　　　　图8-27　选择"角度"
　　选项　　　　　　　　　参数

03 选择组合沙发，如图 8-28 所示。

04 在组合沙发的右下角显示"旋转"动作按钮，
如图 8-29 所示。表示已为图形添加了"旋转动作"。

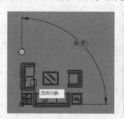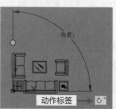

图8-28　选择组合沙发　　图8-29　添加动作

05 在"打开 / 保存"面板上单击"保存块"按钮，

如图 8-30 所示，存储块的动态。

图 8-30 单击按钮

06 单击"关闭"面板上的"关闭块编辑器"按钮，如图 8-31 所示，退出命令。

图 8-31 激活命令

3. 旋转动态快

01 在绘图区域中选择组合沙发，在沙发的左上角点，显示圆形的夹点。

02 将光标置于夹点之上，夹点显示为红色，如图 8-32 所示。

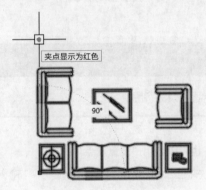

图 8-32 激活夹点

03 在夹点之上单击，激活夹点。移动鼠标，旋转图形，如图 8-33 所示。

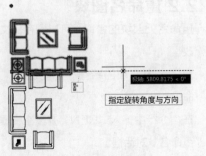

图 8-33 移动鼠标

04 在合适的位置松开鼠标左键，即可按照指定的角度旋转图形，如图 8-34 所示。

图 8-34 旋转图形

8.1.5 插入块

启用"插入块"命令，可以将块或者图形插入当前图形中。

在"块"面板上单击"插入"按钮，如图 8-35 所示，向下弹出列表。

在列表中显示当前视图中已创建的内部块，选择图块，指定插入点，即可将图块插入当前图形中。

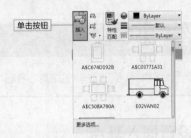

图 8-35 弹出列表

在列表中选择"更多选项"，打开"插入"对话框，如图 8-36 所示。

在对话框中选择图块，设置参数，单击"确定"按钮。单击指定插入点，将图块插入当前图形中。

图 8-36 "插入"对话框

练习8-5 插入螺钉图块

难度：☆☆

素材文件：素材\第8章\练习8-5 插入螺钉图块–素材.dwg

效果文件：素材\第8章\练习8-5 插入螺钉图块.dwg

在线视频：第8章\练习8-5 插入螺钉图块.mp4

01 打开"素材\第8章\练习8-5 插入螺钉图块–素材.dwg"文件，如图8-37 所示。

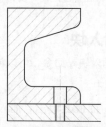

图8-37 打开素材

02 在命令行中输入"I"并按空格键，打开"插入"对话框。

03 在对话框中选择"螺钉"图块，如图8-38

所示，单击"确定"按钮，关闭对话框。

① 选择图块
② 单击按钮

图8-38 "插入"对话框

04 单击指定插入点，插入螺钉的效果如图8-39 所示。

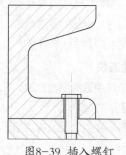

图8-39 插入螺钉

8.2 编辑块

本节介绍编辑图块的方法，包括重命名图块、删除图块及分解图块等。

8.2.1 设置插入基点

为图块设置插入基点，在插入图块时，就可以捕捉基点来指定图块的位置。

如果没有为图块设置插入基点，在指定图块位置时会很不方便。

通过启用"设置基点"命令，可以重新指定插入原点。

在"块"面板上单击"设置基点"按钮，如图8-40所示，激活命令。

单击按钮

图8-40 激活命令

或者在命令行中输入"BASE"并按空格

键，也可以启用"设置基点"命令。

执行上述操作，命令行提示"输入基点"。用户可以输入坐标值指定基点，也可以在绘图区域中单击直接指定基点。

8.2.2 重命名图块

重命名外部块的名称，可以到存储文件夹中修改。

重命名内部块的名称，需要启用"重命名"命令。

在命令行中输入"REN"并按空格键，打开"重命名"对话框。

在其中显示图块的旧名称，用户输入新名称，单击"确定"按钮，关闭对话框，完成重命名操作。

练习8-6 重命名图块

难度: ☆☆
素材文件: 素材\ 第8章\ 练习8-6 重命名图块- 素材.dwg
效果文件: 素材\ 第8章\ 练习8-6 重命名图块.dwg
在线视频: 第8章\ 练习8-6 重命名图块.mp4

01 打开"素材\第8章\练习8-6 重命名图块-素材.dwg"文件。

02 在命令行中输入"REN"并按空格键，打开"重命名"对话框。

03 在"命名对象"列表中选择"块"选项，在"项数"列表中显示所有的块。

04 单击选择"餐椅"选项，在"旧名称"文本框中显示块名称，如图8-41所示。

05 在"重命名为"文本框中输入新名称，如图8-42所示，单击"确定"按钮，关闭对话框，结束"重命名"操作。

图8-41 "重命名" 图8-42 设置新名称
对话框

8.2.3 分解图块

因为图块是一个整体，所以，在编辑图块时，首先要将图块分解为各个独立的部分。

在"修改"面板中单击"分解"按钮 ，如图8-43所示，激活命令。

图8-43 激活命令

执行上述操作，选择图块，按Enter键，即可分解图块。

> **提示**
>
> 在命令行中输入"X"并按空格键，也可以启用"分解"命令。

练习8-7 分解会议桌图块

难度: ☆☆
素材文件: 素材\ 第8章\ 练习8-7 分解会议桌图块- 素材.dwg
效果文件: 素材\ 第8章\ 练习8-7 分解会议桌图块.dwg
在线视频: 第8章\ 练习8-7 分解会议桌图块.mp4

01 打开"素材\第8章\练习8-7 分解会议桌图块-素材.dwg"文件，如图8-44所示。

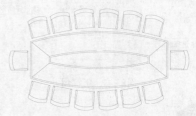

图8-44 打开素材

02 单击选中会议桌，在其左下角显示插入基点，如图8-45所示。

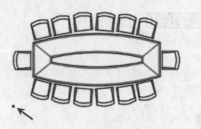

图8-45 显示插入基点

03 保持图形的选择状态不变，在命令行中输入"X"并按空格键，分解图块。

04 分解操作后，可以独立选择图形的某个部分，如图8-46所示。

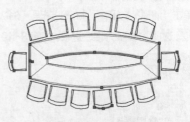

图8-46 分解图块

8.2.4 删除图块

删除内部图块，需要调用相应的命令。

单击软件界面左上角的"应用程序菜单"按钮，向下弹出列表。

选择"图形实用工具"选项，向右弹出子菜单。选择"清理"选项，如图8-47所示，打开"清理"对话框，在其中选择要清理的项目即可。

图8-47 分解图块

提示

在命令行中输入"PU"并按空格键，也可以启用"清理"命令。

练习8-8 删除图块

难度：☆☆

素材文件：素材\第8章\练习8-8 删除图块-素材.dwg

效果文件：素材\第8章\练习8-8 删除图块.dwg

在线视频：第8章\练习8-8 删除图块.mp4

01 打开"素材\第8章\练习8-8删除图块-素材.dwg"文件。

02 在命令行中输入"PU"并按空格键，执行"清理"命令，打开"清理"对话框。

03 单击展开"块"列表，在其中选择名称为"花架"的图块，如图8-48所示。

04 单击"清理"按钮，打开"清理-确认清理"对话框。选择"清理此项目"选项，如图8-49所示。

图8-48 "清理"
对话框

图8-49 "清理-确认
清理"对话框

05 执行上述操作后，"花架"图块被删除。

8.2.5 重新定义图块

重新定义图块，可以修改图块的属性，得到新的图块。

分解并编辑图块后，在命令行中输入"B"并按空格键，启用"块定义"命令。

在"块定义"对话框中选择源图块的名称，如图8-50所示。

图8-50 "块定义"对话框

单击"选择对象"按钮，选择编辑后的图形。单击"拾取点"按钮，指定插入基点，如图8-51所示。

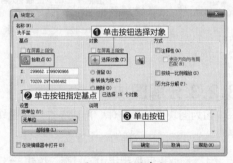

图8-51 设置参数

单击"确定"按钮，打开"块-重定义块"对话框，如图8-52所示。单击"重定义"按钮，完成重定义图块的操作。

图8-52 "块-重定义块"对话框

8.3 外部参照

外部参照与外部块有相同之处，即是可以作为图块插入图形中。

指定某个图形作为外部参照，可以将该参照图形链接到当前图形。修改参照图形后，结果会显示在当前图形中。

8.3.1 了解外部参照

为了给当前图形提供参考，用户可以将外部图形作为参照图形附着到当前图形中。

可以作为参照图形的文件类型包括其他图形、光栅图像及参考底图。

外部参照图形并不是当前图形的一部分，通过参考参照图形，用户能够以此为基准编辑图形。

在使用外部参照时，应该保证参照图形为最新版本。使得在加载参照图形时，显示其最新状态。

为避免与参照图形发生混淆，当前图形在设置图层、样式时，不要与参照图形相同。

图纸绘制完毕，可以将参照图形与当前图形合并在一起。

8.3.2 附着外部参照

启用"附着"命令，可以插入外部参照图形，如光栅图像、参考底图等。

选择"插入"选项卡，单击"参照"面板上的"附着"按钮，如图8-53所示，激活命令。

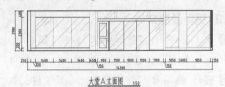

图8-53 激活命令

执行上述操作后，打开"选择参照文件"对话框。选择文件，单击"打开"按钮 ，弹出"附着外部参照"对话框。

在对话框中设置参数，单击"确定"按钮，即可附着外部参照。

提示

在命令行中输入"XA"并按空格键，也可以启用"附着"命令。

练习8-9 "附着"外部参照

难度：☆☆

素材文件：素材\第8章\练习8-9"附着"外部参照-素材.dwg

效果文件：素材\第8章\练习8-9"附着"外部参照.dwg

在线视频：第8章\练习8-9"附着"外部参照.mp4

1. 附着外部参照

01 打开"素材\第8章\练习8-9"附着"外部参照-素材.dwg"文件，如图8-54所示。

大堂A立面图 1:50

图8-54 打开素材

02 在命令行中输入"XA"并按空格键，启用"附着"命令，打开"选择参照文件"对话框。

03 在对话框中选择"练习8-9参照文件.dwg"文件，如图8-55所示，单击"打开"按钮 。

图8-55 "选择参照文件"对话框

04 稍后弹出"附着外部参照"对话框,如图8-56所示。在其中显示参照文件的参数,保持默认值即可。

图8-56 "附着外部参照"对话框

05 单击"确定"按钮,在绘图区域中指定插入点,即可附着外部参照,如图8-57所示。

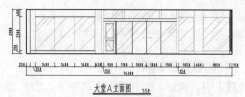

图8-57 附着外部参照

2. 更新参照文件

01 按 Ctrl+S 组合键,保存"素材\第8章\练习8-9'附着'外部参照-素材.dwg"文件。

02 打开"练习8-9参照文件.dwg"文件,为"大堂B立面图.dwg"添加引线标注,如图8-58所示。

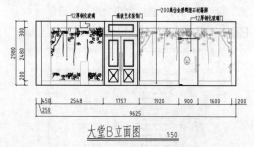

图8-58 添加引线标注

03 按 Ctrl+S 组合键,保存"练习8-9参照文件.dwg"文件。

04 重新打开"素材\第8章\练习8-9'附着'外部参照-素材.dwg"文件,发现其中的参照文件已更新,如图8-59所示。

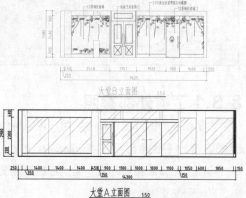

图8-59 更新参照文件

8.3.3 拆离外部参照 (难点)

如果需要删除当前文件中的外部参照文件,需要执行"拆离"操作。

单击"参照"面板右下角的"外部参照"按钮,如图8-60所示,打开"外部参照"选项板。

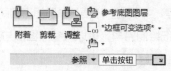

图8-60 单击按钮

在选项板中选择附着文件,单击鼠标右键,在弹出的快捷菜单中选择"拆离"命令,如图8-61所示,外部参照文件随即被拆离并删除。

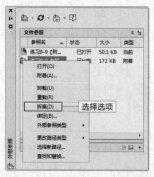

图8-61 "外部参照"选项板

8.3.4 管理外部参照 _{难点}

在命令行中输入"XR"并按空格键，启用"外部参照"命令，打开"外部参照"选项板。

在列表中显示当前打开的图形，以及附着的外部参照文件，如图8-62所示。

图8-62 "外部参照"选项板

单击选择当前图形或者外部参照文件，在"详细信息"列表中显示图形信息，如图8-63所示。向下移动右侧的矩形滑块，可以浏览未显示在选项板中的信息。

选择参照文件，单击鼠标右键，弹出快捷菜单，如图8-64所示。选择命令，可以编辑参照文件。

图8-63 显示详细信息　图8-64 弹出右键菜单

将光标置于当前图形或者参照文件之上，稍等几秒，在光标的右下角弹出"详细信息"文本框，如图8-65所示。

在文本框中显示"名称""状态"及"大小"等详细信息。

默认情况下，选项板中的文件信息以列表的方式显示。单击右上角的"树状图"按钮 ，以树状图样式显示信息，如图8-66所示。

图8-65 显示文件信息　图8-66 更改排列方式

8.3.5 剪裁外部参照 _{难点}

通过剪裁外部参照文件，可以删除多余的部分，保留所需部分。

在"参照"平面中单击"剪裁"按钮 ，如图8-67所示，激活命令。

执行上述操作后，根据命令行的提示，选择参照文件，指定裁剪边界，即可将边界以外的图形删除。

图8-67 激活命令

> **技巧**
>
> 在命令行中输入"CLIP"并按空格键，也可以启用"裁剪"命令。

练习8-10　剪裁外部参照

难度：☆☆

素材文件：素材\第8章\练习8-10 剪裁外部参照- 素材.dwg
效果文件：素材\第8章\练习8-10 剪裁外部参照.dwg
在线视频：第8章\练习8-10 剪裁外部参照.mp4

01 打开"素材\第8章\练习8-10 剪裁外部参照-素材.dwg"文件，如图8-68所示。

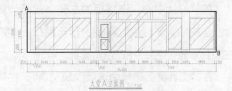

图8-68 打开素材

173

02 在命令行中输入"CLIP"并按空格键,启用"剪裁"命令,命令行提示如下。

```
命令: _clip              \\启用命令
选择要剪裁的对象: 找到 1 个
                         \\选择对象
输入剪裁选项
[开(ON)\关(OFF)\剪裁深度(C)\删除(D)\生成多
段线(P)\新建边界(N)] <新建边界>: N
              \\输入"N",选择"新建边界"选项
外部模式 - 边界外的对象将被隐藏。
指定剪裁边界或选择反向选项:
[选择多段线(S)\多边形(P)\矩形(R)\反向剪裁
```

```
(I)] <矩形>: R
         \\输入"R",选择"矩形"选项
指定第一个角点:           \\单击左上角A点
指定对角点:               \\单击右下角B点
```

03 执行上述操作后,裁剪边界以外的标注图形被删除,效果如图8-69所示。

图8-69 裁剪效果

8.4 AutoCAD设计中心

打开AutoCAD的"设计中心"窗口,在其中显示文件夹列表。选择文件夹,在右侧的预览区可以预览其中的内容。选择图块、样式等内容,可以执行复制、粘贴等操作,简化绘图步骤。

本节介绍利用AutoCAD辅助绘图的方法。

8.4.1 设计中心窗口 (难点)

选择"插入"选项卡,单击"内容"面板上的"设计中心"按钮[图],打开"设计中心"选项板。

或者切换至"视图"选项卡,单击"选项板"面板中的"设计中心"按钮[图],如图8-70所示,同样可以打开"设计中心"选项板。

图8-70 激活命令

> **提示**
> 在命令行中按 Ctrl+2 组合键,也可以打开"设计中心"窗体。

在"设计中心"选项板的左侧,显示计算机包含的所有文件夹。右侧为预览窗口,用户在其中浏览文件夹中包含的内容。

在"文件夹列表"中选择DWG文件,在列表中选择"块"选项,可以在右侧窗口预览图块信息,如图8-71所示。

图8-71 "设计中心"窗体

8.4.2 设计中心查找功能 (难点)

为了快速查找指定内容,可以启用"搜索"功能。

在"设计中心"窗口的左上角单击"搜索"按钮,如图8-72所示,弹出"搜索"对话框。

图8-72 激活命令

在"搜索"下拉列表中指定搜索内容的类型，在"于"下拉列表中指定搜索范围。

默认选择"图形"选项卡，如图8-73所示。设置"搜索文字"，在"位于字段"下拉列表中指定文字所处的位置。

图8-73 "搜索"对话框

切换至"修改日期"选项卡，在其中指定创建或修改文件的日期。在"高级"选项卡中进一步设置搜索内容的具体参数。

参数设置完毕，单击"立即搜索"按钮，开始执行搜索操作。

8.4.3 插入设计中心图形 _{难点}

通过"设计中心"窗口，可以插入图块、复制对象、复制样式、附着外部参照等。

1. 插入图块

在"设计中心"窗口中选择图块，单击鼠标右键，在弹出的快捷菜单中选择"插入块"命令，如图8-74所示。

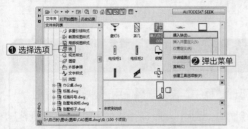

图8-74 选择"插入块"命令

打开"插入"对话框，单击"确定"按钮，在绘图区域中指定插入点，即可插入图块。

选择"块编辑器"选项，打开图块所在文

件，同时进入块编辑器。用户在其中为图块添加参数与动作，创建动态块。

2. 复制样式

在"文件夹列表"中选择"图层"选项，右侧的预览窗口显示文件所包含的所有图层。

选择图层，如图8-75所示，按住鼠标左键，拖曳至绘图区域中，释放鼠标后，即可将复制图层样式至当前图层中。

图8-75 选择图层

在当前图形中打开"图层特性管理器"选项板，在其中显示复制过来的图层，如图8-76所示。

除了图层样式之外，标注样式、文字样式等都可以通过"设计中心"窗口复制到当前图形中。

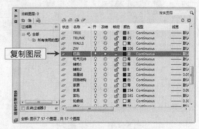

图8-76 复制图层

3. 附着外部文件

在左侧的"文件夹列表"中选择"外部参照"选项，在右侧的窗口中显示文件中的参照文件。

选择文件，单击鼠标右键，在弹出的快捷菜单中选择"附着外部参照"命令，如图8-77所示，打开"附着外部参照"对话框。

单击"确定"按钮，在绘图区域中指定插

入点，即可附着外部文件。

图8-77 选择"附着外部参照"命令

练习8-11 插入沙发图块

难度：☆☆

素材文件：素材\第8章\练习8-11 插入沙发图块-素材.dwg

效果文件：素材\第8章\练习8-11 插入沙发图块.dwg

在线视频：第8章\练习8-11 插入沙发图块.mp4

01 打开"素材\第8章\练习8-11 插入沙发图块-素材.dwg"文件。

02 按 Ctrl+2 组合键，打开"设计中心"窗口。

03 在左侧的列表中选择"练习8-11 插入沙发图块-素材.dwg"文件，单击展开列表。

04 选择"块"选项，在右侧的窗口中显示文件所包含的图块。

05 选择"三人座沙发"图块，单击鼠标右键，在弹出的快捷菜单中选择"插入块"命令，如图8-78 所示。

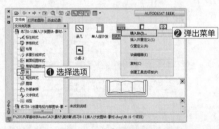

图8-78 选择图块

06 稍后弹出"插入"对话框，如图8-79 所示。保持参数设置不变，单击"确定"按钮。

图8-79 "插入"对话框

07 在绘图区域中单击指定插入点，插入三人座沙发，如图8-80 所示。

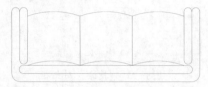

图8-80 插入图块

08 重复上述操作，继续插入"双人座沙发""单人座沙发"及"茶几"等图块，如图8-81 所示。

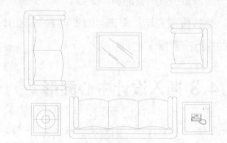

图8-81 组合沙发

> **提示**
>
> 在"设计中心"窗口中选择图块，按住鼠标左键不放，拖曳鼠标至绘图区域中。释放鼠标，即可插入图块。

8.5 知识拓展

本章介绍了图块与外部参照的知识。在绘制图纸的过程中，需要重复使用各种图形。此时，可以将这些图形创建为图块。在需要这些图形辅助绘图时，启用"插入"命令，可以将这些图形以图块的形式插入视图中。

如果需要参考相关的资料来绘图，可以启用"外部参照"命令。用户可以将图纸、图像载入到视图中，以此为参考，开展设计构思，并绘制相关的图形。

设计中心是一个窗口，用户在窗口中浏览图形，还可以复制和删除文字样式、尺寸样式及图层样式。

如果想要将图块插入当前视图中，可以不必启用"插入"命令。在设计中心窗口中选择图块，按住鼠标左键不放，拖动鼠标至绘图区域中，即可将图块插入当前视图。

8.6 拓展训练

难度：☆☆		难度：☆☆
素材文件：素材\ 第8章\习题1- 素材.dwg		素材文件：素材\ 第8章\习题1.dwg
效果文件：素材\ 第8章\习题1.dwg		效果文件：素材\ 第8章\习题2.dwg
在线视频：第8章\习题1.mp4		在线视频：第8章\习题2.mp4

在命令行中所输入"B"并按空格键，启用"创建块"命令，打开"块定义"对话框。选择对象，并指定插入点，设置图块名称，创建浴缸图块、坐便器图块、洗手盆图块，如图8-82所示。

按Ctrl+2组合键，打开"设计中心"窗口。在"文件夹列表"中展开"习题1.dwg"文件，选择"块"选项，在右侧的窗口中显示该文件所包含的图块。

选择图块，按住鼠标左键不放，拖动鼠标至绘图区域中，在视图中插入图块，如图8-83所示。

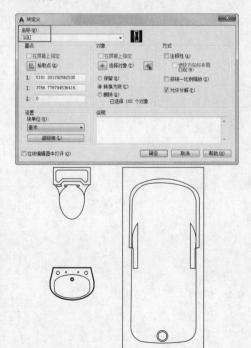

图8-82 创建洗手间用品图块

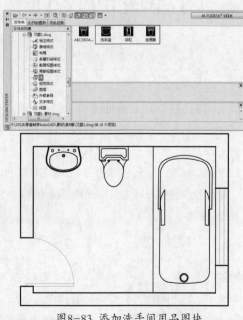

图8-83 添加洗手间用品图块

第 **3** 篇

精通篇

第 **9** 章

绘图环境的设置

设置AutoCAD绘图环境，包括设置图形单位与界限、设置系统环境等。在绘图之前，首先设置绘图环境，可以在指定的环境中开展绘图工作。用户所绘制的图形，也会受到绘图环境的影响。例如，设置绘图单位为"毫米"，则所绘制的图形均以"毫米"为单位来计算尺寸。本章介绍设置绘图环境的方法。

本章重点

学习如何设置图形单位与界限 ｜ 掌握设置系统环境的技巧

学习如何定义AutoCAD的配置文件 ｜ 了解AutoCAD与A360之间的互助关系

9.1 设置图形单位与界限

为方便计算图形的尺寸，在绘图之前，需要设置图形单位。设置绘图界限后，用户就在该界限内绘制图形。

9.1.1 设置图形单位

启用"单位"命令，控制坐标、角度及长度等的显示格式与精度。

单击软件工作界面左上角的"应用程序菜单"按钮，向下弹出列表。选择"图形实用工具"选项，向右弹出子菜单。选择"单位"命令，如图9-1所示，激活命令，打开"图形单位"对话框，如图9-2所示。

图9-1 激活命令

提示

在命令行中输入"UN"并按空格键，同样可以启用"单位"命令。

在"长度"选项组的"类型"下拉列表中显示"分数""工程"等类型。按照所绘制图纸的类别，在该项中指定"长度"类型。

在"精度"下拉列表中指定长度尺寸标注的精度。

在"用于缩放插入内容的单位"下拉列表中，设置当前的绘图单位。例如，在绘制建筑设计图纸时，就以"毫米"为单位。

参数设置完毕，单击"确定"按钮，退出命令。

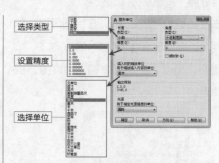

图9-2 "图形单位"对话框

9.1.2 设置角度的类型

在"图形单位"对话框中单击"角度"选项组下的"类型"按钮，在弹出的列表中显示"百分度""度/分/秒"等类型，默认选择"十进制度数"，如图9-3所示。

在"精度"列表中选择"0"选项，表示角度标注省略小数点后的数字，只显示整数。如果想要精确到小数点后几位，可以在列表中选择选项来设置。

角度标注按照逆时针的方向递增。勾选"顺时针"复选框，更改角度的度量方向。

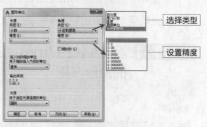

图9-3 设置角度标注的类型

9.1.3 设置角度的方向

在"图形单位"对话框中单击"方向"按钮，打开"方向控制"对话框，如图9-4所示。

在对话框中选择选项，控制角度标注的起点及测量方向。

默认选择"东"单选按钮，表示起点角度为0°，方向为正东。

选择"其他"单选按钮，激活"角度"选项及"拾取点"按钮。

单击"拾取点"按钮 ≡，在绘图区域中单击拾取两个点来确定基准角度0°的方向。

或者在"角度"文本框中输入角度值，指定起点角度。

图9-4 "方向控制"对话框

9.1.4 设置图形界限

绘图区域在工作界面占据了最大的面积，用户可以在其中的任意位置创建各种尺寸的图形。

图纸打印输出的规格有多种，常见的有A3、A4等。为了使得所绘制的图形适应打印图纸的规格，有必要设置图形界限。

在命令行中输入"LIMITS"并按空格键，启用"图形界限"命令。

根据命令行的提示，指定图形界限的左下角点与右上角点，即可设置图形界限。

练习9-1 设置A4(297mm×210mm)的图形界限

难度：☆☆	
素材文件：无	
效果文件：素材\第9章\练习9-1设置A4（297mm×210mm）的图形界限.dwg	
在线视频：第9章\练习9-1设置A4（297mm×210mm）的图形界限.mp4	

01 新建空白文件，在命令行中输入"LIMITS"并按空格键，启用"图形界限"命令。

02 命令行提示如下。

```
命令：LIMITS      \\启用命令
重新设置模型空间界限：
指定左下角点或 [开(ON)\关(OFF)] <0,0>：
0,0        \\输入坐标值
指定右上角点 <420,297>：297,210
           \\输入坐标值
```

03 执行上述操作后，为当前图形指定图形界限。

04 在命令行中输入"SE"并按空格键，打开"草图设置"对话框。

05 选择"捕捉和栅格"选项卡，取消勾选"栅格行为"选项组中的"显示超出界限的栅格"复选框，如图9-5所示。

图9-5 "草图设置"对话框

06 单击"确定"按钮，关闭对话框，在绘图区域中仅在图形界限内显示栅格，如图9-6所示。

默认情况下，栅格铺满整个绘图区域，如图9-7所示。

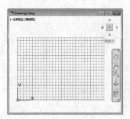 

图9-6 控制栅格显示 图9-7 栅格铺满绘图
行为　　　　　　区域

在设置图形界限时，当命令行提示"指定左下角点或 [开(ON)/关(OFF)]"时，输入"ON"，表示图形若超出界限，则超出部分不可见。输入"OFF"，选择"关"选项，即使图形超出界限，也同样显示在绘图区域中。

为了避免在绘图时图形超出界限，可以控制栅格的显示行为，禁止显示超出界限的栅格。

系统环境的构成因素包括文件存储路径、工作界面颜色、工具按钮提示等，用户可以自定义符合自己操作习惯的系统环境。

9.2.1 设置文件保存路径

AutoCAD可以自动保存文件及自动保存临时图形文件。

1. 自动保存文件

当软件发生故障而关闭时，用户可以到文件的存储路径中查找自动保存的文件。

将自动保存的".sv$"文件修改为".dwg"文件，在AutoCAD中打开文件即可自动恢复。

为了能够快速准确地查找文件，用户可以自定义文件的保存路径，设置操作在"选项"对话框中执行。

单击软件界面左上角的"应用程序菜单"按钮，在弹出的列表中单击"选项"按钮，打开"选项"对话框。

或者在不执行任何命令的情况下，在绘图区域的空白处单击鼠标右键，在弹出的快捷菜单中选择"选项"命令，如图9-8所示，也可打开"选项"对话框。

图9-8 激活命令

在"选项"对话框中选择"文件"选项卡，在列表中选择"自动保存文件位置"选项，即可显示文件保存路径，如图9-9所示。

图9-9 "选项"对话框

单击右上角的"浏览"按钮，打开"浏览文件夹"对话框，如图9-10所示。在其中重新定义文件的存储路径，单击"确定"按钮即可。

图9-10 "浏览文件夹"对话框

2. 保存临时图形文件

在绘图的过程中，AutoCAD会自动保存最近的文件信息。当用户正常退出软件时，临时文件也会被删除。

如果软件在非正常的情况下关闭，则临时图形文件会被保留。

打开临时图形文件，通过修复操作，可以在某种程度上挽回因出现故障而造成的损失。

在"选项"对话框中选择"文件"选项卡，在列表中选择"临时图形文件位置"选项，在下方显示文件的存储路径，如图9-11所示。

如果要更改存储路径，单击右上角的"浏览"按钮，在"浏览文件夹"对话框中重新定义保存路径即可。

图9-11 显示保存路径

练习9-2 在标题栏中显示出图形的保存路径

难度：☆☆

素材文件：无

效果文件：素材\第9章\练习9-2 在标题栏中显示出图形的保存路径.dwg

在线视频：第9章\练习9-2 在标题栏中显示出图形的保存路径.mp4

01 默认情况下，在标题栏中仅显示软件的版本与名称信息，如图9-12所示。

图9-12 显示版本与名称信息

02 在命令行中输入"OP"并按空格键，打开"选项"对话框。

03 选择"打开和保存"选项卡，在"文件打开"选项组中勾选"在标题中显示完整路径"复选框，如图9-13所示。

图9-13 "选项"对话框

04 单击"确定"按钮，关闭对话框，在标题栏中显示当前文件的保存路径，如图9-14所示。

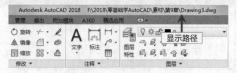

图9-14 显示保存路径

9.2.2 设置AutoCAD界面颜色

AutoCAD的界面颜色方案有两种，一种是"明"，另一种是"暗"。

默认选择"明"配色方案，显示效果如图9-15所示。

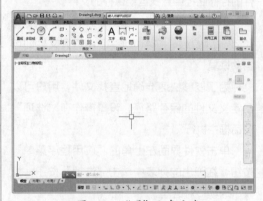

图9-15 "明"配色方案

在"选项"对话框中选择"显示"选项卡，在"配色方案"下拉列表中选择"暗"选项，如图9-16所示。

图9-16 选择配色方案

单击"确定"按钮，关闭对话框，更改配色方案的效果如图9-17所示。

图9-17 "暗"配色方案

9.2.3 设置绘图区背景颜色

默认情况下，AutoCAD绘图区域的颜色为黑色，如图9-18所示。在"选项"对话框中，用户可以自定义绘图区域的颜色。

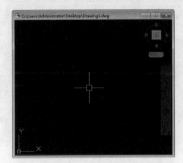

图9-18 黑色的背景

在绘图区域中单击鼠标右键，在弹出的快捷菜单中选择"选项"命令，打开"选项"对话框。

选择"显示"选项卡，单击"窗口元素"选项组下的"颜色"按钮，如图9-19所示，打开"图形窗口颜色"对话框。

图9-19 "选项"对话框

在"颜色"下拉列表中选择颜色，如选择"白"，如图9-20所示。

选择"选择颜色"选项，打开"选择颜色"对话框，在其中可以选择其他颜色。

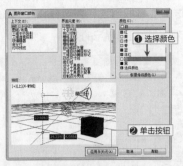

图9-20 选择颜色

提示

单击"恢复传统颜色"按钮，可以撤销更改界面颜色的操作效果，使界面恢复显示传统颜色。

操作完毕后，修改界面颜色为白色的效果如图9-21所示。

图9-21 修改颜色

9.2.4 设置工具按钮提示

将鼠标置于命令按钮上，稍等几秒，在按钮的右下角弹出工具提示，如图9-22所示。

通过查看提示信息，用户可以了解命令名称、扩展讲解、快捷键等信息。

图9-22 显示工具提示

在"选项"对话框中选择"显示"选项卡，在"显示工具提示"选项组中显示复选框。选择或者取消选择复选框，如图9-23所示，可以设置工具提示的效果。

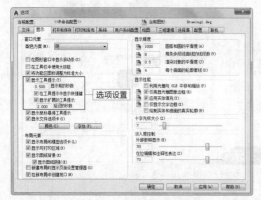

图9-23 "选项"对话框

9.2.5 设置布局显示效果

在绘图区域的左下角显示"模型"选项卡与"布局"选项卡。

选择选项卡，可以在"模型空间"与"布局空间"之间切换。

设置布局显示效果包括设置可打印区域、隐藏图纸背景及创建/删除视口。

1. 切换布局空间

选择"布局"选项卡，如图9-24所示，切换至布局空间。

图9-24 选择选项卡

在"选项"对话框中选择"显示"选项卡。在"布局元素"选项组下勾选"显示布局和模型选项卡"复选框，如图9-25所示。

关闭对话框后，"布局和模型选项卡"显示在绘图区域的左下角。反之，则隐藏选项卡。

图9-25 "选项"对话框

2. 自定义可打印区域

切换至布局空间，显示效果如图9-26所示。默认情况下，布局空间绘图区域的颜色为黑色。

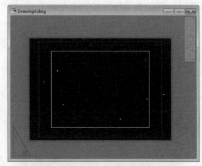

图9-26 布局空间

用户可以保持绘图区域颜色不变，也可以修改绘图区域的颜色为白色。

在布局空间中显示图纸背景、纸张边界、打印边界及视口边界，如图9-27所示。

纸张边界由打印类型与打印方向决定。位于打印边界内的图形才可以被打印输出。激活视口边界，可以在视口中修改图形。

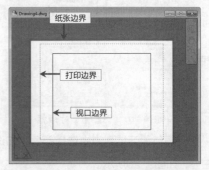

图9-27 更改绘图区域颜色

相关链接

关于设置绘图区域背景颜色的方法,可以参考9.2.3节的讲解。

打开"选项"对话框,选择"显示"选项卡。在"布局元素"选项组下取消勾选"显示可打印区域"复选框,在布局空间中隐藏打印边界,如图9-28所示。

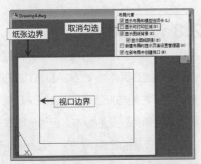

图9-28 隐藏打印边界

3. 显示 / 隐藏图纸背景

即使将绘图区域的颜色设置为白色,纸张边界以外的颜色仍然显示为灰色,灰色区域为图纸背景。

在"选项"对话框中取消勾选"布局元素"选项组下的"显示图纸背景"复选框,可以隐藏图纸背景,效果如图9-29所示。

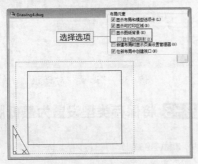

图9-29 隐藏图纸背景

4. 取消自动创建视口

由模型空间切换至布局空间,系统会自动创建一个视口。

选择视口,在命令行中输入"E"并按空格键,启用"删除"命令,删除视口。

在"选项"对话框中取消勾选"布局元素"选项组下的"在新布局中创建视口"复选框,在切换至布局空间后,系统不会自动创建视口,如图9-30所示。

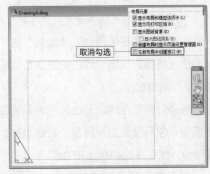

图9-30 删除视口

9.2.6 设置图形显示精度

在"选项"对话框中选择"显示"选项卡,修改"显示精度"选项组中的参数,如图9-31所示,可以设置图形的平滑度及轮廓素线的数量。

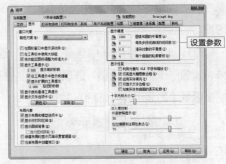

图9-31 "选项"对话框

圆形与圆弧的平滑度会影响显示效果。将"圆弧和圆的平滑度"设置为10,圆弧显示锯齿状。

默认的"圆弧和圆的平滑度"参数值为1000,此时圆弧的平滑度精度较高,如图9-32所示。

值得注意的是,平滑度值不宜设置得过高,否则会影响软件的运行速度。用户应该根据计算机的性能来设置平滑度的大小。

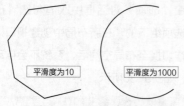

図9-32 不同平滑度对比

修改"每条多段线曲线的线段数"选项值指定多段线转换为样条曲线时的线段数目。数值越高，平滑度越高。

"渲染对象的平滑度"选项用来设置曲面实体模型着色及渲染的平滑度。数值越高，对象越平滑，也需要更多的渲染时间。

"每个曲面的轮廓素线"选项控制实体模型上每个曲面部分轮廓素线的数量。数值越大，素线越多，对象也就越平滑，需要的渲染时间更多。

9.2.7 设置十字光标大小

为了能够借助十字光标来提供方向上的参考，可以修改其大小，使其符合用户的使用习惯。

在"选项"对话框中选择"显示"选项卡，设置"十字光标大小"选项值为7，光标在绘图区域中的显示效果如图9-33所示。

图9-33 较小的十字光标

修改"十字光标大小"选项值为60，光标上的水平线段与垂直线段被延长，如图9-34所示。

图9-34 较大的十字光标

9.2.8 设置默认保存类型

利用AutoCAD 2018创建图形，在保存图形时，会默认将图形保存为AutoCAD 2018图形。

有时为了方便与低版本的AutoCAD交流，可以将图形存储为较低的版本。因为低版本的图形可以在版本较高的软件中打开，反之则不行。

在"选项"对话框中选择"打开和保存"选项卡，单击"另存为"选项，向下弹出列表。

在列表中显示多个不同版本的AutoCAD，如图9-35所示。选择其中一种，在保存新建图形时，都会将图形保存为该版本。

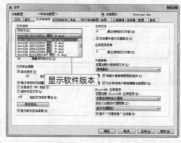

图9-35 "选项"对话框

练习9-3 将保存类型设置为最低版本

难度：☆☆
素材文件：素材\第9章\练习9-3将保存类型设置为最低版本-素材.dwg
效果文件：素材\第9章\练习9-3将保存类型设置为最低版本.dwg
在线视频：第9章\练习9-3将保存类型设置为最低版本.mp4

01 打开"素材\第9章\练习9-3将保存类型设置为最低版本-素材.dwg"文件。

02 单击左上角的"应用程序菜单"按钮，在弹出的下拉列表中选择"另存为"选项。

03 向右弹出子菜单，选择"图形"选项，如图 9-36 所示。

图9-36 选择选项

04 打开"图形另存为"对话框，在"文件类型"下拉列表中选择"AutoCAD 2000/LT2000 图形（*.dwg）"选项，如图 9-37 所示。

05 单击"保存"按钮，可以将图形文件保存为"AutoCAD 2000/LT2000 图形（*.dwg）"类型。

图9-37 "图形另存为"对话框

9.2.9 设置.dwg文件的缩略图效果

打开存储.dwg文件的文件夹，可以通过查看文件名称，选择需要的文件，如图9-38所示。

图9-38 显示文件名称

此外，根据文件的缩略图效果，也可以分辨并选择文件。

打开"选项"对话框，选择"打开和保存"选项卡，单击"缩略图预览设置"按钮，如图9-39所示，打开"缩略图预览设置"对话框。

图9-39 "选项"对话框

在对话框中的"图形"选项组中勾选"保存缩略图预览图像"复选框，在其中设置缩略图图像的形式，如图9-40所示。

执行上述操作后，AutoCAD图形文件在文件夹中以缩略图的形式存储，如图9-41所示。

图9-40 "缩略图　　图9-41 显示文件缩略图
预览设置"对话框

9.2.10 设置自动保存措施

在绘制图纸的过程中，应该随时保存文件，防止因为发生意外而丢失图纸。

除了手动保存文件之外，设置自动保存文件措施，可以使得软件在间隔一定的时间后，自动保存文件。

打开"选项"对话框，在"文件安全措施"选项组中勾选"自动保存"复选框。

修改"保存间隔分钟数"选项值，如图

9-42所示。如果设置分钟数为"15"，表示每隔15分钟，系统会自动保存文件。

单击"确定"按钮，关闭对话框，结束设置操作。

图9-42 设置文件自动保存措施

9.2.11 设置默认打印设备

设置默认的打印设备，每次打印输出图纸时，都会选用该设备。

打开"选项"对话框，选择"打印和发布"选项卡，在"用作默认输出设备"下拉列表中选择打印设备，如图9-43所示。

用户也可以单击"添加或者配置绘图仪"按钮，添加适用的打印设备。

图9-43 选择打印设备

练习9-4 设置打印戳记 （难点）

难度：☆☆

素材文件：素材\第9章\练习9-4 设置打印戳记- 素材.dwg

效果文件：素材\第9章\练习9-4 设置打印戳记.dwg

在线视频：第9章\练习9-4 设置打印戳记.mp4

01 打开"素材\第9章\练习9-4 设置打印戳记 – 素材 .dwg"文件，如图9-44所示。

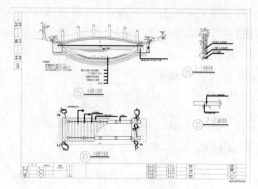

图9-44 打开素材

02 在命令行中输入"OP"并按空格键，打开"选项"对话框。

03 选择"打印和发布"选项卡，单击右下角的"打印戳记设置"按钮，如图 9-45 所示，打开"打印戳记"对话框。

图9-45 "选项"对话框

04 在对话框中单击"添加/编辑"按钮，如图 9-46 所示，打开"用户定义的字段"对话框。

图9-46 "打印戳记"对话框

05 单击右上角的"添加"按钮，输入字段，如图 9-47 所示。单击"确定"按钮，返回"打印戳记"对话框。

06 在"用户定义的字段"下拉列表中选择在上一步骤中定义的字段，如图9-48所示。

图9-47 "用户定义的字段"对话框

图9-48 选择字段

07 单击"高级"按钮，打开"高级选项"对话框。

08 在其中设置"位置和偏移"参数值，指定文字样式与高度，如图 9-49 所示。单击"确定"按钮，关闭对话框。

图9-49 "高级选项"对话框

09 在"打印戳记"对话框中单击"确定"按钮，结束操作。

10 按 Ctrl+P 组合键，打开"打印 - 模型"对话框。

11 在"打印选项"选项组中勾选"打开打印戳记"复选框，如图 9-50 所示。

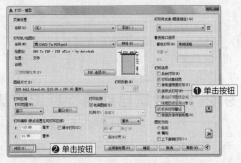

图9-50 "打印-模型"对话框

12 单击左下角的"预览"按钮，进入打印预览模式，在图框的右下角显示已添加的打印戳记，如图 9-51 所示。

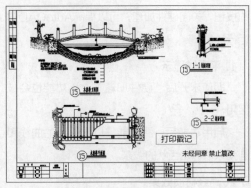

图9-51 显示打印戳记

9.2.12 硬件加速与图形性能

打开"选项"对话框，选择"系统"选项卡，在其中显示各项用来设置图形性能的参数，如图9-52所示。

图9-52 "选项"对话框

单击"硬件加速"选项组中的"图形性能"按钮，打开"图形性能"对话框，如图9-53所示。

图9-53 "图形性能"对话框

在"硬件设置"选项组中显示当前计算机的硬件配置，如视频卡、驱动程序版本等。如果计算机的配置较低，单击"硬件加速"右侧的按钮，关闭硬件加速，可以提高AutoCAD的运行速度。

1. 平滑线显示

即使未开启"硬件加速"，该功能也会被启用。

启用功能后，图形能够以更平滑的曲线和圆弧来取代锯齿状的线条。

2. 高级材质效果

启用"硬件加速"后，该功能才可以使用，用来控制高级材质效果的显示效果，可以增强三维曲面和一些高级材质的细节与质感。

3. 全阴影显示

启用该功能，可以在视口中显示三维模型的阴影。

4. 单像素光照（冯氏）

启用功能，能够为各像素启用颜色计算，使得三维模型及光照效果更为平滑，增强细节感。

5. 未压缩的纹理

启用功能，利用更多的视频内存量，以使包含图像的材质，或者附着图像的图形显示更加真实的纹理。

6. 高质量几何图形（用于功能设备）

启用功能，可以创建高质量曲线及线宽。

9.2.13 设置鼠标右键功能模式

在绘图区域中选择图形，单击鼠标右键，弹出快捷菜单，如图9-54所示，选择命令后可以编辑图形。

在未选择任何图形的情况下，在绘图区域的空白位置单击鼠标右键，弹出快捷菜单，如图9-55所示。

图9-54所示的菜单与图9-55所示的菜单不同。用户可以在"选项"对话框中设置右键菜单的样式，以便符合自己的绘图习惯。

图9-54 右键菜单1　　　图9-55 右键菜单2

在"选项"对话框中选择"用户系统配置"选项卡，单击"Windows标准操作"选项组中的"自定义右键单击"按钮，如图9-56所示，打开"自定义右键单击"对话框。

图9-56 "选项"对话框

在对话框中可以设置"默认模式""编辑模式"及"命令模式"中的右键菜单样式，如图9-57所示。

图9-57 "自定义右键单击"对话框

9.2.14 设置自动捕捉标记效果

在"选项"对话框中选择"绘图"选项卡，在其中设置自动捕捉样式参数，如图9-58所示。

图9-58 "选项"对话框

1. 显示 / 隐藏自动捕捉标记

在"自动捕捉设置"选项组中勾选"标记"复选框，在捕捉图形特征点时，显示捕捉标记。取消勾选该复选框，则隐藏标记，如图9-59所示。

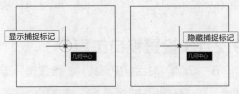

图9-59 显示/隐藏捕捉标记

2. 显示 / 隐藏磁吸

勾选"磁吸"复选框，在执行命令的过程中，光标会自动移动并锁定到与之最近的图形特征点，如图9-60所示。

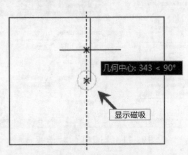

图9-60 显示磁吸

3. 显示 / 隐藏自动捕捉工具提示

勾选"显示自动捕捉工具提示"复选框，在拾取图形特征点时，在光标的右下角显示该点的描述标签。

隐藏工具提示，描述标签被关闭，如图9-61所示。

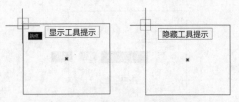

图9-61 显示/隐藏工具提示

4. 设置捕捉标记颜色

单击"自动捕捉设置"选项组中的"颜色"按钮，打开"图形窗口颜色"对话框，如图9-62所示。

在"上下文"列表框中选择绘图环境，在"界面元素"列表框中选择标记类型，在"颜色"下拉列表中选择颜色，可以修改捕捉标记的颜色。

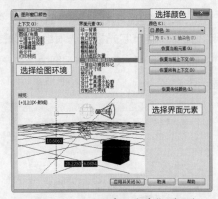

图9-62 "图形窗口颜色"对话框

5. 设置自动捕捉标记大小

在"自动捕捉标记大小"选项中向右拖动矩形滑块，如图9-63所示，增大捕捉标记。

向左移动矩形滑块，缩小捕捉标记。

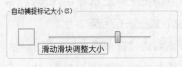

图9-63 设置标记大小

6. 靶框

在"自动捕捉设置"选项组中勾选"显示自动捕捉靶框"复选框，在捕捉特征点时，显示虚线靶框，如图9-64所示。

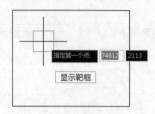

图9-64 显示靶框

在"靶框大小"选项组下,向左/向右滑动矩形滑块,如图9-65所示,可以增大或缩小靶框。

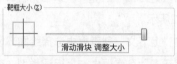

图9-65 设置靶框大小

9.2.15 设置三维十字光标效果

在"选项"对话框中选择"三维建模"选项卡,在"三维十字光标"选项组中设置参数,如图9-66所示,定义三维视图中十字光标的显示效果。

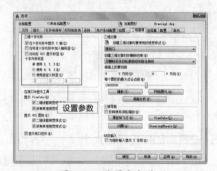

图9-66 设置靶框大小

1. 在十字光标中显示z轴

默认情况下,三维十字光标显示x轴、y轴、z轴,如图9-67所示。

取消勾选"在十字光标中显示z轴"复选框,光标中的z轴被隐藏,如图9-68所示。

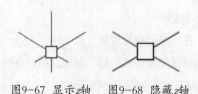

图9-67 显示z轴　　图9-68 隐藏z轴

2. 在标准十字光标中加入轴标签

勾选"在标准十字光标中加入轴标签"复选框,在轴线的一侧,显示轴标签,如图9-69所示。

3. 对动态UCS显示标签

勾选"对动态UCS显示标签"复选框,在执行动态UCS时,在坐标轴的一侧显示标签,如图9-70所示。

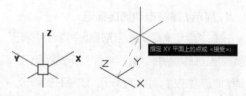

图9-69 显示轴标签　　　　图9-70 显示标签

9.2.16 设置视口工具

在"选项"对话框中选择"三维建模"选项卡,在"在视口中显示工具"选项组中设置参数,如图9-71所示,设置视口工具的显示效果。

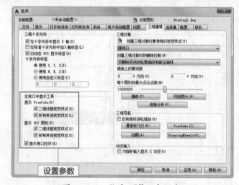

图9-71 "选项"对话框

1. 显示 ViewCube

在"显示ViewCube"选项组中勾选"二维线框视觉样式"复选框,视觉样式为"二维线框"时,可以在绘图区域的右上角显示ViewCube,如图9-72所示。

勾选"所有其他视觉样式"复选框,则在任何视觉样式中都可以显示ViewCube。

图9-72 显示ViewCube

2. 显示 UCS 图标

勾选"二维线框视觉样式"复选框，在视觉样式为"二维线框"时，在绘图区域的左下角显示UCS图标，如图9-73所示。

勾选"所有其他视觉样式"复选框，在任何视觉样式中都可以显示UCS图标。

3. 显示视口控件

选择"显示视口控件"选项，在绘图区域的左上角，显示视口控件、视图控件及视觉样式控件，如图9-74所示。

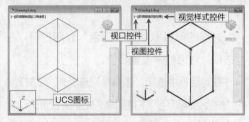

图9-73 显示UCS图标　　图9-74 显示控件

9.2.17 设置曲面显示精度

在"选项"对话框中选择"三维建模"选项卡，修改"曲面上的素线数"选项值，如图9-75所示，指定曲面模型上的素线数量。

图9-75 "选项"对话框

素线的数量越多，运算的时间越长，模型也更精细，更富有质感。

9.2.18 设置动态输入的z轴

启用"动态输入"功能，在绘制图形的过程中，会在光标的右下角显示x轴与y轴的坐标输入框，如图9-76所示。

用户输入两个坐标值，确定图形的位置。

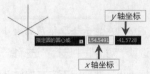

图9-76 显示坐标输入框

打开"选项"对话框，选择"三维建模"选项卡，勾选右下角的"为指针输入显示Z字段"复选框，如图9-77所示。

图9-77 "选项"对话框

单击"确定"按钮，关闭对话框。再次执行命令时，在光标的右下角，显示x轴、y轴、z轴坐标输入框，如图9-78所示。

此时，用户需要指定3个坐标值来确定图形的位置。

图9-78 显示z轴坐标输入框

9.2.19 设置十字光标拾取框

十字光标的拾取框大小与十字光标水平轴线、垂直轴线的长度没有关联。

图9-79所示为十字光标拾取框的默认大小，用户可以在"选项"对话框中自定义拾取框的大小。

图9-79 显示拾取框原始大小

在"选项"对话框中选择"选择集"选项卡，在"拾取框大小"选项组下向左/向右滑动矩形滑块，如图9-80所示，可以调整拾取框的大小。

图9-80 "选项"对话框

单击"确定"按钮，关闭对话框。在绘图区域中显示增大十字光标拾取框的效果，如图9-81所示。

图9-81 增大拾取框的效果

9.2.20 设置图形的选择效果

在"图形性能"对话框中单击"硬件加速"选项后的"开"按钮，关闭"硬件加速"，如图9-82所示。

图9-82 关闭"硬件加速"功能

在绘图区域中选择图形，图形的轮廓线显示虚线，如图9-83所示。这是关闭"硬件加速"的结果。

重新启用"硬件加速"功能，选择图形后，轮廓线显示为实线，并且自带光晕，如图9-84所示。

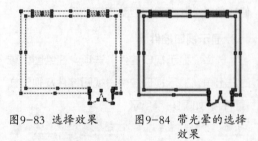

图9-83 选择效果　　图9-84 带光晕的选择效果

光晕的颜色默认为"蓝色"，用户可以在"选项"对话框中设置颜色。

在对话框中选择"选择集"选项卡，在左下角的"选择效果颜色"下拉列表，如图9-85所示。

在列表中选择颜色，单击"确定"按钮，关闭对话框，即可更改选择效果。

图9-85 "选项"对话框

9.2.21 设置夹点的大小和颜色

选中图形后，在图形上显示若干夹点。夹点的大小与颜色，在"选项"对话框中设置。

在对话框中选择"选择集"选项卡，在"夹点尺寸"选项组中激活矩形滑块，向左/向右移动滑块，调整夹点的大小，如图9-86所示。

图9-86 "选项"对话框

单击"确定"按钮，关闭对话框，在绘图区域中查看增大夹点尺寸的效果，如图9-87所示。

增大夹点尺寸，可以方便用户选择并激活夹点，为编辑图形提供便利。

在"夹点尺寸"选项组中单击"夹点颜色"按钮，打开"夹点颜色"对话框，如图9-88所示。

在"未选中夹点颜色"下拉列表中选择颜色，修改对应类型夹点的颜色。

重复上述操作，可以自定义"悬停夹点颜色""选中夹点颜色"及"夹点轮廓颜色"。

图9-87 显示夹点　图9-88 "夹点颜色"对话框

将光标置于夹点之上，夹点显示为粉红色，如图9-89所示。这是设置"悬停夹点颜色"的效果。

单击激活夹点，夹点显示大红色，如图9-90所示。这是设置"选中夹点颜色"的效果。

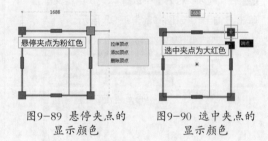

图9-89 悬停夹点的　　图9-90 选中夹点的
　　显示颜色　　　　　　显示颜色

9.3 AutoCAD的配置文件

每个用户在利用AutoCAD绘制图形时，都有不为人知的绘图习惯。为了符合自己的绘图习惯，用户会设置AutoCAD的各项参数，如界面风格、尺寸/文字样式、线型、线宽等。

将这些设置存储为配置文件，在每次绘图时，输入配置文件，就可以在熟悉的环境中绘图。

练习9-5 自定义配置的输出与输入 难点

难度：☆☆
素材文件：素材\第9章\练习9-5自定义配置的输出与输入-素材.dwg
效果文件：素材\第9章\练习9-5自定义配置.arg
在线视频：第9章\练习9-5自定义配置的输出与输入.mp4

1. 添加配置

01 在 AutoCAD 中设置参数，如设置界面的显

示方案、定义工具栏的显示位置、设置线型与线宽等。

02 在命令行中输入"OP"并按空格键，打开"选项"对话框。

03 选择"配置"选项卡，单击右上角的"添加到列表"按钮，如图 9-91 所示。

04 打开"添加配置"对话框，设置"配置名称"，如图 9-92 所示。单击"确定"按钮，关闭对话框。

图9-91 "选项"对话框

图9-92 "添加配置"对话框

2. 输出配置

01 在"选项"对话框中选择"9-5 自定义配置"，单击"输出"按钮，如图 9-93 所示。

图9-93 添加配置

02 打开"输出配置"对话框，选择存储路径，指定"文件名"，如图 9-94 所示，单击"保存"按钮。

03 执行上述操作后，可将配置文件保存到计算机中。

图9-94 "输出配置"对话框

3. 输入配置

01 新建一个空白文件。在命令行中输入"OP"

并按空格键，打开"选项"对话框。

02 在对话框中选择"配置"选项卡，单击"输出"按钮，打开"输入配置"对话框。

03 在对话框中选择配置文件，如图 9-95 所示，单击"打开"按钮 🗁 。

图9-95 "输入配置"对话框

04 弹出"输入配置"对话框，在"配置名称"文本框中显示文件名称，如图 9-96 所示。

05 不修改任何参数，单击"应用并关闭"按钮，返回"选项"对话框。

图9-96 "输入配置"对话框

06 在对话框中选择输入的配置，单击"置为当前"按钮，如图 9-97 所示。

07 单击"确定"按钮，关闭对话框，即可在新文件中应用输入的配置文件。

图9-97 选择配置

本节介绍设置绘图环境的方法。新建一个空白文件，文件的各项参数均为系统默认设置。但是不同的用户必定会有不同的绘图习惯，为了符合不同用户的使用需求，有必要学会设置绘图环境的方法。

绘图环境的要素包括图形单位、图形界限、文件存储路径及界面颜色等。在操作的过程中，十字光标的大小、夹点的显示模式等，也属于绘图环境的范畴。

将绘图环境系列参数存储为配置文件，在新建文件时，载入配置文件，用户就可以在熟悉的环境中绘图或者编辑图形。

9.5 拓展训练

难度：☆☆	难度：☆☆
素材文件：无	素材文件：素材\第9章\习题1.dwg
效果文件：素材\第9章\习题1.dwg	效果文件：素材\第9章\习题2.dwg
在线视频：第9章\习题1.mp4	在线视频：第9章\习题2.mp4

在命令行中输入"OP"并按空格键，启用"选项"命令。在"选项"对话框中选择"显示"选项，设置"配色方案"与"十字光标 大小"。

选择"选择集"选项卡，设置"拾取框大小""选择集模式"及"夹点尺寸"等参数，如图9-98所示。

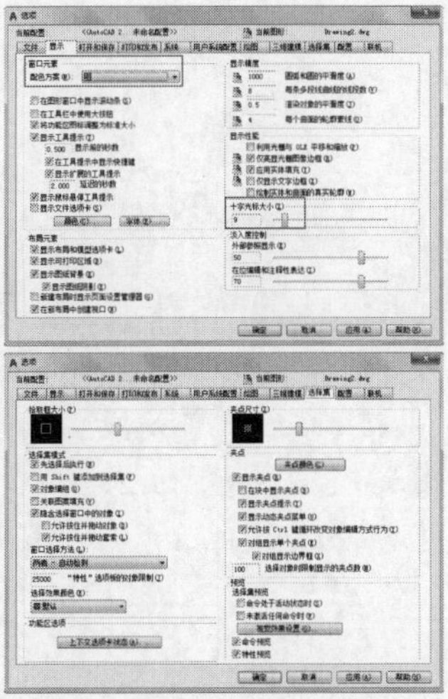

在"选项"对话框中选择"配置"选项卡，单击"添加到列表"按钮，打开"添加配置"对话框。在其中设置"配置名称"，单击"应用并关闭"按钮，添加新的配置文件。

在"可用配置"列表中选择"自定义配置"，单击"输出"按钮，打开"输出配置"对话框，设置存储名称与路径，单击"保存"按钮，保存配置文件，如图9-99所示。

图9-98 设置图形选择参数

图9-99 输出并保存图形配置

第 **10** 章

图形的输出与打印

打印输出图纸是利用AutoCAD绘制施工图样的最后一个环节。学习打印输出的方法，需要了解模型空间与布局空间的含义、图形输出的方法、设置打印样式与比例的方式等。本章介绍图形的输出与打印的方法。

本章重点

了解模型空间与布局空间的含义 ｜ 掌握输出图形的技巧
学习如何打印图形 ｜ 了解批量打印或输出图形的方法

模型空间与布局空间

AutoCAD中有两个不同功能的工作空间，一个是模型空间，另一个是布局空间。

通常在模型空间中创建与编辑图形，在布局空间中打印输出图形。

10.1.1 模型空间

新建一个图形文件，默认进入模型空间，如图10-1所示。

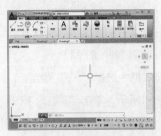

图10-1 模型空间

在模型空间中，用户可以创建或编辑各种类型的图形。

将鼠标移动至绘图区域，显示为十字光标。利用十字光标，可以选取图形。

将鼠标移动至绘图区域以外的位置，显示为箭头样式。单击命令按钮，可以激活命令。

模型空间界面的构成元素可以自定义，也可以使用默认的样式。例如，调出工具栏，使其显示在绘图区域的周围，如图10-2所示，方便用户随时调用。

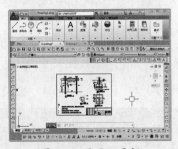

图10-2 显示工具栏

10.1.2 布局空间

在模型空间中选择左下角的"布局"选项卡，如图10-3所示，切换至布局空间。

图10-3 选择选项卡

进入布局空间后，在空间中显示图纸背景、纸张边界、打印边界、视口边界，如图10-4所示。

在布局空间中，可以创建视口、编辑需要打印的图形，以及设置打印参数，预览打印效果等。

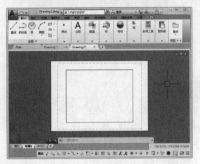

图10-4 布局空间

10.1.3 布局的创建与管理 重点

在布局空间中，用户可以调整图形，使其以合适的样式打印输出。

布局中的图形，与打印输出的图形完全一致。为了避免浪费资源，用户可以在布局空间中预览打印效果，直至满意再打印输出。

1. 创建布局

在模型空间中选择左下角的"布局"选项卡，切换至布局空间。

系统默认为每个新图形文件创建两个布局空间，用户也可以自己创建布局空间。

在模型空间左下角的"布局"选项卡上单击鼠标右键，在弹出的快捷菜单中选择"新建布局"命令，如图10-5所示，激活命令。

在布局空间中切换至"布局"选项卡，单击"布局"面板上的"新建"按钮，在弹出的列表中选择"新建布局"选项，如图10-6所示，激活命令。

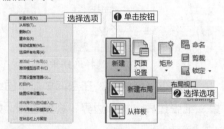

图10-5 右键菜单　　图10-6 下拉列表

单击"布局"选项卡右侧的"新建布局"按钮，如图10-7所示，也可以新建布局。

图10-7 激活命令

提示

在命令行中输入"LAYOUT"并按空格键，也可以启用"新建布局"命令。

2. 管理布局

在图10-5所示的右键菜单中，显示多项用来管理布局的命令。

选定布局，在选项卡上单击鼠标右键，在弹出的快捷菜单中选择"删除"命令，随后弹出图10-8所示的对话框。

图10-8 "AutoCAD"对话框

在对话框中单击"确定"按钮，选中的布局被删除。

在右键菜单中选择"重命名"命令，布局名称进入可编辑模式，如图10-9所示。

此时输入新名称，按Enter键，可以修改布局名称，如图10-10所示。

图10-9 编辑模式　　图10-10 输入名称

在右键菜单中选择"移动或复制"命令，打开"移动或复制"对话框。

在列表框中选择"（移到结尾）"选项，如图10-11所示，单击"确定"按钮，关闭对话框。

图10-11 "移动或复制"对话框

"布局1"被移动至结尾的效果如图10-12所示。

图10-12 移动布局

在"移动或复制"对话框中勾选"创建副本"复选框，可以创建选中布局的副本，如图10-13所示。

图10-13 创建布局副本

在右键菜单中选择"选择所有布局"命

令，图形文件中所有的布局都会被选中，如图 10-14 所示。

　　除上述所介绍的编辑方式之外，还可以执行"激活布局""设置页面参数""设置打印参数"等操作。

图 10-14 选择全部布局

练习10-1 创建新布局

难度：☆☆

素材文件：	素材\第10章\练习10-1创建新布局-素材.dwg
效果文件：	素材\第10章\练习10-1创建新布局.dwg
在线视频：	第10章\练习10-1创建新布局.mp4

01 打开"素材\第 10 章\练习 10-1 创建新布局 - 素材 .dwg"文件，如图 10-15 所示。

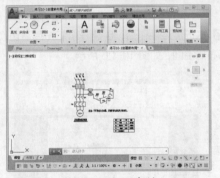

图 10-15 打开素材

02 在模型空间的左下角单击"布局 1"选项卡右侧的"新建布局"按钮，如图 10-16 所示。

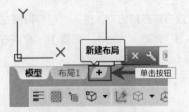

图 10-16 单击按钮

03 执行上述操作后，新建一个名称为"布局 2"的新布局。

04 选择"布局 2"选项卡，切换至布局空间，如图 10-17 所示。

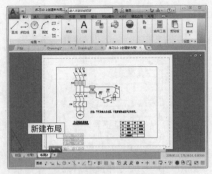

图 10-17 进入布局空间

05 双击布局名称，进入在位编辑模式，修改布局名称为"电气 - 布局"，如图 10-18 所示。

图 10-18 重命名布局

练习10-2 插入样板布局

难度：☆☆

素材文件：	无
效果文件：	素材\第10章\练习10-2插入样板布局.dwg
在线视频：	第10章\练习10-2插入样板布局.mp4

01 新建空白文件。在模型空间中选择左下角的"布局"选项卡，切换至布局空间。

02 选择"布局"选项卡，单击"布局"面板上的"新建"按钮，在弹出的列表中选择"从样板"选项，如图 10-19 所示。

图 10-19 激活命令

03 弹出"从文件选择样板"对话框，选择样板，如图 10-20 所示，单击"打开"按钮 ☞。

04 打开"插入布局"对话框，选择"布局名称"，如图 10-21 所示，单击"确定"按钮。

图10-20 "从文件选择样板"对话框

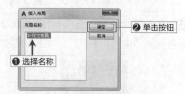

图10-21 "插入布局"对话框

05 从样板创建布局的效果如图 10-22 所示。

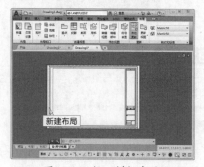

图10-22 插入样板布局

在布局选项卡上单击鼠标右键,在弹出的快捷菜单中选择"从样板"命令,如图10-23所示,也可以插入样板布局。

图10-23 右键菜单

练习10-3 调整布局

难度: ☆☆

素材文件: 素材\第10章\练习10-3调整布局-素材.dwg

效果文件: 素材\第10章\练习10-3调整布局.dwg

在线视频: 第10章\练习10-3调整布局.mp4

01 打开"素材\第 10 章\练习 10-3 调整布局 - 素材 . dwg"文件,如图 10-24 所示。

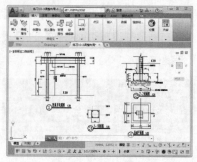

图10-24 打开素材

02 在模型空间左下角的"布局"选项卡上单击鼠标右键,在弹出的快捷菜单中选择"新建布局"命令,如图 10-25 所示。

图10-25 激活命令

03 执行上述操作后,创建一个新布局。切换至新布局空间,如图 10-26 所示。

图10-26 新建布局

04 双击新布局名称,进入在位编辑模式,修改名称为"详图 - 布局",如图 10-27 所示。

图10-27 重命名布局

05 将光标置于视口边界内,双击左键,激活视口。

06 在命令行中输入"ZOOM"并按空格键,启用"缩放"命令。

07 在视口中指定对角点，绘制矩形边框，如图 10-28 所示。

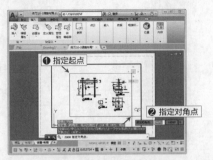

图10-28 指定缩放范围

08 松开鼠标左键，位于矩形边框内的图形在视口中最大化显示，如图 10-29 所示。

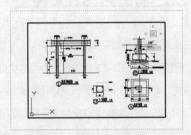

图10-29 缩放图形

09 选择界面左下角的"模型"选项卡，切换至模型空间。

10 在命令行中输入"M"并按空格键，启用"移动"命令，选择并调整注释文字的位置，如图 10-30 所示。

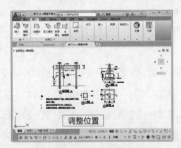

图10-30 调整文字的位置

11 切换至"详图－布局"空间，查看调整效果，发现注释文字在视口中没有显示完全，如图 10-31 所示。

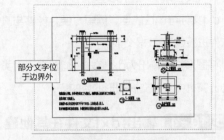

图10-31 显示效果

12 选择视口边界，单击激活左上角的夹点，如图 10-32 所示。

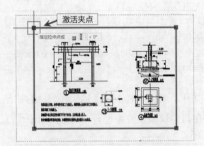

图10-32 激活夹点

13 向右移动鼠标，指定拉伸方向。在合适的位置松开鼠标左键。调整视口边界的宽度后，使得文字完全显示在视口中，效果如图 10-33 所示。

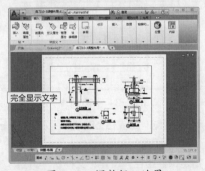

图10-33 调整视口边界

10.2 图形的输出

　　将AutoCAD图形文件输出为其他格式（如dxf、stl、dwf等）后，可以在其他软件中打开文件，开展交流学习。

10.2.1 输出为.dxf文件 (难点)

"dxf"是"Drawing Exchange File"的缩写，中文名称是"图形交换文件"。

dxf文件可读性能佳、编辑方便，能够与其他软件进行CAD数据交换。

将图形文件输出为dxf格式，能够在不同类型的计算机中实现交换图形的目的。

练习10-4 输出.dxf文件在其他建模软件中打开

难度：☆☆

素材文件：素材\第10章\练习10-4输出.dxf文件在其他建模软件中打开- 素材.dwg

效果文件：素材\第10章\练习10-4输出.dxf文件在其他建模软件中打开.dxf

在线视频：第10章\练习10-4输出.dxf文件在其他建模软件中打开.mp4

01 打开"素材\第10章\练习10-4输出dxf文件在其他建模软件中打开-素材.dwg"文件，如图10-34所示。

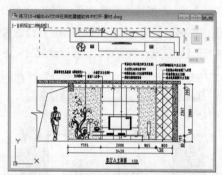

图10-34 打开素材

02 单击快速访问工具栏上的"另存为"按钮，打开"图形另存为"对话框。

03 指定保存路径，设置"文件名"，在"文件类型"列表中选择"AutoCAD2000/LT2000 DXF（*.dxf）"选项，如图10-35所示。

04 单击"保存"按钮，即可将图形文件输出为dxf格式。

dxf文件可以在其他建模软件中打开，如草图大师、UG等。通常情况下，将AutoCAD的二维图形输出为dxf格式。

① 设置名称 ③ 单击按钮

② 选择类型

图10-35 "图形另存为"对话框

10.2.2 输出为.stl文件 (难点)

将文件存储为stl格式，能够将三维模型数据以三角形网格面的形式保存。

创建完毕AutoCAD三维模型后，将文件输出为stl格式，可以将文件应用到3D打印技术中去。

除此之外，stl格式的文件还可以应用到可视化设计中，帮助识别问题。或者用来创建产品的实体模型、建筑模型，帮助用户测试模型的外形与功能。

练习10-5 输出.stl文件用于3D打印

难度：☆☆

素材文件：素材\第10章\练习10-5输出.stl文件用于3D打印- 素材.dwg

效果文件：素材\第10章\练习10-5输出.stl文件用于3D打印.stl

在线视频：第10章\练习10-5输出.stl文件用于3D打印.mp4

01 打开"素材\第10章\练习10-5输出stl文件用于3D打印-素材.dwg"文件，在其中已事先创建了一个销钉模型，如图10-36所示。

02 单击软件界面左上角的"应用程序菜单"按钮，向下弹出列表。

03 选择"输出"选项，向右弹出子菜单。选择"其他格式"选项，如图10-37所示。

04 打开"输出数据"对话框，设置存储路径与文件名，在"文件类型"列表中选择"平版印刷（*.stl）"格式，如图10-38所示。

图10-36 打开素材

图10-37 选择命令

图10-38 "输出数据"对话框

05 单击"保存"按钮,返回绘图区域。选择实体模型,如图 10-39 所示。

06 按空格键,文件以 stl 格式输出至指定存储路径中。

图10-39 选择模型

10.2.3 输出为.dwf文件 (难点)

"dwf"是"Drawing Web Format"的缩写,中文名称是"网络图形格式"。

为了能够在网页中显示AutoCAD图形,可以将图形文件输出为.dwf格式。

.dwf文件占用内存小,适合多方交流,并且格式更加安全。

用户能够在不损失原始图形文件数据与特性的前提下,利用dwf文件与其他用户共享数据。

练习10-6 输出.dwf文件加速设计图评审

难度:☆☆

素材文件:素材\第10章\练习10-6 输出.dwf 文件加速设计图评审- 素材.dwg

效果文件:素材\第10章\练习10-6 输出.dwf 文件加速设计图评审.dwf

在线视频:第10章\练习10-6 输出.dwf 文件加速设计图评审.mp4

01 打开"素材\第 10 章\练习 10-6 输出 dwf 文件加速设计图评审 - 素材 .dwg"文件,如图 10-40 所示。

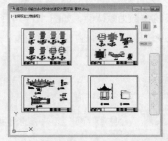

图10-40 打开素材

02 在图形文件中创建 4 个布局,切换至布局空间,激活视口边界。

03 在命令行中输入"ZOOM"并按空格键,指定缩放窗口的角点,调整视口内图形的显示比例,如图 10-41 所示。

04 重复上一步操作,在每个布局中布置一张图纸。

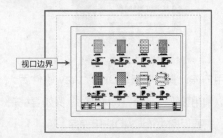

视口边界 →

图10-41 调整图形的显示比例

05 双击布局名称,进入在位编辑模式,重命名所有布局的名称,如图 10-42 所示。

修改布局名称

图10-42 重命名布局

06 单击软件界面左上角的"应用程序菜单"按

钮 ▲，向下弹出列表。

07 选择"输出"选项，向右弹出子菜单。选择"DWF"命令，如图 10-43 所示。

图10-43 选择命令

08 弹出"另存为 DWF"对话框，设置"文件名"，保持右侧的参数为默认值，如图 10-44 所示。

图10-44 "另存为DWF"对话框

09 单击"保存"按钮，将文件输出为 dwf 文件。

10 输出完毕后，在软件界面的右下角显示气泡通知，如图 10-45 所示，告知用户已完成打印和发布作业。

图10-45 气泡通知

用户在计算机中安装DWF View软件后，就可以利用该软件来查看dwf文件。假如要编辑文件，需要返回AutoCAD应用程序。

10.2.4 输出为PDF文件 难点

PDF是Portable Document Format的缩写，中文名称为"便携式文档格式"。

PDF能够在任何操作平台中进行文件交换。无论使用哪一种类型的打印机，都可以保证PDF文件准确的打印效果。

在手机或者计算机上安装查看PDF的软件后，就可以随时随地阅读PDF文件。

练习10-7 输出PDF文件供客户快速查阅

难度：☆☆
素材文件：素材\第10章\练习10-7输出PDF文件供客户快速查阅-素材.dwg
效果文件：素材\第10章\练习10-7输出PDF文件供客户快速查阅.pdf
在线视频：第10章\练习10-7输出PDF文件供客户快速查阅.mp4

01 打开"素材\第10章\练习10-7输出PDF文件供客户快速查阅-素材.dwg"文件，如图10-46 所示。

02 单击软件界面左上角的"应用程序菜单"按钮 ▲，向下弹出列表。

03 在列表中选择"输出"选项，在子菜单中选择"PDF"命令，如图 10-47 所示。

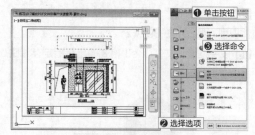

图10-46 打开素材　　图10-47 选择命令

04 打开"另存为 PDF"对话框，在右下角的"页面设置"选项中选择"替代"，激活"页面设置替代"按钮。

05 单击"页面设置替代"按钮，如图 10-48 所示，打开"页面设置替代"对话框。

图10-48 "另存为PDF"对话框

06 在对话框的"图纸尺寸"列表中选择尺寸，指定"图形方向"为"横向"，如图 10-49 所示。单击"确定"按钮，关闭对话框。

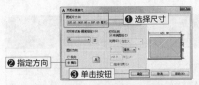

❶ 选择尺寸
❷ 指定方向
❸ 单击按钮

图10-49 “页面设置替代”对话框

07 返回“另存为 PDF”对话框，在右下角的“输出”下拉列表中选择“窗口”选项，如图 10-50 所示。

选择选项
输出(X):
窗口
页面设置(P):
页面设置替代(G)...
保存(S)
取消

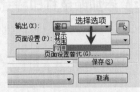

图10-50 选择输出方式

08 在绘图区域中单击指定窗口的对角点，如图 10-51 所示，指定输出的内容。

09 在“另存为 PDF”对话框中单击“保存”按钮，即可将文件以 PDF 的格式输出到保存路径中。

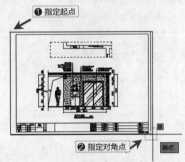

❶ 指定起点
❷ 指定对角点

图10-51 指定窗口对角点

打开PDF阅读器，就可以在其中阅读PDF格式的CAD图形，如图10-52所示。

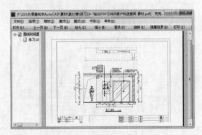

图10-52 查看PDF文件

10.2.5 其他格式文件的输出

在AutoCAD中，还可以将文件输出为DGN、FBX、EPS格式。本节介绍这几种文件格式的作用。

1.DGN 格式

单击软件界面左上角的“应用程序菜单”按钮，在弹出的列表中选择“输出”选项，在其子菜单中选择“DGN”命令，如图10-53所示。

执行上述操作后，打开“输出DGN文件”对话框，如图10-54所示。

在“文件类型”列表中显示两种不同的DGN格式，分别是V7DGN、V8DGN。

V8DGN在内部数据结构上与基于ISFF定义的V7DGN有一定的差别，是V7DGN的更新版本。

DGN格式的文件被广泛运用在许多大型工程上，如建筑项目、桥梁项目及船舶制造项目等。

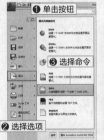

❶ 单击按钮
❸ 选择命令
❷ 选择选项

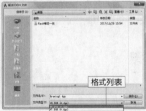

格式列表

图10-53 选择命令　　图10-54 “输出 DGN文件”对话框

2.FBX 格式

在AutoCAD中创建三维模型后，如果需要将模型导入到3ds Max或者Maya软件中进行模型、材质、动作和摄影机的互导，最好将文件格式输出为FBX格式。

3.EPS 格式

假如要将AutoCAD图形文件导入到平面设计软件中去，如Photoshop、Adobe Illustrator等，可以将文件输出为EPS格式。

EPS格式在图形与版面设计中被广泛应用，使用Post Script输出设备打印成像。

在打印图形之前，需要先设置打印样式、指定打印设备及设定图纸尺寸等，本节介绍打印图形的方法。

10.3.1 设置打印样式

打印样式有两种类型，一种是颜色打印样式，另一种是命名打印样式。

颜色打印样式，以对象的颜色为基础，通过设置与对象颜色对应的打印样式，可以控制所有具有同种颜色的对象，扩展名为".ctb"。

命名打印样式，无论对象的颜色是什么，可以任意给对象指定一种打印样式，扩展名为".stb"。

在命令行中输入"ST"后，在光标的右下角显示命令列表，选择"STYLESMANAGER"命令，如图10-55所示。

图10-55 选择命令

选择命令后打开样式对话框，在其中双击"添加打印样式表向导"快捷方式，如图10-56所示。

稍后打开"打印样式表"对话框，在其中设置打印样式的参数。

图10-56 选择快捷方式

练习10-8 添加颜色打印样式

难度：☆☆	
素材文件：无	
效果文件：素材\ 第10章\ 练习10-8 添加颜色打印样式. ctb	
在线视频：第10 章\ 练习10-8 添加颜色打印样式.mp4	

01 新建空白文件，按照 10.3.1 节所介绍的方法，调出打印样式对话框，如图 10-56 所示。

02 双击"添加打印样式表向导"快捷方式，打开"添加打印样式表"对话框，在其中单击"下一步"按钮，如图 10-57 所示。

图10-57 "添加打印样式表"对话框

03 进入"添加打印样式表 – 开始"对话框，选择"创建新打印样式表"单选按钮，如图 10-58 所示，单击"下一步"按钮。

图10-58 选择单选按钮

04 进入"添加打印样式表 – 选择打印样式表"对话框，选择"颜色相关打印样式表"单选按钮，如图 10-59 所示，单击"下一步"按钮。

05 进入"添加打印样式表 – 文件名"对话框，设置"文件名"，如图 10-60 所示，单击"下一步"按钮。

图10-59 选择样式表

图10-60 设置名称

06 进入"添加打印样式表 - 完成"对话框，单击"打印样式表编辑器"按钮，如图 10-61 所示。

图10-61 单击按钮

07 稍后打开"打印样式表编辑器 - 颜色打印样式 .ctb"对话框。

08 在"打印样式"列表框中选择"颜色 3"，在"线宽"下拉列表中选择"0.2500 毫米"线宽，如图 10-62 所示。

09 单击"保存并关闭"按钮，关闭对话框。

图10-62 设置参数

10 在"添加打印样式表 - 完成"对话框中单击"完成"按钮，结束设置打印样式的操作。

11 在样式对话框中显示新建的"颜色打印样式"，如图 10-63 所示。

图10-63 显示新建样式

在"打印样式表编辑器-颜色打印样式.ctb"对话框中，用户还可以设置打印样式的"颜色""灰度""笔号"及"线型"等参数。

创建打印样式后，在打印图形时，选择"颜色打印样式"，使用"颜色3"的图形在打印输出时，其线宽被更改为0.2500毫米。

在"打印样式表编辑器-颜色打印样式.ctb"对话框中单击右下角的"编辑线宽"按钮，打开"编辑线宽"对话框，如图10-64所示。

在其中显示当前已有的线宽类型，用户还可以设置线宽单位、编辑线宽。

单击"确定"按钮，关闭对话框，在"打印样式表编辑器-颜色打印样式.ctb"对话框中应用自定义的线宽即可。

图10-64 "编辑线宽"对话框

练习10-9 添加命名打印样式

难度：☆☆
素材文件：无
效果文件：素材\ 第10章\ 练习10-9 添加命名打印样式. stb
在线视频：第10章\ 练习10-9 添加命名打印样式.mp4

01 新建空白文件，在命令行中输入"ST"，在弹出的命令列表中选择"STYLESMANAGER"命令，如图 10-65 所示。

图10-65 选择命令

02 选择命令后，打开样式对话框。在其中双击"添加打印样式表向导"快捷方式，打开"添加打印样式表"对话框。

03 在对话框中单击"下一步"按钮，如图 10-66 所示。

图10-66 单击按钮

04 进入"添加打印样式表 - 开始"对话框，选择"创建新打印样式表"单选按钮，如图 10-67 所示。单击"下一步"按钮。

图10-67 选择单选按钮

05 进入"添加打印样式表 - 选择打印样式表"对话框，选择"命名打印样式"单选按钮，如图 10-68 所示。单击"下一步"按钮。

图10-68 选择样式

06 进入"添加打印样式表 - 文件名"对话框，设置"文件名"，如图 10-69 所示。单击"下一步"按钮。

图10-69 设置名称

07 进入"添加打印样式表 - 完成"对话框，单击"打印样式表编辑器"按钮，如图 10-70 所示。

图10-70 单击按钮

08 打开"打印样式表编辑器 - 打印线型 .stb"对话框，单击左下角的"添加样式"按钮，如图 10-71 所示。

09 打开"添加打印样式"对话框，设置"打印样式名"，如图 10-72 所示。单击"确定"按钮，关闭对话框。

图10-71 单击按钮　　图10-72 "添加打印样式"对话框

10 在"打印样式"列表中显示新建样式，在"特性"列表中设置"颜色"为"黑"，"线型"为"划"，其他参数保持默认值，如图 10-73 所示。

11 继续创建名称为"实线"的打印样式。在"特性"

选项组中设置"颜色"为"黑","线宽"为"0.3000毫米",其他参数保持默认值,如图10-74所示。

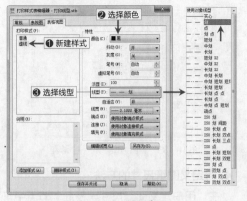

图10-73 设置参数

图10-74 设置参数

12 单击"保存并关闭"按钮,返回"添加打印样式表 – 完成"对话框,单击"完成"按钮,结束操作。

13 在样式对话框中显示新建的"打印线型"样式,如图10-75所示。

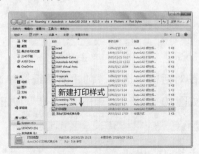

图10-75 显示新建样式

10.3.2 指定打印设备 重点

在打印图形之前,需要确认打印设备已经连接计算机或者网络系统,并且打印设备的驱

动也已完成安装。

之后打开"页面设置"对话框,在其中指定打印设备。

1. 启动命令

单击软件界面左上角的"应用程序菜单"按钮,向下弹出列表,选择"打印"选项,在子菜单中选择"页面设置"命令,如图10-76所示,激活命令。

执行上述操作后,打开"页面设置管理器"对话框。选择"模型"页面设置,如图10-77所示。单击"修改"按钮,打开"页面设置–模型"对话框。

图10-76 选择命令　　图10-77 "页面设置管理器"对话框

2. "页面设置–模型"对话框

在"打印机/绘图仪"选项组的"名称"下拉列表中选择打印机,如图10-78所示,激活右侧的"特性"按钮。

图10-78 "页面设置–模型"对话框

3. "绘图仪配置编辑器"对话框

在"页面设置–模型"对话框中单击"特

性"按钮，打开"绘图仪配置编辑器"对话框。

选择"设备和文档设置"选项卡，在其中显示节点参数，如图10-79所示。

用户修改节点参数，可以在对话框中反映。单击"介质"节点，向下展开列表，选择图纸尺寸，在对话框右下角显示"尺寸"列表，如图10-80所示。

在列表中选择选项，指定打印纸张的来源、类型、大小等参数。

图10-79 "绘图
仪配置编辑器"对话框

图10-80 "介质"
节点

单击展开"图形"列表，在其中显示矢量图形、光栅图形等的设置参数，如图10-81所示。

根据绘图仪的性能，不仅可以修改颜色、分辨率等参数，还可以为矢量图形选择颜色输出模式，即彩色输出或者单色输出。

选择"自定义特性"选项，如图10-82所示，单击对话框右下角的"自定义特性"按钮，打开"PDF选项"对话框。

图10-81 "图形"
节点

图10-82 "自定义特
性"节点

在"PDF选项"对话框中修改设备的"质量""数据"与"字体处理"参数，如图

10-83所示。使用不同的绘图仪，对话框中的参数也不同。

图10-83 "PDF选项"对话框

4. 自定义图纸尺寸的方法

在"用户定义图纸尺寸与校准"节点中可以执行自定义图纸尺寸、修改标准图纸尺寸及过滤图纸尺寸等操作。

选择"自定义图纸尺寸"选项，在对话框下方显示"自定义图纸尺寸"选项组。单击右侧的"添加"按钮，如图10-84所示。打开"自定义图纸尺寸-开始"对话框，开始创建合适的图纸尺寸。

图10-84 单击按钮

在对话框中选择"创建新图纸"单选按钮，如图10-85所示，单击"下一步"按钮。

图10-85 选择单选按钮

进入"自定义图纸尺寸-介质边界"对话框，设置图纸的"宽度""高度"及"单位"，在右侧的预览区中浏览设置效果，如图10-86所示。单击"下一步"按钮。

图10-86 设置参数

进入"自定义图纸尺寸-可打印区域"对话框，设置"上""下""左""右"选项值，指定图纸上的可打印区域，在右侧的预览区浏览设置效果，如图10-87所示。单击"下一步"按钮。

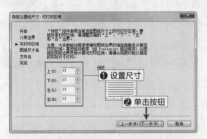

图10-87 设置可打印区域

进入"自定义图纸尺寸-图纸尺寸名"对话框，设置图纸名称，或者直接以图纸尺寸来命名，如图10-88所示。单击"下一步"按钮。

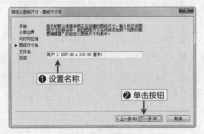

图10-88 设置图纸尺寸名

进入"自定义图纸尺寸-文件名"对话框，设置"PMP文件名"，如图10-89所示。PMP文件可以跟随PC3文件，单击"下一步"按钮。

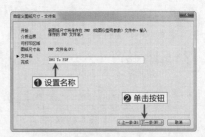

图10-89 设置文件名

进入"自定义图纸尺寸-完成"对话框，在其中提示已创建新的图纸尺寸，如图10-90所示。单击"完成"按钮，返回"绘图仪配置编辑器"对话框。

图10-90 单击按钮

在"自定义图纸尺寸"列表框中显示新建的图纸尺寸，如图10-91所示。选择图纸尺寸，可以执行"删除"或者"编辑"操作。

图10-91 新建图纸尺寸

单击"确定"按钮，关闭"绘图仪配置编辑器"对话框，打开"修改打印机配置文件"对话框。

在其中显示配置文件的存储路径，如图10-92所示，单击"确定"按钮，返回"页面设置-模型"对话框。

图10-92 显示存储路径

在"图纸尺寸"列表中显示自定义的图纸尺寸,如图10-93所示。在打印图形时,用户可以选用自定义的图纸尺寸。

图10-93 显示图纸尺寸

练习10-10 打印高分辨率的JPG图片

难度:☆☆

素材文件:素材\第10章\练习10-10打印高分辨率的JPG图片-素材.dwg

效果文件:素材\第10章\练习10-10打印高分辨率的JPG图片.jpg

在线视频:第10章\练习10-10打印高分辨率的JPG图片.mp4

01 打开"素材\第10章\练习10-10打印高分辨率的JPG图片-素材.dwg"文件。

02 按下Ctrl+P组合键,打开"打印-模型"对话框。

03 在"打印机/绘图仪"选项组的"名称"下拉列表中选择"Publish To Web JPG.pc3"打印机,如图10-94所示。

04 单击"名称"选项右侧的"特性"按钮,打开"绘图仪配置编辑器"对话框。

05 在对话框中选择"自定义图纸尺寸",如图10-95所示。

06 单击"添加"按钮,打开"自定义图纸尺寸-开始"对话框。

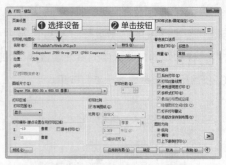

图10-94 "打印-模型"对话框

图10-95 "绘图仪配置编辑器"对话框

07 在对话框中选择"创建新图纸"选项,单击"下一步"按钮。

08 进入"自定义图纸尺寸-介质边界"对话框,设置分辨率,如图10-96所示。单击"下一步"按钮。

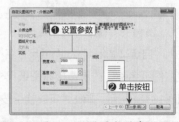

图10-96 设置分辨率

09 进入"自定义图纸尺寸-图纸尺寸名"对话框,设置名称,如图10-97所示。单击"下一步"按钮。

10 进入"自定义图纸尺寸-完成"对话框,单击"完成"按钮,关闭对话框。

图10-97 设置名称

11 在"绘图仪配置编辑器"对话框中单击"确定"按钮，返回"打印 - 模型"对话框。

12 在"图纸尺寸"列表中选择新建的图纸尺寸。在"打印范围"下拉列表中选择"窗口"选项，单击"窗口"按钮，在绘图区域中指定对角点，确定打印区域。

13 选择"居中打印"选项，如图 10-98 所示，调整图纸的打印位置。

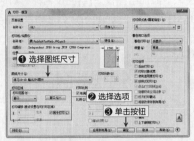

图10-98 设置参数

14 单击"确定"按钮，打开"浏览打印文件"对话框，设置"文件名"，如图10-99 所示，单击"保存"按钮。

图10-99 "浏览打印文件"对话框

15 稍后打开"打印作业进度"对话框，显示打印进度，如图 10-100 所示。

图10-100 "打印作业进度"对话框

16 双击打开 JPG 文件，查看打印效果，如图 10-101 所示。

图10-101 打开JPG文件

练习10-11 输出供PS用的EPS文件

难度：☆ ☆

素材文件：素材\第10章\练习10-11 输出供PS用的 EPS 文件- 素材.dwg

效果文件：素材\第10章\练习10-11 输出供PS用的 EPS 文件.eps

在线视频：第10章\练习10-11 输出供PS用的EPS 文件.mp4

01 打开"素材\第 10 章\练习 10-11 输出供 PS 用的 EPS 文件 - 素材.dwg"文件，如图 10-102 所示。

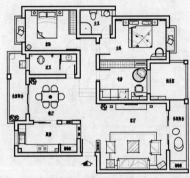

图10-102 打开素材

02 切换至"输出"选项卡，单击"打印"面板上的"绘图仪管理器"按钮 🖨，如图 10-103 所示。

图10-103 激活命令

03 激活命令后打开样式对话框，选择并双击"添加绘图仪向导"快捷方式，如图 10-104 所示。

图10-104 选择向导

04 打开"添加绘图仪 - 简介"对话框，如图 10-105 所示，单击"下一步"按钮。

215

图10-105 "添加绘图仪-简介"对话框

05 进入"添加绘图仪 - 开始"对话框,选择"我的电脑"单选按钮,如图 10-106 所示。单击"下一步"按钮。

图10-106 选择选项

06 进入"添加绘图仪 - 绘图仪型号"对话框,默认选择"生产商"与"型号",如图 10-107 所示。

07 保持默认值不变,单击"下一步"按钮。

图10-107 选择设绘图仪型号

08 进入"添加绘图仪 - 输入 PCP 或 PC2"对话框,如图 10-108 所示,单击"下一步"按钮。

图10-108 单击按钮

09 进入"添加绘图仪 - 端口"对话框,选择"打印到文件"单选按钮,如图 10-109 所示。单击"下一步"按钮。

图10-109 选择单选按钮

10 进入"添加绘图仪 - 绘图仪名称"对话框,设置"绘图仪名称",如图 10-110 所示。单击"下一步"按钮。

图10-110 设置名称

11 进入"添加绘图仪 - 完成"对话框,如图 10-111 所示,单击"完成"按钮,关闭对话框。

图10-111 单击按钮

12 按 Ctrl+P 组合键,打开"打印 - 模型"对话框。

13 在"打印机 / 绘图仪"选项组的"名称"下拉列表中选择"EPS 虚拟打印 .pc3"设备,选择"图纸尺寸",指定"打印范围"为"窗口",如图 10-112 所示。

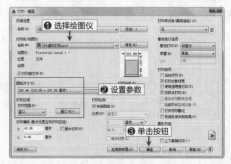

图10-112 设置参数

框中选择自定义的图纸尺寸即可。

图10-114 设置尺寸参数

选择"输出"选项卡,单击"打印"面板上的"打印"按钮 🖨,也可以打开"打印-模型"对话框。

14 单击"确定"按钮,打开"浏览打印文件"对话框,设置"文件名",如图10-113所示。

15 单击"保存"按钮,可以将文件以EPS格式输出至存储路径中。

打开Photoshop、Adobe Illustrator、CorelDRAW软件,载入EPS智能矢量图像,可以在其中进行二次设计。

图10-113 "浏览打印文件"对话框

10.3.3 设定图纸尺寸 🔴重点

按下Ctrl+P组合键,打开"打印-模型"对话框。

在"打印机/绘图仪"选项组下选择设备,激活右侧的"特性"按钮。单击按钮,打开"绘图仪配置编辑器"对话框。

选择"设备和文档设置"选项卡,单击"用户定义图纸尺寸与校准"节点下的"自定义图纸尺寸"。

在"自定义图纸尺寸"选项组下单击"添加"按钮,打开"自定义图纸尺寸"对话框。

单击"下一步"按钮,进入"自定义图纸尺寸-介质边界"对话框。

在其中设置"宽度""高度"及"单位"参数,如图10-114所示。

继续单击"下一步"按钮,结束"自定义图纸尺寸"操作后,可以创建新的图纸尺寸。

在设置打印参数时,在"打印-模型"对话

相关链接

关于设置图纸尺寸的详细方法,可以参考10.3.2节的讲解。

10.3.4 设置打印区域 🔴重点

在"打印-模型"对话框中单击"打印范围"选项,在弹出的列表中选择选项,如图10-115所示,指定打印范围。

选择"显示"选项,显示于模型窗口中的图形全部被打印输出。

选择"窗口"选项,在绘图区域中单击指定窗口范围,所有位于窗口内的图形被打印输出。

选择"范围"选项,则模型空间中包含所有图形对象的范围都被打印。

选择"图形界限"选项,打印当前图形界限内的所有图形。

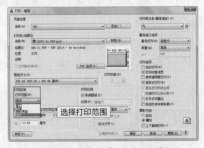

图10-115 选择打印区域

切换至布局空间,界面组成如图10-116所示。从里到外,依次是视口编辑、打印编辑及纸张边界。

位于打印边界,也就是虚线框内的图形才可以被打印输出。

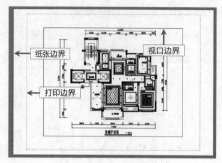

图10-116 布局空间

调整打印边界，在"自定义图纸尺寸-可打印区域"对话框中进行。

在对话框中修改"上""下""左""右"选项值，如图10-117所示。在右侧的预览区查看设置效果，虚线表示的是打印边界。

图10-117 设置参数

10.3.5 设置打印偏移

在"打印-模型"对话框中修改"打印偏移"选项组中的参数，如图10-118所示，设置打印区域偏移图形左下角的 x 方向与 y 方向的距离值。

当打印的图形与纸张大小相同时，保持默认值即可。如果纸张比图形要大，为了使得图形在纸张中居中显示，可以勾选"居中打印"复选框。

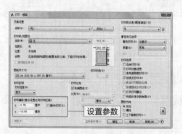

图10-118 设置"打印偏移"参数

10.3.6 设置打印比例

在"打印-模型"对话框的"打印比例"选项组中设置打印比例，如图10-119所示。

用户在列表中选择比例尺，或者选择"自定义"选项，激活下方的文本框，在其中输入比例。

勾选"布满图纸"复选框，"比例"选项不可用，此时打印区域会自动缩放到布满整个图样。

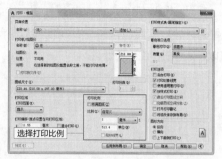

图10-119 设置参数

10.3.7 设定打印样式表

单击"打印-模型"对话框右侧的"打印样式表（画笔指定）"选项，向下弹出列表，显示已创建的打印样式表，如图10-120所示。

用户可以选择已有的打印样式，或者选择"新建"选项，创建新的打印样式。

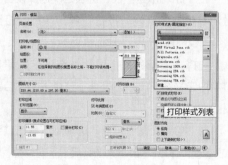

图10-120 选择打印样式

选择"新建"选项后，打开"添加颜色相关打印样式表-开始"对话框，如图10-121所示。

在其中选择创建样式表的方式，如果要从头创建新的样式，应选择"创建新打印样式表"单选按钮，接着单击"下一步"按钮，按照对话框中的提示，执行创建操作。

图10-121 选择单选按钮

10.3.8 设置打印方向

打开"打印-模型"对话框,在"图形方向"选项组中选择图纸打印输出的方向。提供"纵向"与"横向"两个方向供用户选用,如图10-122所示。

勾选"上下颠倒打印"复选框,可以上下颠倒打印图形。

图纸的打印方向受到"打印比例"与"图形方向"的控制。指定方向后,在"打印机/绘图仪"选项组右侧的预览窗口中查看调整图形方向的效果。

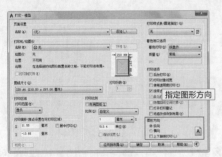

图10-122 选择方向

10.3.9 模型打印

在模型空间中按Ctrl+P组合键,打开"打印-模型"对话框,如图10-123所示。

在其中选择"打印机/绘图仪",指定"图纸尺寸",设置"打印范围",修改"图形方向"与"打印比例"。

单击"预览"按钮,进入预览窗口,预览图形的打印效果。

满意预览效果后,单击"确定"按钮,执行打印操作。

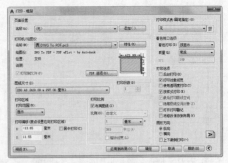

图10-123 "打印-模型"对话框

难度:☆☆

素材文件:素材\第10章\练习10-12 打印地面平面图-素材.dwg

效果文件:素材\第10章\练习10-12 打印地面平面图.dwf

在线视频:第10章\练习10-12 打印地面平面图.mp4

01 打开"素材\第10章\练习10-12 打印地面平面图-素材.dwg"文件,如图10-124所示。

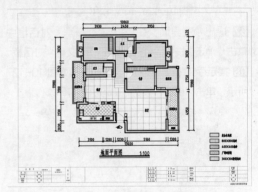

图10-124 打开素材

02 在模型空间中按Ctrl+P组合键,打开"打印-模型"对话框。

03 在"打印机/绘图仪"选项组中选择名称为"DWF6 ePlot.pc3"的绘图仪,在"图纸尺寸"列表中选择尺寸。

04 在"打印范围"列表中选择"窗口",单击右侧的"窗口"按钮,在绘图区域中单击图框的左上角点与右下角点,指定打印区域。

05 在"图形方向"选项组下选择"横向"单选按钮,如图10-125所示,指定图形方向。

06 单击"预览"按钮,进入预览界面,浏览打印效果,如图10-126所示。

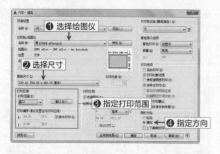

图10-125 "打印-模型"对话框

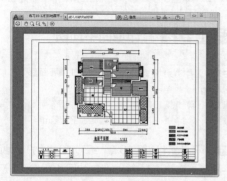

图10-126 预览打印效果

07 退出预览界面，在"打印 - 模型"对话框中单击"确定"按钮，打开"浏览打印文件"对话框。

08 指定存储路径，设置"文件名"，如图 10-127 所示，单击"保存"按钮，即可执行打印操作。

图10-127 "浏览打印文件"对话框

10.3.10 布局打印 重点

在布局空间中按Ctrl+P组合键，打开"打印-布局"对话框。

在"打印机/绘图仪"选项组中选择设备，指定"图纸尺寸"，选定"打印范围"，调整"图形方向"，如图10-128所示。

单击"预览"按钮，满意打印效果后，单击"确定"按钮，打印输出图形。

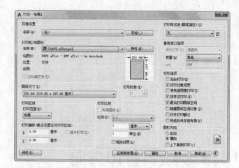

图10-128 "打印-布局1"对话框

练习10-13 单比例打印 重点

难度：☆☆
素材文件：素材\第10章\练习10-13单比例打印-素材.dwg
效果文件：素材\第10章\练习10-13单比例打印.pdf
在线视频：第10章\练习10-13单比例打印.mp4

01 打开"素材 \ 第 10 章 \ 练习 10-13 单比例打印 - 素材 . dwg"文件，如图 10-129 所示。

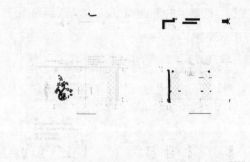

图10-129 打开素材

02 按 Ctrl+P 组合键，打开"打印 - 模型"对话框。

03 选择名称为"DWG To PDF.pc3"的绘图仪，选择"图纸尺寸"为"ISO A3（420.00×297.00毫米）"。

04 指定"打印范围"为"窗口"，在绘图区域中单击对角点，指定打印区域，勾选"居中打印"复选框。

05 取消勾选"布满图纸"复选框，在"比例"下拉列表中选择"自定义"选项，在文本框中输入比例值为 1：60。

06 选择"图纸方向"为"横向"，如图 10-130 所示。

07 单击"预览"按钮，进入打印预览界面，查看打印效果，如图 10-131 所示。

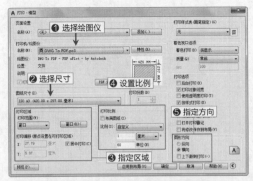

图10-130 "打印-模型"对话框

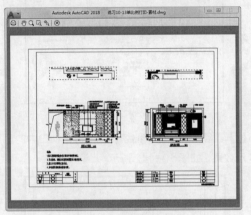

图10-131 打印预览

08 在预览界面的左上角单击"打印"按钮，如图 10-132 所示，激活命令。

图10-132 激活命令

09 打开"浏览打印文件"对话框，设置存储路径与"文件名"，如图 10-133 所示。单击"保存"按钮，执行打印操作。

图10-133 "浏览打印文件"对话框

练习10-14 多比例打印 难点

难度：☆☆

素材文件：素材\第10章\练习10-14 多比例打印- 素材.dwg

效果文件：素材\第10章\练习10-14 多比例打印. dwf

在线视频：第10章\练习10-4 多比例打印.mp4

1. 删除视口

01 打开"素材\第 10 章\练习 10-14 多比例打印 - 素材 .dwg"文件。

02 在工作界面的左下角选择"布局"选项卡，切换至布局空间，如图 10-134 所示。

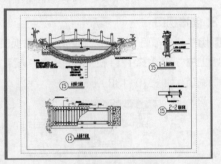

图10-134 进入布局空间

03 选择视口，在命令行中输入"E"并按空格键，启用"删除"命令，删除视口，如图 10-135 所示。

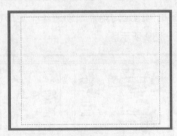

图10-135 删除视口

2. 插入图框

01 在命令行中输入"I"并按空格键，启用"插入"命令。

02 打开"插入"对话框，在"名称"下拉列表中选择"A3 图签"，指定"比例"选项组下的"X"选项值为"0.65"，如图 10-136 所示。

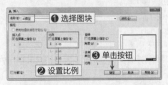

图10-136 "插入"对话框

03 单击"确定"按钮,指定插入点,插入图框,如图 10-137 所示。

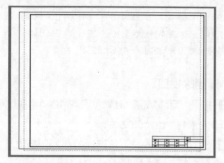

图10-137 插入图框

3. 创建视口

01 切换至"布局"选项卡,单击"布局视口"面板上的"矩形"按钮 ,在弹出的列表中选择"矩形"选项,如图 10-138 所示。

图10-138 选择单选按钮

02 在图框内指定对角点,创建 4 个矩形视口,如图 10-139 所示。

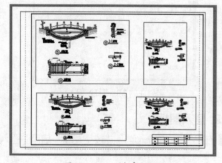

图10-139 创建视口

03 在视口边界内双击,激活视口。

04 在命令行中输入"ZOOM"并按空格键,启用"缩放"命令。

05 指定对角点,划定缩放范围,如图 10-140 所示。

06 使得图形在视口内最大化显示的效果如图 10-141 所示。

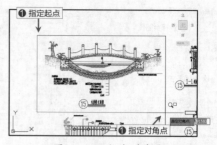

图10-140 指定对角点

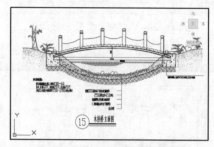

图10-141 最大化显示图形

07 重复上述操作,继续调整图形在视口内的显示效果,如图 10-142 所示。

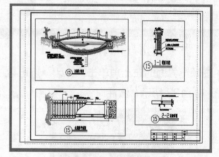

图10-142 调整效果

4. 设置打印参数

01 在命令行中输入"LA"并按空格键,启用"图层特性"命令,打开"图层特性管理器"对话框。

02 在图层列表中选择"视口"图层,单击"打印"按钮 ,如图 10-143 所示,设置视口为"不打印"状态。

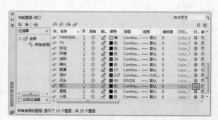

图10-143 设置为"不打印"状态

03 按 Ctrl+P 组合键，打开"打印 -Layout"对话框。

04 在"打印机 / 绘图仪"选项组中选择绘图仪，指定"图纸尺寸"，单击"特性"按钮，如图 10-144 所示。

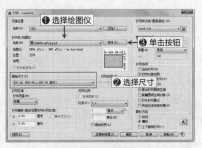

图10-144 设置参数

05 稍后打开"绘图仪配置编辑器"对话框，单击"用户自定义图纸尺寸与核准"节点下的"修改标准图纸尺寸（可打印区域）"。

06 在尺寸列表中选择"ISO A3（420.00×297.00毫米）"选项，如图 10-145 所示，单击"修改"按钮。

07 打开"自定义图纸尺寸 - 可打印区域"对话框，修改"上""下""左""右"选项值，如图 10-146 所示。

08 单击"下一步"按钮，设置"文件名"。

09 再次单击"下一步"按钮，在对话框中单击"完成"按钮，关闭对话框。

图10-145 选择单选按钮　图10-146 设置参数

10 在"绘图仪配置编辑器"对话框中单击"确定"按钮，打开"修改打印机配置文件"对话框。

11 选择"仅对当前打印应用修改"单选按钮，如图 10-147 所示，单击"确定"按钮，关闭对话框。

图10-147 选择单选按钮

12 在"打印 -Layout1"对话框中指定"打印范围"为"窗口"，在布局空间中单击指定图框的左上角点与右下角点，指定打印单位。

13 勾选"居中打印"与"布满图纸"复选框，指定"图形方向"为"横向"，如图 10-148 所示。

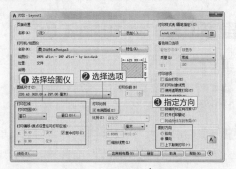

图10-148 设置参数

14 单击"预览"按钮，进入预览界面，查看打印效果，如图 10-149 所示。

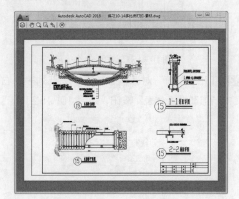

图10-149 打印预览

15 单击左上角的"打印"按钮，打开"浏览打印文件"对话框。

16 设置文件名，如图 10-150 所示，单击"保存"按钮，即可打印输出文件。

图10-150 "浏览打印文件"对话框

在打印图纸集的时候，需要一次性打印多张图纸。本节介绍批量打印文件的方法。

练习10-15 批量打印图纸 难点

难度：☆☆

素材文件：无

效果文件：素材\第10章\练习10-15批量打印图纸.dwf

在线视频：第10章\练习10-15批量打印图纸.mp4

01 新建空白文件，切换至"输出"选项卡，单击"打印"面板上的"批处理打印"按钮，如图10-151所示，激活命令。

图10-151 激活命令

02 打开"发布"对话框，单击"图纸列表"右侧的"加载图纸列表"按钮，如图10-152所示。

图10-152 "发布"对话框

03 打开"加载图纸列表"对话框，选择已经创建好的图纸集"室内设计图纸集.dsd"文件，如图10-153所示，单击"加载"按钮。

图10-153 "加载图纸列表"对话框

04 返回"发布"对话框，在"图纸名"列表中显示已加载的布局。

05 在"发布为"下拉列表中选择"DWF"，指定文件的格式。单击"发布"按钮，如图10-154所示。

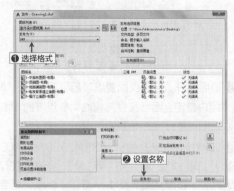

图10-154 设置参数

06 弹出"指定DWF文件"对话框，设置"文件名"，如图10-155所示。单击"选择"按钮，执行打印操作。

图10-155 "指定DWF文件"对话框

07 打印完毕后，在工作界面的右下角显示气泡通知，提醒用户"完成打印和发布作业"，如图10-156所示。

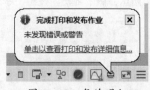

图10-156 气泡通知

练习10-16 批量输出PDF文件 （难点）

难度：☆☆

素材文件：无

效果文件：素材\第10章\练习10-16批量输出PDF文件.pdf

在线视频：第10章\练习10-16批量输出PDF文件.mp4

01 新建空白文件，在"输出"选项卡中单击"打印"面板上的"批处理打印"按钮，激活命令。

02 打开"发布"对话框，在"图纸名"下拉列表中选择当前图形的模型与布局选项卡。

03 选择文件，单击"删除图纸"按钮，如图10-157所示，删除选中的图纸。

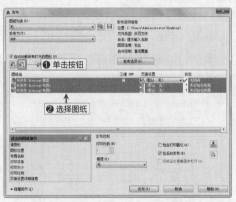

图10-157 "发布"对话框

04 单击"图纸列表"选项中的"加载图纸列表"按钮，加载"室内设计图纸集.dsd"文件。

05 在"发布为"下拉列表中选择"PDF"，如图10-158所示，指定发布文件的格式。

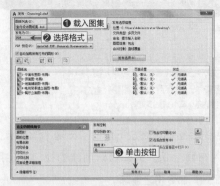

图10-158 载入图纸集

06 单击"发布"按钮，打开"指定PDF文件"对话框，设置"文件名"，如图10-159所示。

07 单击"选择"按钮，将选中的图纸集打印输出为PDF格式的文件。

图10-159 "指定PDF文件"对话框

10.5 知识拓展

本章介绍图纸输出与打印的知识。用户在模型空间中绘制、编辑图形，在布局空间中布置视口、输出图形。

在布局空间中，新建视口，添加打印图形，设置打印参数，还可以打印预览，事先查看图纸的打印效果，满意后再打印输出。

为了方便交流图纸，需要将DWG图纸输出为其他格式，如DXF文件、STL文件及DWF文件等。

打印参数包括打印样式、打印设备、图纸尺寸、打印比例、打印方向等。不同的打印参数，图纸输出的效果也不相同。

当需要打印图纸集时，涉及批量打印或输出图纸的操作。可以先将要打印的多张图纸创建为图纸列表，然后就可以将图纸列表打印输出为某种格式的文件。

难度：☆☆	难度：☆☆
素材文件：素材\第10章\习题1- 素材.dwg	素材文件：素材\第10章\习题1.dwg
效果文件：素材\第10章\习题1.dwg	效果文件：素材\第10章\习题2. pdf
在线视频：第10章\习题1.mp4	在线视频：第10章\习题2.mp4

选择绘图区域左下角的"布局"选项卡，进入布局空间。选择默认创建的视口，启用"删除"命令将之删除。

选择"布局"选项卡，单击"布局视口"面板上的"矩形"按钮，在布局空间中单击指定对角点，创建视口。调整视口范围，使得机械图纸完全显示在视口中。

双击布局名称，进入在位编辑模式，修改名称为"机械-布局"，如图10-160所示。

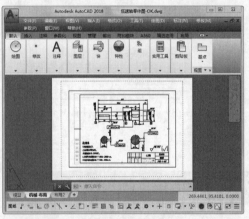

图10-160 创建新的布局

在布局空间中按Ctrl+P组合键，打开"打印-机械-布局"对话框。选择"打印机/绘图仪"，指定"图纸尺寸"，其他参数保持默认值。

单击"预览"按钮，进入预览窗口，如图10-161所示。浏览打印效果，满意后执行"打印"操作，输出图纸。

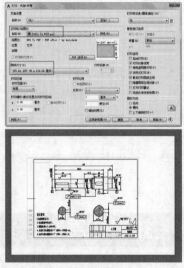

图10-161 打印预览

第 **11** 章

参数化制图

　　AutoCAD中的图形约束分为两类,一类是几何约束,另一类是标注约束。利用几何约束,可以控制对象之间的关系。利用标注约束,则可以控制对象的距离、长度等参数。本章介绍对图形执行几何约束与标注约束的方法。

本章重点

学习如何使用几何约束

掌握使用标注约束的技巧

几何约束用来设置图形之间的关系，有多种类型的约束可以调用，如重合约束、共线约束及同心约束等。

11.1.1 重合约束

启用"重合约束"命令，可以约束两个点，使其重合，或者约束一个点，使其位于对象或者对象的延长部分的任意位置。

切换至"参数化"选项卡，单击"几何"面板上的"重合"按钮，如图11-1所示，激活命令。

图11-1 激活命令

命令行提示如下。

命令: _GcCoincident   \\启用命令
选择第一个点或 [对象(O)\自动约束(A)] <对象>:
                \\单击斜线段的右端点
选择第二个点或 [对象(O)] <对象>:
                \\单击垂直线段的上端点

执行上述操作后，为选中的两个点添加约束，使其重合，效果如图11-2所示。

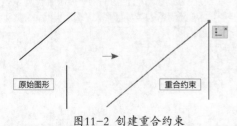

图11-2 创建重合约束

11.1.2 共线约束

启用"共线约束"命令，可以约束选中的两条直线，使其位于同一无限长的线上。

在"几何"面板上单击"共线"按钮，如图11-3所示，激活命令。

图11-3 激活命令

命令行提示如下。

命令: _GcCollinear   \\启用命令
选择第一个对象或 [多个(M)]:
                \\选择线段
选择第二个对象: \\选择线段

执行上述操作后，为选中的两条直线添加共线约束，效果如图11-4所示。

图11-4 创建共线约束

11.1.3 同心约束

启用"同心约束"命令，可以约束选定的圆、圆弧或者椭圆，使得这些图形具有相同的圆心点。

在"几何"面板上单击"同心"按钮，如图11-5所示，激活命令。

图11-5 激活命令

命令行提示如下。

命令: _GcConcentric   \\启用命令
选择第一个对象: \\选择大椭圆
选择第二个对象: \\选择小椭圆

执行上述操作后，为两个椭圆添加同心约束，效果如图11-6所示。

图11-6 创建同心约束

11.1.4 固定约束

启用"固定约束"命令，可以约束一个点或者一条曲线，使其固定在相对世界坐标系的特定位置和方向上。

在"几何"面板上单击"固定"按钮 🔒，如图11-7所示，激活命令。

图11-7 激活命令

命令行提示如下。

```
命令：_GcFix            \\启用命令
选择点或 [对象(O)] <对象>：\\单击小椭圆圆心
```

执行上述操作后，锁定小椭圆的圆心，如图11-8所示。无论用户如何调整小椭圆的轴端点，圆心的位置都固定不变。

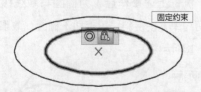

图11-8 创建固定约束

11.1.5 平行约束

启用"平行约束"命令，可以约束两条直线，使其具有相同的角度。

在"几何"面板上单击"平行"按钮 ▱，如图11-9所示，激活命令。

图11-9 激活命令

命令行提示如下。

```
命令：_GcParallel      \\启用命令
选择第一个对象：        \\选择垂直线段
选择第二个对象：        \\选择水平线段
```

执行上述操作后，为垂直线段与水平线段添加平行约束，效果如图11-10所示。

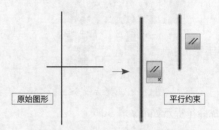

图11-10 创建平行约束

11.1.6 垂直约束

启用"垂直约束"命令，可以约束两条直线或者多段线线段，使其夹角始终保持为90°。

在"几何"面板上单击"垂直"按钮 ☑，如图11-11所示，激活命令。

图11-11 激活命令

命令行提示如下。

```
命令：_GcPerpendicular  \\启用命令
选择第一个对象：         \\选择水平线段
选择第二个对象：         \\选择斜线段
```

执行上述操作后，为线段添加垂直约束，斜线段与水平线段垂直，夹角为90°，如图11-12所示。

图11-12 创建垂直约束

11.1.7 水平约束

启用"水平约束"命令，可以约束一条直线或一对点，使其与当前UCS的x轴平行。

在"几何"面板上单击"水平"按钮 ，如图11-13所示，激活命令。

图11-13 激活命令

命令行提示如下。

```
命令：_GcHorizontal        \\启用命令
选择对象或 [两点(2P)] <两点>：
                  \\选择右侧斜线段
```

执行上述操作后，为选中的斜线段添加水平约束，使其与x轴平行，如图11-14所示。

图11-14 创建水平约束

11.1.8 竖直约束

启用"竖直约束"命令，可以约束一条直线或一对点，使其与当前UCS的y轴平行。

在"几何"面板上单击"竖直"按钮 ，如图11-15所示，激活命令。

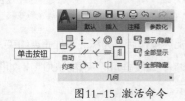

图11-15 激活命令

命令行提示如下。

```
命令：_GcVertical          \\启用命令
选择对象或 [两点(2P)] <两点>：
                  \\选择右侧斜线段
```

执行上述操作后，为斜线段添加竖直约束，使其与y轴平行，如图11-16所示。

图11-16 创建竖直约束

11.1.9 相切约束

启用"相切约束"命令，可以约束两条曲线，使其彼此相切或其延长线彼此相切。

在"几何"面板上单击"相切"按钮 ，如图11-17所示，激活命令。

图11-17 激活命令

命令行提示如下。

```
命令：_GcTangent           \\启用命令
选择第一个对象：            \\选择椭圆
选择第二个对象：            \\选择斜线段
```

执行上述操作后，为椭圆与斜线段添加相切约束，使得斜线段相切于椭圆，效果如图11-18所示。

图11-18 创建相切约束

11.1.10 平滑约束

启用"平滑约束"命令，可以约束一条样条曲线，使其与其他样条曲线、直线、圆弧或者多段线彼此相连，并且保存G2连续性。

值得注意的是，选定的第一个对象必须是样条曲线。添加平滑约束后，选定的第二个对象将被设为与第一条样条曲线G2连续。

单击"几何"面板上的"平滑"按钮 ⚘，如图11-19所示，激活命令。

图11-19 激活命令

命令行提示如下。

```
命令：_GcSmooth              \\启用命令
选择第一条样条曲线：        \\选择对象
选择第二条曲线：            \\选择对象
```

执行上述操作后，为选中的两条曲线添加平滑约束，结果是两条曲线平滑连接，显示为一条曲线，效果如图11-20所示。

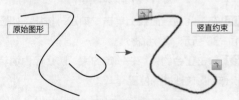

图11-20 创建平滑约束

11.1.11 对称约束

启用"对称约束"命令，可以约束对象上的两条曲线或者两个点，使其以选定直线为对称轴彼此对称。

单击"几何"面板上的"对称"按钮 ⊡，如图11-21所示，激活命令。

图11-21 激活命令

命令行提示如下。

```
命令：_GcSymmetric \\启用命令
选择第一个对象或 [两点(2P)] <两点>：
                      \\选择斜线段
选择第二个对象：      \\选择水平线段
选择对称直线：        \\选择虚线
```

执行上述操作后，为选中的斜线段与水平线段添加对称约束，使其以虚线为对称轴，彼此对称，效果如图11-22所示。

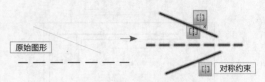

图11-22 创建对称约束

11.1.12 相等约束

启用"相等约束"命令，可以约束两条直线或者多段线，使其具有相同长度。或者约束圆弧和圆，使其具有相同半径值。

单击"几何"面板上的"相等"按钮 =，如图11-23所示，激活命令。

图11-23 激活命令

命令行提示如下。

```
命令：_GcEqual                    \\启用命令
选择第一个对象或 [多个(M)]：      \\选择圆形
选择第二个对象：                  \\选择圆弧
```

执行上述操作，为圆、圆弧添加相等约束，结果是改变圆弧的半径，使其与圆的半径相等，如图11-24所示。

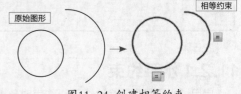

图11-24 创建相等约束

难度：☆☆

素材文件：素材\第11章\练习11-1插入沙发图块-素材.dwg

效果文件：素材\第11章\练习11-1插入沙发图块.dwg

在线视频：第11章\练习11-1插入沙发图块.mp4

01 打开"素材\第11章\练习11-1插入沙发图块-素材.dwg"文件，如图11-25所示。

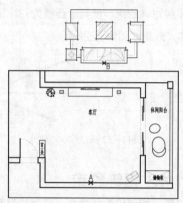

图11-25 打开素材

02 切换至"参数化"选项卡，单击"几何"面板上的"重合"按钮 ，如图11-26所示，激活命令。

图11-26 激活命令

03 单击A点为第一个点，如图11-27所示。

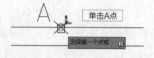

图11-27 指定第一个点

04 向上移动鼠标，单击B点为第二个点，如图11-28所示。

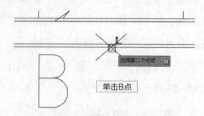

图11-28 指定第二个点

05 执行上述操作后，为A点与B点添加重合约束，使得沙发与墙线重合，效果如图11-29所示。

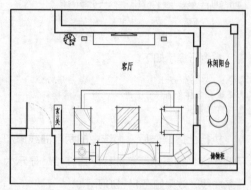

图11-29 添加重合约束

06 在"几何"面板上单击"锁定"按钮，如图11-30所示，激活命令。

07 单击重合约束点，锁定约束，防止因为编辑操作而影响沙发的位置。

图11-30 激活命令

11.2 标注约束

为图形添加标注约束，可以使得对象发生变化。标注约束的类型有水平约束、竖直约束及对齐约束等。

11.2.1 水平约束

启用"水平约束"命令，可以约束对象上两个点之间或者不同对象之间X方向的距离。

切换至"参数化"选项卡，单击"标注"

面板上的"线性"按钮 ⊟，在弹出的列表中选择"水平"选项，如图11-31所示，激活命令。

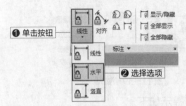

图11-31 激活命令

命令行提示如下。

```
命令：_DcHorizontal      ·\\启用命令
指定第一个约束点或 [对象(O)] <对象>：
                  \\单击指定第一个点
指定第二个约束点：   \\指定第二个点
指定尺寸线位置：
          \\向上移动鼠标，单击指定尺寸线位置
标注文字 = 1500    \\在空白位置单击
```

执行上述操作后，可以为指定的两个点添加水平约束，如图11-32所示。

添加水平约束后，用户就不可以随意修改水平线段的长度。假如要修改长度，需要先删除水平约束。

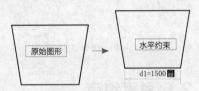

图11-32 添加水平约束

11.2.2 竖直约束

启用"竖直约束"命令，可以约束对象上两个点之间或者不同对象上两个点之间Y方向的距离。

在"标注"面板上单击"线性"按钮 ⊟，在弹出的列表中选择"竖直"选项，如图11-33所示，激活命令。

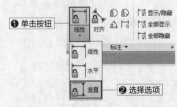

图11-33 激活命令

命令行提示如下。

```
命令：_DcVertical       \\启用命令
指定第一个约束点或 [对象(O)] <对象>：
                  \\指定第一个点
指定第二个约束点：   \\指定第二个点
指定尺寸线位置：  \\移动鼠标，指定尺寸线的位置
标注文字 = 1500    \\在空白位置单击
```

执行上述操作后，为垂直方向上的两个点创建竖直约束，如图11-34所示。

用户移动其中一个约束点的位置，另一约束点也会随之移动。受到竖直约束的制约，两个点在Y方向上的间距始终为"1500"。

图11-34 添加竖直约束

11.2.3 对齐约束

启用"对齐约束"命令，可以约束对象上两个点之间的距离，或者约束不同对象上两个点之间的距离。

在"标注"面板上单击"对齐"按钮 ⚐，如图11-35所示，激活命令。

图11-35 激活命令

命令行提示如下。

```
命令：_DcAligned       \\启用命令
指定第一个约束点或 [对象(O)\点和直线(P)\两条直线(2L)] <对象>：   \\指定第一个点
指定第二个约束点：   \\指定第二个点
指定尺寸线位置：
       \\移动鼠标，单击指定尺寸线位置标注
文字 = 2632    \\在空白位置单击
```

执行上述操作后，为指定的两个点创建对齐约束，如图11-36所示。

创建对齐约束后，两个点的位置可以被改

变，但是两个点的间距不会被改变。

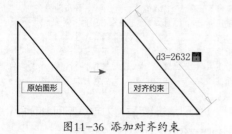

图11-36 添加对齐约束

11.2.4 半径约束

启用"半径约束"命令，可以约束圆或圆弧的半径，使之不会被随意修改。

在"标注"面板上单击"半径"按钮，如图11-37所示，激活命令。

图11-37 激活命令

命令行提示如下。

命令:_DcRadius \\启用命令

选择圆弧或圆: \\选择圆弧
标注文字 = 741
指定尺寸线位置:
        \\单击，指定尺寸线的位置

执行上述操作后，为指定的圆弧创建半径标注，如图11-38所示。

添加半径约束的圆弧，位置可以被改变，但是半径大小保持不变。

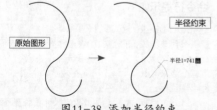

图11-38 添加半径约束

11.2.5 直径约束

启用"直径约束"命令，可以约束圆或圆弧的直径，防止被任意修改。

在"标注"面板上单击"直径"按钮，如图11-39所示，激活命令。

图11-39 激活命令

命令行提示如下。

命令:_DcDiameter   \\启用命令
选择圆弧或圆: \\选择圆弧
标注文字 = 2489
指定尺寸线位置:
    \\移动鼠标，单击指定尺寸线的位置

执行上述操作后，为选中的圆弧添加直径约束，如图11-40所示。

添加直径约束的圆弧，其直径处于约束状态，不可随意更改。

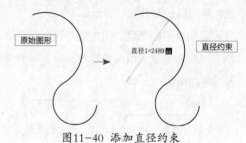

图11-40 添加直径约束

11.2.6 角度约束

启用"角度约束"命令，可以约束直线段或多段线之间的角度、由圆弧或多段线圆弧扫掠得到的角度，以及对象上3个点之间的角度。

在"标注"面板上单击"角度"按钮，如图11-41所示，激活命令。

图11-41 激活命令

命令行提示如下。

命令: DCANGULAR   \\启用命令
选择第一条直线或圆弧或 [三点(3P)] <三点>:
        \\单击选择第一条直线

选择第二条直线： 　　\\选择第二条直线
指定尺寸线位置：
　　　　　　\\单击指定尺寸线位置
标注文字 = 115　　\\在空白处单击

　　执行上述操作后，约束选定直线之间的角度，如图11-42所示。

　　创建角度约束后，直线的长度或者位置可以被修改，但是两条直线的角度不会变。

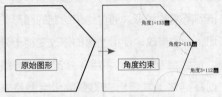

图11-42　添加角度约束

练习11-2　通过尺寸约束修改机械图形

难度：☆☆

素材文件：素材\第11章\练习11-2 通过尺寸约束修改机械图形- 素材.dwg

效果文件：素材\第11章\练习11-2 通过尺寸约束修改机械图形.dwg

在线视频：第11章\练习11-2 通过尺寸约束修改机械图形.mp4

01 打开"素材 \ 第 11 章 \ 练习 11-2 通过尺寸约束修改机械图形 - 素材 . dwg"文件，如图 11-43 所示。

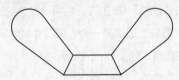

图11-43　打开素材

02 切换至"参数化"选项卡，单击"标注"面板上的"水平"按钮，为图形创建水平约束，效果如图 11-44 所示。

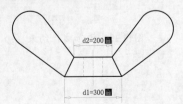

图11-44　添加水平约束

03 单击"标注"面板上的"竖直"按钮，为图形添加竖直约束，如图 11-45 所示。

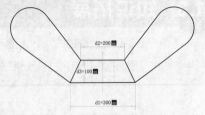

图11-45　添加竖直约束

04 单击"标注"面板上的"对齐"按钮，为图形添加对齐约束，如图 11-46 所示。

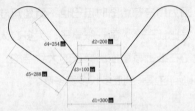

图11-46　添加对齐约束

05 单击"标注"面板上的"半径"按钮，为图形添加半径约束，如图 11-47 所示。

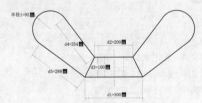

图11-47　添加半径约束

06 单击"标注"面板上的"直径"按钮，为图形添加直径约束，如图 11-48 所示。

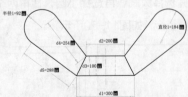

图11-48　添加直径约束

07 单击"标注"面板上的"角度"按钮，为图形创建角度约束，如图 11-49 所示。

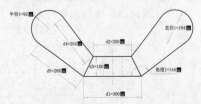

图11-49　添加角度约束

　　本章介绍参数化制图的方法。为图形添加"几何约束"，用来约束图形之间的关系。添加"标注约束"后的图形，其尺寸被约束在一定的范围内，使得图形在该范围内得以保持不变。

　　AutoCAD传统的绘图方式是直接调用命令，再输入确定尺寸，从而绘制精确的图形。这从用户体验的角度的来说，其实是不太好的，因为用户在绘图时自己也不清楚尺寸是多少：好比让一个人画一张桌子，大多数人都只能用笔在纸上草草描出桌子的大致结构，而不会精确到这桌子到底多长多宽多高。

　　图形约束先让用户直接绘制出图形的大致轮廓，再通过约束的方法慢慢调整，从而最终得到所需的图形。通过约束绘制的图形关联密切，一改俱改，使得图形的修改变得十分便捷，适合绘制需经常调用、修改的标准图。在此基础之上发展出来的参数化绘图是未来AutoCAD的主要发展方向之一。

11.4 拓展训练

难度：☆☆	难度：☆☆
素材文件：素材\第11章\习题1- 素材.dwg	素材文件：素材\第11章\习题2- 素材.dwg
效果文件：素材\第11章\习题1.dwg	效果文件：素材\第11章\习题2.dwg
在线视频：第11章\习题1.mp4	在线视频：第11章\习题2.mp4

　　选择"参数化"选项卡，单击"几何"面板上的"同心"按钮◎，启用"同心约束"命令。先选择大圆，再选择小圆，使得两个圆形的圆心重合，如图11-50所示。

　　选择"参数化"选项卡，在"几何"面板上单击"线性"按钮，启用"线性约束"命令。在图形上指定第一个、第二个约束点，添加线性约束，如图11-51所示。

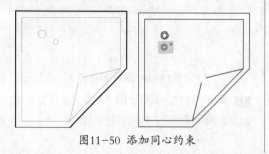

图11-50 添加同心约束

图11-51 添加线性约束

第 **12** 章

面域与图形
信息查询

图形具有各种属性信息，如面积、周长、体积等。想要了解图形的信息，需要运用查询工具。AutoCAD提供了查询图形信息的工具，本章介绍这些工具的使用方法。

本章重点

学习如何创建面域 ｜ 掌握查询图形类信息的技巧
了解查询对象类信息的方法

面域是使用闭合的形状或者环创建的二维区域。本节介绍创建面域与面域布尔运算的操作方法。

12.1.1 创建面域

启用"创建面域"命令，可以将包含封闭区域的对象转换为面域对象。

选择"默认"选项卡，单击"绘图"面板上的"面域"按钮 ⊚，如图12-1所示，激活命令。

图12-1 激活命令

命令行提示如下。

```
命令：_region              \\启用命令
选择对象：找到 1 个         \\选择椭圆
已提取 1 个环。
已创建 1 个面域。
```

执行上述操作后，选中的椭圆被创建为面域。

选中作为面域的椭圆，仅在中心显示一个夹点，如图12-2所示。激活夹点，可以执行"旋转""移动"等操作。

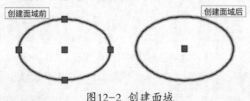

图12-2 创建面域

提示

在命令行中输入"REG"并按空格键，也可启用"面域"命令。

12.1.2 面域布尔运算

布尔运算有3种方式，分别是并集、差集、交集。

为了进行布尔运算，需要先切换至"三维基础"空间。单击右下角工具栏上的"切换空间"按钮 U，向上弹出列表，选择"三维基础"选项，如图12-3所示，切换至"三维基础"空间。

或者在列表中选择"三维建模"选项，切换至"三维建模"空间，在其中也可以执行布尔运算操作。

图12-3 向上弹出列表

1. 并集运算

启用"并集"命令，可以用并集合并选定的二维面域。

在"三维基础"空间中选择"默认"选项卡，单击"编辑"面板上的"并集"按钮 ⊚，如图12-4所示，激活命令。

图12-4 激活命令

在"三维建模"工作空间中，需要到"常用"选项卡的"实体编辑"面板中选择布尔运算工具，如图12-5所示。

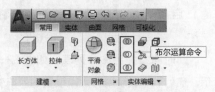
图12-5 选择命令

执行"并集"命令，在绘图区域中选择面域，合并选定面域的效果如图12-6所示。

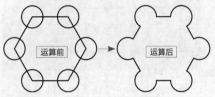
图12-6 并集运算

2. 差集运算

启用"差集"命令，执行减法运算，将目标面域从源面域中减去。

在"编辑"面板上单击"差集"按钮，如图12-7所示，激活命令。

图12-7 激活命令

命令行提示如下。

```
命令：_subtract        \\启用命令
选择要从中减去的实体、曲面和面域……
选择对象：找到 1 个
                 \\选择源对象，即选择六边形面域
选择对象：  选择要减去的实体、曲面和面域……
选择对象：找到 4 个，总计 4 个
                 \\选择目标对象，即选择圆形
```

执行上述操作后，选中的4个圆形面域从六边形面域中被减去，效果如图12-8所示。

没有参与命令的另外两个圆形面域与六边形面域的关系不受影响。

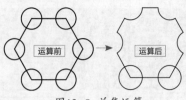
图12-8 并集运算

3. 交集运算

启用"交集"命令，可以获取两个重叠面域重合的公共部分。

在"编辑"面板上单击"交集"按钮，如图12-9所示，激活命令。

图12-9 激活命令

依次选择两个相交的面域，按空格键，交集操作的效果如图12-10所示。

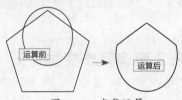
图12-10 交集运算

> **提示**
>
> "并集"运算的快捷键为"UNI"。"差集"运算的快捷键为"SU"。"交集"运算的快捷键为"IN"。

12.2 图形类信息

查询图形类信息包括查询图形的状态、系统变量及创建时间3种。

12.2.1 查询图形的状态

执行"查询状态"操作，可以列出当前图形的相关信息，包括对象的数目、图形界限、显示范围、布局颜色与线型等。

在命令行中输入"STATUS"并按空格键，启用"查询图形状态"命令。向上弹出命令列表，在其中显示查询信息，如图12-11所示。

图12-11 查询结果

按F2键，打开"AutoCAD文本窗口-Drawing1.dwg"对话框，如图12-12所示，以对话框的方式显示查询信息。

图12-12 "AutoCAD文本窗口-Drawing1.dwg"对话框

12.2.2 查询系统变量 难点

在AutoCAD中，启用命令后，可以进入操作模式，或者打开与之相对应的对话框。命令的这种行为模式，由系统变量来控制。

通过编辑系统变量，可以重定义命令的行为模式。

在命令行中输入"SETVAR"并按空格键，启用"系统变量"命令。接着输入"？"，命令行显示"*"，按空格键。

此时向上弹出命令列表，如图12-13所示。在列表中显示所有可以设置的系统变量、变量名称后的数字时变量值。用户根据自己的使用习惯，修改相关变量的值即可。

图12-13 显示可设置的系统变量

12.2.3 查询时间 难点

执行"查询时间"操作，可以查询图形文件的创建时间、更新时间及保存时间。

在命令行中输入"TIME"并按空格键，向上弹出命令列表，在其中显示当前时间、文件创建时间及上次更新时间等信息，如图12-14所示。

图12-14 查询时间

命令行中各选项含义简介如下。

● **显示：** 在命令行的上方弹出时间列表。
● **开/关：** 打开/关闭时间计时器。
● **重置：** 将计时器重记为零。

12.3 对象类信息

可以查询的对象类信息包括距离、半径、角度、面积和周长等。本节介绍查询方法。

12.3.1 查询距离

执行"查询距离"的操作，可以查询两个点之间的距离。

在菜单栏上单击"工具"选项，向下弹

出列表，选择"查询"|"距离"选项，如图
12-15所示，激活命令。

图12-15 选择选项

命令行提示如下。

```
命令：DIST        \\启用命令
DIST
指定第一点：       \\指定A轴与1轴的交点
指定第二个点或 [多个点(M)]：
                  \\指定A轴与2轴的交点
距离 = 4000，XY 平面中的倾角 = 0，   与 XY
平面的夹角 = 0
X 增量 = 4000，   Y 增量 = 0，   Z 增量 = 0
```

执行上述操作后，可以了解1轴与2轴的间
距，如图12-16所示。

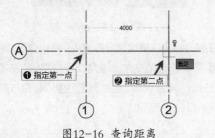

图12-16 查询距离

12.3.2 查询半径

启用"查询半径"命令，可以查询圆或者
圆弧的半径值。

在菜单栏上单击"工具"选项，向下弹
出列表，选择"查询"|"半径"选项，如图
12-17所示，激活命令。

图12-17 选择选项

命令行提示如下。

```
命令：_MEASUREGEOM    \\启用命令
输入选项 [距离(D)\半径(R)\角度(A)\面积
(AR)\体积(V)] <距离>：_radius
                      \\选择"半径"选项
选择圆弧或圆：          \\选择对象
半径 = 1051
直径 = 2102            \\显示查询结果
```

执行上述操作后，圆或圆弧的半径值与直
径值显示在命令行中。

12.3.3 查询角度

执行"查询角度"命令，可以查询两条线
段之间的角度大小。

在菜单栏上单击"工具"选项，向下弹
出列表，选择"查询"｜"角度"选项，如图
12-18所示，激活命令。

图12-18 选择选项

命令行提示如下。

```
命令：  MEASUREGEOM        \\启用命令
输入选项 [距离(D)\半径(R)\角度(A)\面积
(AR)\体积(V)] <距离>：A
                      \\选择"角度"选项
选择圆弧、圆、直线或 <指定顶点>：
                      \\选择第一条直线
选择第二条直线：       \\选择另一直线
角度 = 90°             \\显示查询结果
```

执行上述操作后，系统查询两条直线的夹角大小，并将结果显示在命令行中。

12.3.4 查询面积及周长 _{重点}

执行"查询面积及周长"操作，可以了解选定范围的面积与周长。

在菜单栏上单击"工具"选项，向下弹出列表，选择"查询"│"面积"选项，如图12-19所示，激活命令。

图12-19 选择选项

命令行提示如下。

```
命令：_MEASUREGEOM          \\启用命令
输入选项 [距离(D)\半径(R)\角度(A)\面积
(AR)\体积(V)] <距离>：_area
                    \\选择"面积"选项
指定第一个角点或 [对象(O)\增加面积(A)\减少面
积(S)\退出(X)] <对象(O)>：
指定下一个点或 [圆弧(A)\长度(L)\放弃(U)]：
指定下一个点或 [圆弧(A)\长度(L)\放弃(U)]：
指定下一个点或 [圆弧(A)\长度(L)\放弃(U)\总
计(T)] <总计>：
指定下一个点或 [圆弧(A)\长度(L)\放弃(U)\总
计(T)] <总计>：    \\依次指定点，指定查询范围
区域 = 27013343，周长 = 21193
                    \\显示查询结果
```

执行上述操作后，在绘图区域中单击指定点，指定需要查询的范围，按空格键，在命令行中显示查询的面积与周长大小。

练习12-1 查询住宅室内面积

难度：☆☆
素材文件：素材\第12章\练习12-1 查询住宅室内面积-素材.dwg
效果文件：无
在线视频：第12章\练习12-1 查询住宅室内面积.mp4

01 打开"素材\第12章\练习12-1 查询住宅室内面积 – 素材.dwg"，文件，如图12-20所示。

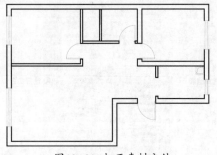

图12-20 打开素材文件

02 在菜单栏上单击"工具"选项，向下弹出列表，选择"查询"│"面积"选项，激活命令。

03 单击左下墙角为第一个角点，如图12-21所示。

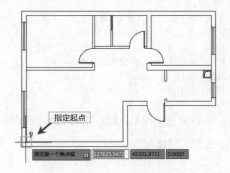

图12-21 指定起点

04 移动鼠标，依次单击各角点，指定查询范围。

05 将光标定位在左上墙角，按空格键，在列表中选择"面积"选项，查询选定范围的面积与周长，如图12-22所示。

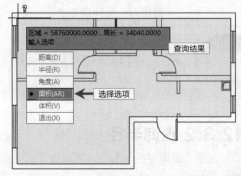

图12-22 计算面积

AtuoCAD默认的面积单位为"平方毫米（mm^2）"，$1mm^2=0.000001m^2$。要了解范围的真实面积，需要进行换算。

所以，58760000mm^2=58.7m^2，即本例小户型住宅的户内粗算面积为58.7m^2。

12.3.5 查询体积 重点

执行"查询体积"操作，可以了解选定对象的体积大小。

在菜单栏上单击"工具"选项，向下弹出列表，选择"查询"｜"体积"选项，如图12-23所示，激活命令。

图12-23 选择选项

命令行提示如下。

```
命令：_MEASUREGEOM        \\启用命令
输入选项 [距离(D)\半径(R)\角度(A)\面积
(AR)\体积(V)] <距离>：_volume
                         \\选择"体积"选项
指定第一个角点或 [对象(O)\增加体积(A)\减去体
积(S)\退出(X)] <对象(O)>：O
                  \\输入"O"，选择"对象"选项
选择对象：          \\选择查询目标
体积 = 477259.9983   \\显示查询结果
```

执行上述操作后，选择三维实体，即可在命令行中显示实体的体积大小。

练习12-2 查询零件质量

难度：☆☆

素材文件：素材\第12章\练习12-2 查询零件质量-素材.dwg

效果文件：无

在线视频：第12章\练习12-2 查询零件质量.mp4

01 打开"素材\第12章\练习12-2 查询零件质量-素材.dwg"文件，如图12-24所示。

02 在菜单栏上单击"工具"选项，向下弹出列表，选择"查询"｜"体积"选项，激活命令。

03 在命令行中输入"O"，选择"对象"选项。

选择对象，在弹出的列表中选择"体积"选项，如图12-25所示。

04 在命令行中查看计算对象体积的结果。

图12-24 打开素材　　图12-25 选择选项

机械制图的单位为"毫米（mm）"，体积的单位为"立方毫米（mm^3）"，需要根据换算公式"1mm^3=0.001cm^3"来换算。

763462mm^3=763.462cm^3。本例模型为铁，铁的密度为7.85g/cm^3。

763.462×7.85=5993.1767g

5993.1767÷1000=5.99kg≈6kg

经过以上计算，本例模型的质量约等于6kg。

12.3.6 查询面域、质量特性

执行"查询面域/质量特性"操作，可以查询二维面域的信息、三维实体的质量特性。在建筑设计与机械设计中，常常执行该项操作来了解对象。

在菜单栏上单击"工具"选项，向下弹出列表，选择"查询"｜"面域/质量特性"选项，如图12-26所示，激活命令。

图12-26 选择选项

执行命令后，单击选择面域。例如，选择图12-27所示的圆形面域，系统执行查询操作，并将结果显示在命令行中。

查询结束后，在弹出的命令列表中显示查询结果，如图12-28所示，内容包括面域的面积、周长、边界框等。

图12-27 圆形面域

图12-28 显示查询信息

执行命令后，选择三维实体。例如，选择图12-29所示的圆柱体，系统执行查询操作。

选择实体后，按空格键，向上弹出命令列表，在其中显示包括质量、体积与边界框等在内的信息，如图12-30所示。

图12-29 圆柱体

图12-30 查询结果

12.3.7 查询点坐标

执行"查询点坐标"操作，可以了解选定点的X、Y、Z坐标。

在菜单栏上单击"工具"选项，向下弹出列表，选择"查询"｜"点坐标"选项，如图12-31所示，激活命令。

执行命令后，将光标置于要查询的点上。例如，将光标放置在椭圆左侧的象限点上，如图12-32所示。

图12-31 选择选项

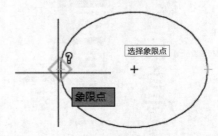
图12-32 选定点

单击，执行查询操作。随即在光标的右下角显示查询结果，如图12-33所示。

图12-33 查询结果

12.3.8 列表查询

执行"列表查询"操作，可以在表中显示查询对象的结果，如图层、工作空间、面积、周长等。

在菜单栏上单击"工具"选项，向下弹出列表，选择"查询"｜"列表"选项，如图12-34所示，激活命令。

执行命令后，选择对象，按空格键，向上弹出命令列表，在其中显示查询结果，如图12-35所示。

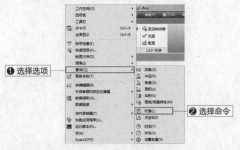

图12-34 选择选项

图12-35 查询结果

知识拓展

　　本章介绍面域与图形信息查询的知识。将封闭空间转换为面域，可以对面域执行布尔运算，如差集、交集、并集。经过布尔运算后，面域发生变化，显示为新的图形。

　　查询图形信息，包括查询图形的状态、系统变量及创建时间3种。想要了解已创建对象的详细信息，可以执行"查询对象信息"操作。

用户可查询对象的距离、半径、角度及面积、周长。

12.5 拓展训练

难度：☆☆	难度：☆☆
素材文件：素材\第12章\习题1- 素材.dwg	素材文件：无
效果文件：素材\第12章\习题1.dwg	效果文件：素材\第12章\习题2.dwg
在线视频：第12章\习题1.mp4	在线视频：第12章\习题2.mp4

　　转换至"三维建模"工作空间，选择"常用"选项卡，单击"实体编辑"面板上的"并集"按钮，启用"并集"命令。

　　选择3个圆形面域，执行"并集"运算，结果是合并3个面域，并删除彼此的重合部分，如图12-36所示。

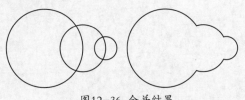

图12-36 合并结果

　　在菜单栏上单击"工具"选项，在列表中选择"查询"｜"距离"选项。指定A点、B点，查询这两个点之间的距离，如图12-37所示。

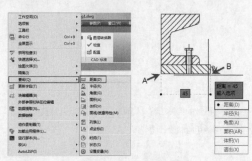

图12-37 查询距离

第4篇

行业应用篇

第**13**章

小户型室内
设计详解

室内设计是建筑设计的继续和深化,以功能的
科学性、合理性为基础,以形式的艺术性为表现手
法,目的是塑造物质与精神兼具的室内生活环境。
本章介绍室内设计有关的内容,包括制图标准、图
形种类、工作流程及绘制设计图的步骤。

本章重点

学习室内设计的相关知识 │ 了解小户型室内设计理念

学习如何使用绘制设计图

初次进入室内设计领域的新手，需要了解室内设计的基本内容，如室内设计的标准、设计图的类型及室内设计的工作流程。

13.1.1 室内设计的有关标准

1. 图幅与规格

图纸幅面又称为图幅，指图纸的规格。为了便于保存、输出图纸，国家制图标准规定了图纸的大小与规格。表13-1所示为A0至A2规格图纸的尺寸规范。

表13-1 A0至A2规格图纸的尺寸规范

幅面代号 尺寸代号	A0	A1	A2
b×l	841×1189	0 594×841	420×594
c	10		
a	25		

注：b——幅面的短边尺寸；l——幅面的长边尺寸；c——图框线与幅面线间宽度；a——图框线与装订边间宽度

用户根据不同的使用需求，可以自由选择复制适用的图纸规格。表13-2所示为A3与A4规格图纸的尺寸规范。

表13-2 A3与A4规格图纸的尺寸规范

幅面代号 尺寸代号	A3	A4
b×l	297×420	210×297
c	5	
a	25	

注：b——幅面的短边尺寸；l——幅面的长边尺寸；c——图框线与幅面线间宽度；a——图框线与装订边间宽度

2. 图线

在绘制图纸时，为了区分不同类型的图形，使用了不同类型的图线。为了能够正确读懂图纸，需要了解各类图线所代表的含义。表13-3所示为常用图线的名称、线型、线宽及用途。

表13-3 常用图线的名称、线型、线宽及用途

名称		线型	线宽	用途
实线	粗		b	主要可见轮廓线
	中		0.5b	可见轮廓线
	细		0.25b	可见轮廓线、图例线
虚线	粗		b	见有关专业制图标准
	中		0.5b	不可见轮廓线
	细		0.25b	不可见轮廓线、图例线
单点长画线	粗		b	见有关专业制图标准
	中		0.5b	见有关专业制图标准
	细		0.25b	中心线、对称线等
双点长画线	粗		b	见有关专业制图标准
	中		0.5b	见有关专业制图标准
	细		0.25b	假想轮廓线、成型前原始轮廓线
折断线			0.25b	断开界线
波浪线			0.25b	断开界线

3. 尺寸标注

尺寸标注由4个要素组成，分别是尺寸界线、尺寸线、尺寸起止符号和尺寸数字，如图13-1所示。

图13-1 尺寸标注组成元素

绘制尺寸标注的规则介绍如下。

尺寸界线

尺寸界线应用细实线绘制，一般应与被注长度垂直，其一端应离开图样轮廓线不应小于2mm，另一端宜超出尺寸线2～3mm。

尺寸线

尺寸线使用细实线绘制，应与被注长度平行。图样本身的任何图线均不得用作尺寸线。

尺寸箭头

尺寸起止符号（即尺寸箭头）一般用中粗斜短线绘制，其倾斜方向应与尺寸界线成顺时针45°角，长度宜为2～3mm。半径、直径、角度与弧长的尺寸起止符号，宜用箭头表示。

尺寸数字

尺寸数字一般应依据其方向注写在靠近尺寸线的上方中部。如没有足够的标注位置，最外边的尺寸数字可注写在尺寸界线的外侧，中间相邻的尺寸数字可上下错开注写，引出线端部用圆点表示标注尺寸的位置，如图13-2所示。

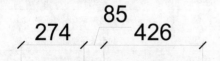

图13-2 尺寸数字的位置

尺寸标注的位置

尺寸宜标注在图样轮廓以外，不宜与图线、文字及符号、填充图案等相交，如图13-3所示。

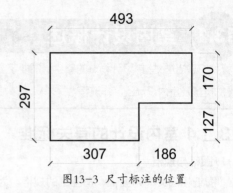

图13-3 尺寸标注的位置

尺寸标注的排列方式

互相平行的尺寸线，应从被标注的图样轮廓线由内向外整齐排列，较小尺寸应离轮廓线较近，较大尺寸应离轮廓线较远。

图样轮廓线以外的尺寸界线，距图样最外轮廓之间的距离，不宜小于10mm。平行排列的尺寸线的间距，宜为7～10mm，并应保持一致。

总尺寸的尺寸界线应靠近所指部位，中间的分尺寸的尺寸界线可稍短，但其长度应相等，如图13-4所示。

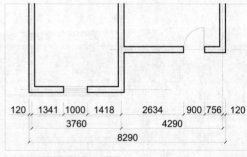

图13-4 尺寸标注的排列

4. 比例

图样的比例，应为图形与实物相对应的线性尺寸之比。

比例的符号为"："，比例应以阿拉伯数字表示。比例宜注写在图名的右侧，字的基准线应取平；比例的字高宜比图名的字高小一号或二号，如图13-5所示。

图13-5 图名与比例

绘图所用的比例应根据图样的用途与所绘对象的复杂程度，从表13-4中选用，并应优先选用表中常用比例。

表13-4 常用比例与可用比例

常用比例	1：1、1：2、1：5、1：10、1：20、 1：30、1：50、1：100、 1：150、1：200、1：500、 1：1000、1：2000、
可用比例	1：3、1：4、1：6、1：15、1：25、 1：40、1：60、1：80、 1：250、1：300、 1：400、1：600、 1：5000、1：10000、 1：20000、1：50000、 1：100000、1：200000

通常情况下，一个图样应选用一种比例。根据专业制图需要，同一个图样可选用两种比例。

特殊情况下也可自选比例，这时除了需要标注绘图比例之外，还必须在适当位置绘制出相应的比例尺。

5. 立面指向符号

立面指向符号包含视点位置、方向和编号3个信息，用于在平面图内指示立面索引，箭头所指的方向为立面的指向。

图13-6所示为双向内视符号，图13-7所示为四向内视符号。

图13-6 双向内视符号　图13-7 四向内视符号

6. 标高

标高符号使用直角等腰三角形，如图13-8所示。

图13-8 直角等腰三角形

也可以使用涂黑的三角形或90°对顶角的圆来表示，如图13-9所示。

图13-9 涂黑的三角形或圆

标注顶棚标高时采用CH符号表示，如图13-10所示。

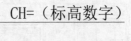

图13-10 标注顶棚标高

标高符号的尖端应指向被标注高度的位置。尖端宜向下，也可以向上。标高数字应标注在标高符号的上侧或下侧，如图13-11所示。

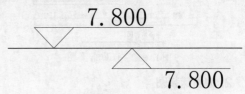

图13-11 标注方式

当标高符号指向下时，标高数字标注在左侧或右侧横线的上方。当标高符号向上时，标高数字标注在左侧或右侧横线的下方。

标高数字应以米为单位，标注到小数点以后的第3位。在总平面图中，可以标注到小数点以后的第2位。

零点标高应标注为±0.000，正数标高不添加"+"，负数标高应添加"-"，如5.000、-0.500。

13.1.2 室内设计图的种类

室内设计图的类型有平面布置图、地面铺装图、顶棚平面图、立面图、剖面图和详图。

1. 平面布置图

假想使用一个水平剖切面，沿着每一层的门窗洞口进行水平剖切，忽略剖切面以上部分，对剖切面以下部分所绘制的正投影平面图，称为平面布置图。

在平面布置图中，需要确定墙柱的位置、室内地面的标高、家具与电器的位置、陈设与绿化的布置等信息。

图13-12所示为绘制完毕的平面布置图。

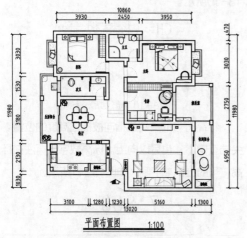

图13-12 平面布置图

2. 地面铺装图

在地面铺装图中需要表示地面装饰的效果，还需要注明铺装的材料、规格、颜色及地面标高等信息。

图13-13所示为地面铺装图的绘制效果。

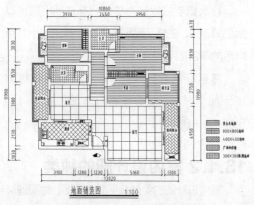

图13-13 地面铺装图

3. 顶棚平面图

在顶棚平面图中需要绘制顶棚平面形状，表示灯具的位置，以及标注材料的类型、尺寸

与标高、做法等信息。

图13-14所示为顶棚平面图的绘制效果。

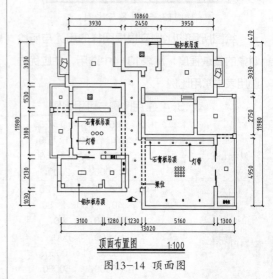

图13-14 顶面图

4. 立面图

将墙面按照内视符号的指向，向直立投影面所绘制的正投影图，称为立面图。

在立面图中，需要表达门窗的位置、墙面的做法、家具与灯具的尺寸和标高、装饰构件的类型等。

图13-15所示为立面图的绘制效果。

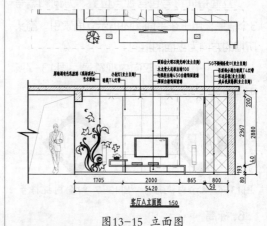

图13-15 立面图

5. 剖面图

为了了解建筑物的内部构造，需要绘制剖面图。

将建筑物剖开，显露内部构造，使用实线

绘制这些内部构造的投影图，就是剖面图。

图13-16所示为剖面图的绘制效果。

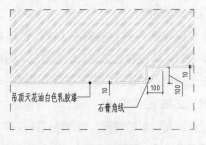

图13-16 剖面图

6. 详图

为了了解某个部位的详细构造，需要绘制详图。

详图的内容包括工艺做法、造型样式、材料的种类、尺寸标注、标高标注等。

图13-17所示为详图的绘制效果。

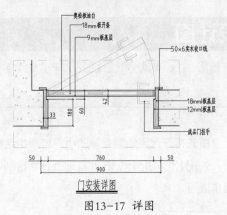

图13-17 详图

13.1.3 室内设计的工作流程

可以大致将室内设计的工作流程分为4个步骤，介绍如下。

1. 设计准备工作

- 接受设计任务。
- 了解设计任务及要求。
- 现场勘测，收集相关资料。
- 与业主探讨设计方案，确定设计费用，签订合同。
- 明确设计期限，制定进度表，与各类型工作人员协调。

2. 方案设计

- 根据收集到的资料，构思设计方案，绘制草图。
- 确定初步设计方案，绘制平面图、立面图，制定材料表与预算表。
- 修改初步方案。
- 确定初步方案。

3. 绘制施工图

- 根据初步方案，绘制详细的施工图，包括平面图、立面图等。
- 绘制节点详图、大样图。
- 根据已绘制完毕的施工图，完善材料表与预算表。
- 与业主商议，确定最终的设计方案。

4. 施工

- 设计师向施工单位阐述设计意图，并提供详细的施工图。
- 检查施工现场，及时完善施工图。
- 施工期间，设计师与施工人员精诚合作，及时解决出现的问题。
- 施工完毕，与质检部门、业主进行工程验收。

设计师在各个阶段，都应该注意与施工方、委托方的相互关系，顺畅的沟通才有利于达成共识。

13.2 小户型室内设计分析

本章介绍小户型室内设计图纸的绘制方法。在绘制图纸之前，首先要到现场勘测，并且在心中构思设计方案，最后才开始绘制施工图。

小户型面积不大，基本的功能分区分为厨房、卫生间及活动区。其中，活动区又细分为两个区域，即休闲区与休息区。

进门的右侧为厨房。厨房连接着一个面积较小的阳台，可以将该区域辟为洗涤区域。放置洗衣机，方便业主洗涤与晾晒衣物。

因为室内空间有限，没有多余的空间用作餐厅，可以将厨房的料理台作为就餐区。

洗涤盆靠一侧安置，留出大部分空间。在烹饪的过程中，用户在料理台清洁、准备食物。待烹饪结束后，清理干净料理台，即可作为餐桌使用。

进门的左侧为卫生间。因为面积允许，所以，可以在卫生间的一侧安置浴缸。

与门口相对的区域，在装修时新砌一堵隔墙，用来阻挡视线。

在隔墙的外侧，放置鞋柜，可以将该区域作为玄关来使用。

在隔墙的内侧，放置双人床，供用户休息。与双人床相对的区域，辟为客厅。摒弃长沙发，选用双人沙发，既不占用过多的空间，也满足业主的使用需求。

与沙发相对的墙面，制作电视背景墙，安装液晶电视机。宽度为400mm的电视柜，既提供了收纳的区域，也不会占用过多的空间。

小户型室内设计需要满足一个人或者两个人在生活上的种种需求。在被面积限制的同时，也不能忽视生活的基本需要。

设计师需要不断与业主沟通，开动脑筋，才能在有利的空间中创造宜居的室内环境。

13.3　绘制现代小户型室内设计图

小户型室内设计图的种类有平面布置图、地面布置图、顶面布置图和立面图，本节介绍绘制图纸的方法。

13.3.1 绘制小户型平面图布置图

在小户型平面布置图中，表现各功能区域的划分、家具的布置及陈设的摆放等信息。

首先打开已经绘制完毕的小户型原始结构图，如图13-18所示，在此基础上开始绘制平面布置图。

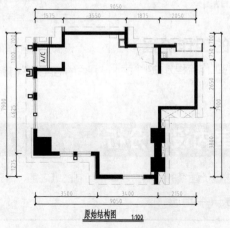

图13-18 原始结构图

1. 墙体改造

在小户型原始结构中，内部空间没有任何隔断。为了明确区分各功能区，需要增加隔断。

在本例中，新增了两种类型的隔墙，一种是砖墙，另一种是木质隔墙。

在厨房与卫生间区域新增砖墙。为了阻挡外部实线，在与入口相对的区域，新增了木质隔墙。

在原始结构图中绘制隔墙外轮廓线后，通过填充不同类型的图案，区分不同类型的隔墙。

01 绘制厨房墙。在命令行中输入"O"并按空格键，启用"偏移"命令，指定偏移距离，偏移内墙线。

02 在命令行中输入"TR"并按空格键，启用"修剪"命令，修剪墙线，绘制隔墙的效果如图13-19所示。

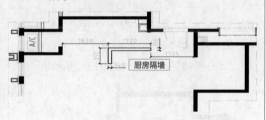

图13-19 绘制厨房隔墙

03 绘制卫生间隔墙。参考绘制厨房隔墙的方法，依次启用"偏移""修剪"命令，偏移并修剪墙线，绘制结果如图13-20所示。

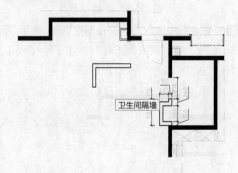

图13-20 绘制卫生间隔墙

04 绘制木质隔墙。在命令行中输入"REC"并按空格键，启用"矩形"命令。

05 设置矩形的尺寸为"2000×90"，绘制矩形表示木质隔墙，如图13-21所示。

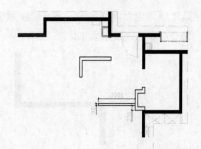

图13-21 绘制卫生间隔墙

06 填充砖墙图案。在命令行中输入"H"并按空格键，启用"图案填充"命令。

07 在"图案"面板中选择"NET3"图案，选择"颜色"，设置"角度"为"0"，"比例"为"20"，如图13-22所示。

图13-22 设置参数

08 拾取厨房隔墙与卫生间隔墙为填充区域，按Enter键退出命令，填充效果如图13-23所示。

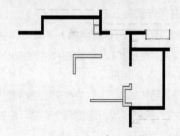

图13-23 填充图案

09 填充木质隔墙图案。按Enter键，再次进入"填充图案创建"选项卡。

10 在"图案"面板中选择"CORK"图案，选择"颜色"，设置"角度"为"90"，"比例"为"10"，如图13-24所示。

图13-24 设置参数

> **提示**
>
> 填充砖墙图案后，按空格键或者Enter键，可以再次激活"图案填充"命令。或者在空白区域单击鼠标右键，在弹出的快捷菜单中选择"重复HATCH"命令，也可启用"图案填充"命令。

11 拾取木质隔墙为填充区域，按 Enter 键退出命令，填充图案的效果如图 13-25 所示。

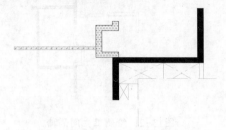

图13-25 填充图案

2. 厨房平面布置

厨房应能够满足洗涤、烹饪、储藏这几个基本的功能。

在橱柜的左侧，预留空位来放置冰箱。与厨房相连的小阳台，可以作为洗衣间。放置洗衣机，安装晾衣竿，方便业主洗涤与晾晒衣物。

料理台在厨房的一侧，与新砌的砖墙相连。洗涤盆靠墙安装，剩下的空间可以作为料理台，并兼作就餐区。

01 绘制门套。在命令行中输入"REC"并按空格键，调用"矩形"命令，绘制尺寸为"50×15"与"60×15"的矩形。

02 在命令行中输入"L"并按空格键，调用"直线"命令，绘制线段，连接两个矩形，绘制结果如图 13-26 所示。

图13-26 绘制门套

03 在命令行中输入"CO"并按空格键，调用"复制"命令，创建 4 个门套副本。

04 在命令行中输入"M"，调用"移动"命令；输入"RO"，调用"旋转"命令，调整门套的位置与角度。

05 执行上述操作后，在厨房门洞与阳台门洞处添加门套，效果如图 13-27 所示。

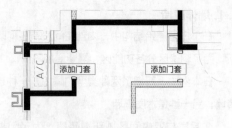

图13-27 添加门套

06 在命令行中输入"L"并按空格键，调用"直线"命令，在门洞处绘制相互平行的垂直线段，如图 13-28 所示。

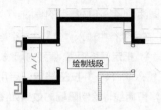

图13-28 绘制线段

07 绘制门。在命令行中输入"REC"并按空格键，调用"矩形"命令，绘制尺寸为"730×40"与"720×40"的矩形，如图 13-29 所示。

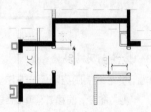

图13-29 绘制矩形

08 在命令行中输入"A"并按下空格键，调用"圆弧"命令，绘制圆弧，连接矩形与门洞，表示门的开启方向，如图 13-30 所示。

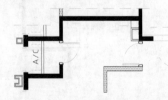

图13-30 绘制圆弧

09 绘制橱柜台面。在命令行中输入"REC"并按空格键，调用"矩形"命令，绘制尺寸为"2350×600"的矩形，如图 13-31 所示。

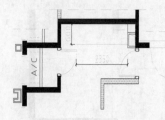

图13-31 绘制橱柜台面

10 绘制料理台。在命令行中输入"L"并按空格键，调用"直线"命令，绘制台面轮廓线，如图13-32所示。

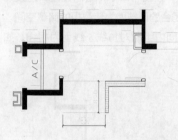

图13-32 绘制料理台面

11 绘制储物柜。在命令行中输入"L"并按空格键，调用"直线"命令，绘制柜子轮廓线，如图13-33所示。

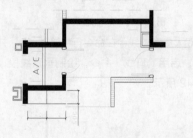

图13-33 绘制柜子轮廓线

12 按空格键，继续启用"直线"命令。在柜子轮廓线内绘制对角线，并将线型设置为虚线，如图13-34所示。

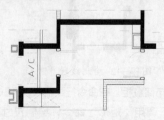

图13-34 绘制对角线

3. 卫生间平面布置

因为小户型的卫生间空间充足，所以，能够在其中放置浴缸。为了方便用户储存用品，可以在新砌隔墙内做一个储物柜，位于浴缸的一侧。

01 复制门套。在命令行中输入"CO"并按空格键，调用"复制"命令。

02 选择厨房门洞处的门套，移动复制至卫生间门洞处，如图13-35所示。

03 绘制门。在命令行中输入"REC"并按空格键，调用"矩形"命令，绘制尺寸为"730×40"的矩形。

04 在命令行中输入"A"并按空格键，启用"圆弧"命令，绘制圆弧，表示门的开启方向，如图13-36所示。

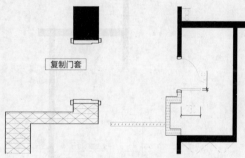

图13-35 复制门套　　　图13-36 绘制门

05 在命令行中输入"L"并按空格键，启用"直线"命令，在门洞处绘制垂直线段，如图13-37所示。

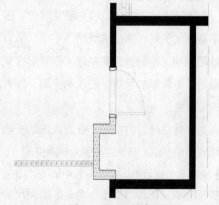

图13-37 绘制线段

06 绘制洗漱台面。在命令行中输入"REC"并按空格键，调用"矩形"命令，绘制尺寸为"1000×600"的矩形，如图13-38所示。

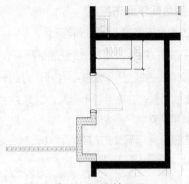

图13-38 绘制矩形

07 绘制储藏柜。在命令行中输入"L"并按空格键，启用"直线"命令，绘制柜子轮廓线。

08 在柜子的内部绘制对角线，并将线型设置为虚线，如图13-39所示。

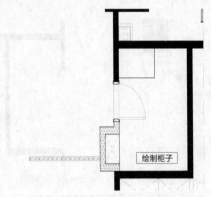

图13-39 绘制柜子

4. 卧室平面布置

在木质隔墙的内侧，设为卧室区域。因为有承重柱的关系，使得墙面凹凸不平。所以，巧妙地利用这些凹进去的空间，安装层板或者储藏柜，不仅增加了居室的收纳空间，同时还具有观赏性。

为了提供学习的空间，在双人床的一侧，靠墙放置了书桌，书桌的一侧为储藏空间。

01 绘制玄关储藏柜。在命令行中输入"REC"并按空格键，调用"矩形"命令，绘制尺寸为"900×600"和"500×600"的矩形。

02 在命令行中输入"L"并按空格键，启用"直线"命令，在矩形内部绘制对角线，并将线型设置为虚线，如图13-40所示。

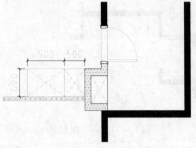

图13-40 绘制柜子

03 绘制卧室储藏柜。在命令行中输入"L"并按空格键，启用"直线"命令，绘制线段，连接隔墙与承重柱，闭合的区域即为储藏柜的储藏空间。

04 在闭合空间内绘制对角线，线型为虚线，如图13-41所示。

图13-41 绘制储藏柜

05 绘制双人床定位线。在命令行中输入"L"并按空格键，启用"直线"命令，绘制垂直线段，如图13-42所示。

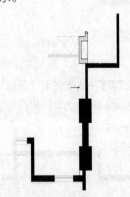

图13-42 绘制线段

06 绘制书桌与储藏柜。在命令行中输入"REC"并按空格键，调用"矩形"命令，绘制尺寸为"1000×600"和"1840×600"的矩形，如图13-43所示。

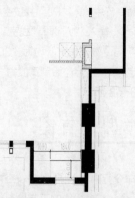

图13-43 绘制矩形

07 在命令行中输入"L"并按空格键，启用"直线"命令，在矩形内部绘制线型为虚线的对角线，如图13-44所示。

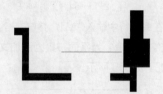

图13-44 绘制对角线

5. 客厅平面布置

与卧室相对的区域为客厅。在既考虑使用需求，又节省空间的前提之下，客厅选用双人靠背沙发。茶几的尺寸不宜过大，否则会占用过多的空间。

与沙发相对的墙面为电视背景墙，电视柜的宽度为400mm。

01 绘制电视柜。在命令行中输入"REC"并按空格键，调用"矩形"命令，绘制尺寸为"2250×400"的矩形，如图13-45所示。

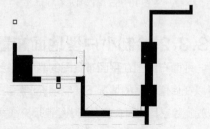

图13-45 绘制电视柜

02 绘制茶几。按空格键，重复启用"矩形"命令，绘制尺寸为"1000×600"的矩形。

03 在命令行中输入"O"并按空格键，调用"偏移"命令。设置偏移距离为"50"，向内偏移矩形，如图13-46所示。

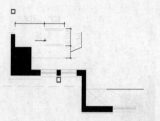

图13-46 绘制茶几

04 在命令行中输入"H"并按空格键，启用"图案填充"命令。在"图案"面板上选择"AR-RROOF"图案，选择"颜色"，设置"角度"为"45°"，"比例"为"10"，如图13-47所示。

图13-47 设置参数

05 拾取内矩形为填充区域，填充图案的效果如图13-48所示。

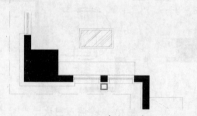

图13-48 填充图案

06 绘制靠窗矮柜。在命令行中输入"REC"并按空格键，调用"矩形"命令，绘制尺寸为"700×700"的矩形，如图13-49所示。

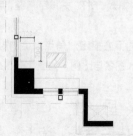

图13-49 绘制矮柜

07 在命令行中输入"C"并按空格键，启用"圆"命令，绘制半径为"300"的圆。

08 在命令行中输入"O"并按空格键，调用"偏移"命令。设置偏移距离为"50"，向内偏移圆形，如图13-50所示。

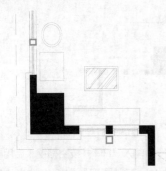

图13-50 绘制圆形

09 打开"素材\第13章\练习家具图例.dwg"文件，选择图块，将其复制并粘贴至当前图形中，如图13-51所示。

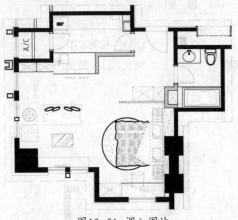

图13-51 调入图块

6. 绘制图名标注

图面标注由图名、比例及下画线组成，通常位于平面图的下方。

01 在命令行中输入"MT"并按空格键，启用"多行文字"命令。

02 在平面图的下方指定对角点，绘制矩形文本框，在其中输入图名与比例，如图13-52所示。

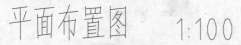

图13-52 绘制图名与比例

03 在命令行中输入"PL"并按空格键，启用"多段线"命令。输入"W"选择"线宽"选项，设置"起点线宽"与"端点线宽"均为"30"。

04 指定起点与终点，绘制宽度为"30"的下画线，如图13-53所示。

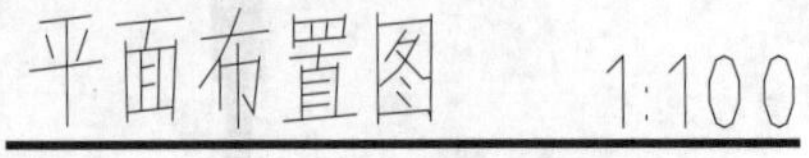

平面布置图　　1:100

图13-53 绘制多段线

05 在命令行中输入"L"并按空格键，启用"直线"命令，在多段线的下方绘制长度一致的细实线，如图13-54所示。

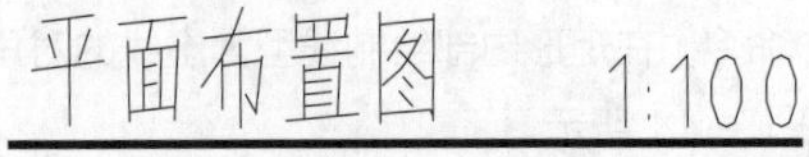

平面布置图　　1:100

图13-54 绘制细实线

06 在命令行中输入"MT"并按空格键，启用"多行文字"命令，为平面布置图添加文字标注的效果如图13-55所示。

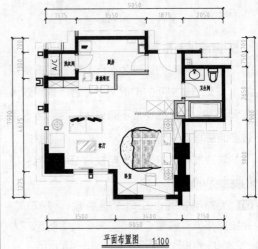

图13-55 添加图名标注

13.3.2 绘制小户型地面布置图

地面布置图在平面布置图的基础上绘制。可以在保留家具的情况下绘制填充图案，也可以先删除家具，再在各区域中绘制填充图案。

小户型中厨房与卫生间、玄关区域的地面铺装材料为仿古瓷砖，卧室与客厅则铺设实木复合地板。

1. 清理图形

复制一份平面布置图，选择图中的家具，启用"删除"命令删除家具。清理完毕图形后，就可以开始绘制地面铺装图。

在命令行中输入"E"并按空格键，启用"删除"命令，删除平面布置图副本上的家具图形，如图13-56所示。

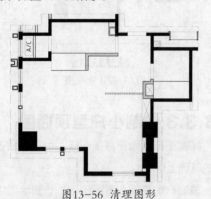

图13-56 清理图形

2. 绘制标注文字

在各区域中添加标注文字，标注材料名称，为读图及施工提供便利。

在命令行中输入"MT"并按空格键，启用"多行文字"命令。

在平面图中指定对角点，绘制矩形文本框，在其中输入材料名称，如图13-57所示。

厨房与玄关、卫生间铺设相同的仿古砖，但是规格不同。厨房铺设规格为"300×300"的米黄色仿古砖，玄关与卫生间铺设规格为"600×600"的米黄色仿古砖。

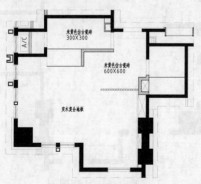

图13-57 绘制材料标注

3. 填充图案

不同的铺装材料，需要使用不同类型的图案来表示。即使是使用相同的图案，在表达不同材料时，也需要修改图案的比例、角度，以便与已有的同类图案相区别。

01 绘制填充分界线。在命令行中输入"L"并按空格键，启用"直线"命令，绘制垂直线段，划分填充区域，如图 13-58 所示。

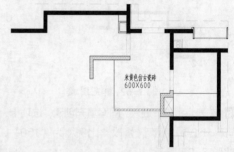

图13-58 绘制分界线

02 在命令行中输入"H"并按空格键，启用"图案填充"命令。

03 在"图案"面板中选择"DOLMIT"图案，选择"颜色"，设置"比例"为"15"，如图13-59 所示。

图13-59 设置参数

04 单击拾取客厅与卧室区域，填充图案代表实木复合地板，效果如图 13-60 所示。

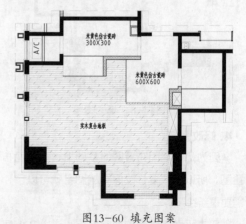

图13-60 填充图案

05 按 Enter 键，继续执行"填充图案"操作。

06 在"图案"面板中选择"NET"图案，选择"颜色"，设置"比例"为"100"，如图13-61所示。

图13-61 设置参数

07 在厨房区域内单击，拾取填充区域，填充图案代表"300×300 米黄色仿古瓷砖"，效果如图13-62所示。

图13-62 填充图案

08 按 Enter 键，进入"图案填充创建"选项卡。选择"NET"图案，修改"比例"为"150"，如图13-63所示。

图13-63 修改参数

09 在玄关与卫生间区域内单击，拾取填充区域，填充图案代表"600×600 米黄色仿古瓷砖"，效果如图13-64所示。

图13-64 填充图案

4. 修改图名

因为是在平面布置图的基础上绘制地面布置图，所以，只要修改原有的图名就可以了，需要重新绘制。

双击平面布置图的原有名称，进入在位编辑模式，修改图名，结果如图13-65所示。

图13-65 修改图名

13.3.3 绘制小户型顶棚图

顶棚图与地面布置图一样，也在平面布置图的基础上绘制。

复制一份平面布置图的副本，删除图中的家具图形，就可以开始绘制顶棚图。

厨房与卫生间的顶棚材料为白色的铝扣板，具有防潮、防腐蚀的功能。其他区域的顶棚材料为白色云石板。

1. 清理图形

01 在命令行中输入"CO"并按空格键，启用"复制"命令，创建一份平面布置图的副本。

02 在命令行中输入"E"并按空格键，启用"删除"命令，删除平面图中的家具，操作效果如图13-66所示。

图13-66 清理图形

2. 绘制顶面造型

小户型的顶面造型以矩形石膏板吊顶为主，主要启用"矩形"命令来绘制。

厨房与卫生间的顶面材料为铝扣板，启用"图案填充"命令来绘制。

01 绘制厨房顶面。在命令行中输入"O"并按空格键，启用"偏移"命令。设置偏移距离为"20"，选择内墙线向内偏移。

02 在命令行中输入"TR"并按空格键，启用"修剪"命令，修剪线段，结果如图13-67所示。

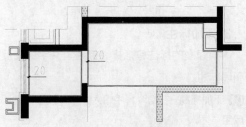

图13-67 修剪线段

03 在命令行中输入"H"并按空格键，启用"图案填充"命令。

04 在"图案"面板中选择"LINE"图案，选择"颜色"，设置"角度"为"90°"，"比例"为"90"，如图13-68所示。

图13-68 设置名称

05 在厨房区域中单击，拾取填充区域，填充图案的效果如图13-69所示。

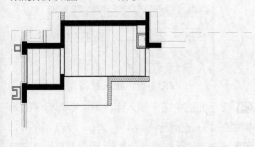

图13-69 填充图案

06 按空格键，再次启用"图案填充"命令。修改"角度"为"0"，"比例"为"165"，如图13-70所示。

图13-70 修改参数

07 拾取厨房区域为填充区域，填充图案的效果如图13-71所示。

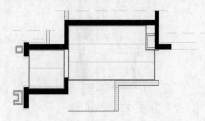

图13-71 填充图案

08 参考绘制厨房顶面的方法，为卫生间区域填充顶面图案，如图13-72所示。

09 绘制玄关顶面。在命令行中输入"REC"并按空格键，启用"矩形"命令。绘制尺寸为"1670×1065"的矩形，如图13-73所示。

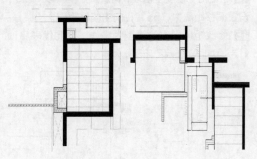

图13-72 填充卫生间　　图13-73 绘制矩形
顶面图案

10 绘制卧室顶面。按空格键，再次启用"矩形"命令，绘制矩形，如图13-74所示。

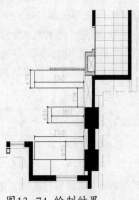

图13-74 绘制结果

11 绘制灯带。在命令行中输入"L"并按空格键，绘制与顶面造型平行的虚线，如图13-75所示。

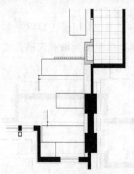

图13-75 绘制灯带

12 绘制客厅顶面。在命令行中输入"REC"并按空格键，启用"矩形"命令，绘制尺寸为"2700×3160"的矩形。

13 在命令行中输入"O"并按空格键，启用"偏移"命令。设置偏移距离为"250"，向内偏移矩形，如图13-76所示。

14 绘制灯带。按空格键，再次调用"偏移"命令，设置偏移距离为"55"，向内偏移矩形。

15 修改矩形副本的线型为虚线，以此代表吊顶灯带，如图13-77所示。

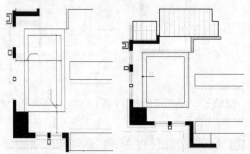

图13-76 绘制矩形　　图13-77 绘制灯带

16 填充白色云石板图案。在命令行中输入"H"并按空格键，启用"图案填充"命令。

17 在"图案"面板上选择"MUDST"图案，选择"颜色"，设置"比例"为"10"，如图13-78所示。

图13-78 设置参数

18 在平面图中拾取填充区域，填充图案的效果如图13-79所示。

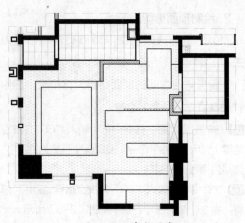

图13-79 填充图案

3.添加标注

顶面图的标注包括标高标注、文字标注及引线标注。

01 添加标高。在命令行中输入"I"并按空格键，启用"插入"命令。

02 打开"插入"对话框，选择"标高"图块，单击"确定"按钮，如图13-80所示。

图13-80 "插入"对话框

03 单击"确定"按钮，打开"编辑属性"对话框。在"请输入标高"文本框中输入标高值，如图13-81所示。

图13-81 输入标高

04 在平面图中指定插入点，添加标高标注的效果如图13-82所示。

05 绘制引线。在命令行中输入"MLD"并按空格键，启用"多重引线"命令。

06 指定起点与终点，绘制带箭头的引线，按Enter键，退出命令，结果如图13-83所示。

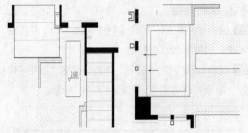

图13-82 插入标高　　图13-83 绘制引线

07 添加标高。在命令行中输入"I"并按空格键，启用"插入"命令，在引线上放置标高图块，结果如图 13-84 所示。

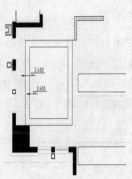

图13-84 插入标高

08 重复执行添加标高的操作，最终效果如图 13-85 所示。

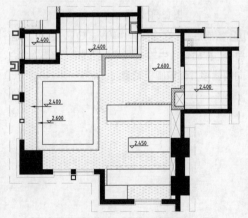

图13-85 标注结果

09 绘制材料标注。在命令行中输入"MLD"并按空格键，启用"多重引线"命令，绘制引线标注，注明顶面材料。

10 在命令行中输入"MT"并按空格键，启用"多行文字"命令。在平面图中绘制文字标注，如图 13-86 所示。

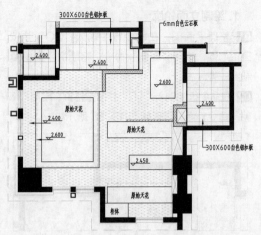

图13-86 添加文字标注

4. 修改图名

双击平面布置图的图名，进入可编辑模式。输入"顶棚平面图"，在空白区域单击，退出命令。修改图名的结果如图13-87所示。

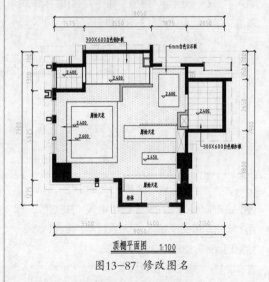

图13-87 修改图名

13.3.4 绘制厨房立面图

入户门的右侧是厨房，厨房主要承担烹饪、洗涤与储藏功能。

本节介绍厨房中橱柜立面图的绘制方法。吊柜主要承担储藏功能。日常生活中，食物的烹饪、料理在橱柜台面上进行。台面下设置柜子，用来存放常用的物品，方便经常取用。

1. 绘制立面轮廓

01 整理平面图。在命令行中输入"CO"并按 Enter 键，启用"复制"命令，将厨房平面图复制到一旁。

02 在命令行中输入"TR"并按空格键，启用"修剪"命令，修剪图形如图 13-88 所示。

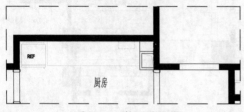

图13-88 整理平面图

03 绘制立面轮廓。在命令行中输入"REC"，启用"矩形"命令；输入"X"，启用"分解"命令，绘制并分解矩形。

04 在命令行中输入"O"，启用"偏移"命令；输入"TR"，启用"修剪"命令，偏移并修剪矩形边，绘制结果如图 13-89 所示。

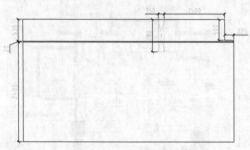

图13-89 绘制并修剪图形

05 绘制厨房门。在命令行中输入"REC"，启用"矩形"命令；输入"L"，启用"直线"命令，绘制门图形，如图 13-90 所示。

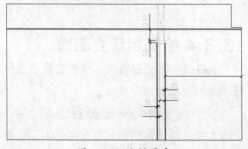

图13-90 绘制厨房门

2. 绘制橱柜

01 绘制橱柜轮廓。在命令行中输入"O"并按空格键，向内偏移立面轮廓。

02 在命令行中输入"TR"并按空格键，启用"修剪"命令，修剪图形，如图 13-91 所示。

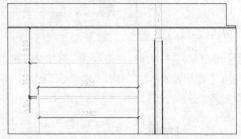

图13-91 绘制橱柜轮廓

03 绘制吊柜。在命令行中输入"O"，启用"偏移"命令；在命令行中输入"TR"，启用"修剪"命令。向内偏移并修剪立面轮廓线，如图 13-92 所示。

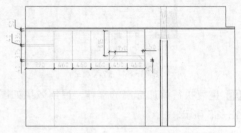

图13-92 偏移并修剪线段

04 绘制底柜。在命令行中输入"O"，启用"偏移"命令；在命令行中输入"TR"，启用"修剪"命令。向内偏移并修剪橱柜轮廓线，如图 13-93 所示。

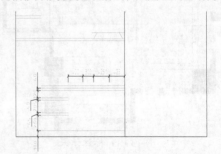

图13-93 绘制底柜

05 在命令行中输入"L"并按空格键，启用"直线"命令，在橱柜内部绘制对角线，并将线型设置为虚线，如图 13-94 所示。

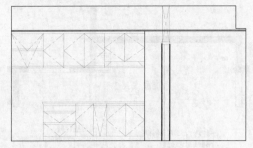

图13-94 绘制对角线

3. 调入图块

01 绘制入户门门套。在命令行中输入"O"，启用"偏移"命令；在命令行中输入"TR"，启用"修剪"命令。向内偏移并修剪立面轮廓线，结果如图13-95所示。

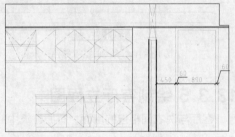

图13-95 绘制门套

02 在命令行中输入"REC"，启用"矩形"命令；输入"L"命令，启用"直线"命令，绘制图13-96所示的图形。

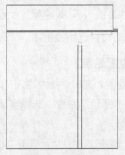

图13-96 绘制图形

03 绘制对讲机与开关位置。在命令行中输入"REC"并按空格键，启用"矩形"命令，分别绘制尺寸为"310×210""90×90"的矩形。

04 绘制踢脚线。在命令行中输入"O"，启用"偏移"命令；在命令行中输入"TR"，启用"修剪"命令。向内偏移并修剪立面轮廓线，绘制结果如图13-97所示。

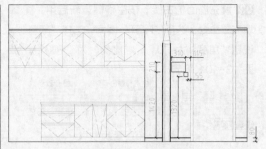

图13-97 绘制结果

05 打开"素材\第13章\练习家具图例.dwg"文件，选择冰箱、门，将其复制并粘贴至当前视图，如图13-98所示。

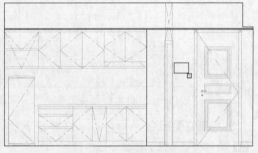

图13-98 绘制矩形

4. 填充立面图案

01 在命令行中输入"H"并按空格键，启用"图案填充"命令。在"图案"面板中选择"LINE"图案，选择"颜色"，设置"角度"为"0"，"比例"为"10"，如图13-99所示。

图13-99 设置参数

02 在立面图中单击指定填充区域，填充图案的效果如图13-100所示。

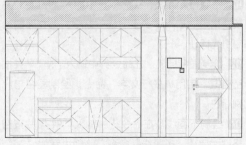

图13-100 填充图案

03 填充墙面仿古砖。按空格键重新启用"图案填充"命令，选择"NET"图案，选择"颜色"，设置"角度"为"0"，"比例"为"100"，如图 13-101 所示。

图13-101 修改参数

04 在立面图中拾取填充区域，填充墙面仿古砖的效果如图 13-102 所示。

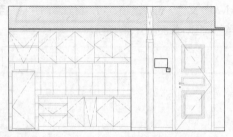

图13-102 填充仿古砖图案

5. 绘制立面标注

01 绘制尺寸标注。在命令行中输入"DLI"并按空格键，启用"线性标注"命令。在立面图中指定标注点，绘制尺寸标注的结果如图 13-103 所示。

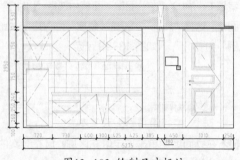

图13-103 绘制尺寸标注

02 绘制材料标注。在命令行中输入"MLD"并按空格键，启用"多重引线"命令，为立面图绘制引线标注。

03 绘制图名标注。在命令行中输入"MT"并按空格键，启用"多行文字"命令，绘制图名与比例标注。

04 绘制下画线。在命令行中输入"PL"并按空格键，启用"多段线"命令，绘制线宽为"20"与"0"的多段线，结果如图 13-104 所示。

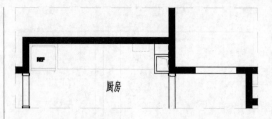

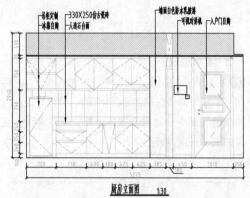

厨房立面图　　1:30

图13-104 绘制文字标注

13.3.5 绘制客厅立面图

客厅与洗衣间相连的墙面，有原建筑中的三面窗，在装修的过程中，没有改动窗户。

因为墙面面积不大，所以，不宜使用繁复的装饰，选购素雅简单的壁纸来装饰最为经济实惠，并且耐观赏。

客厅地面铺设实木地板，为了与地板配套，踢脚线的材料选用樱桃木。

1. 绘制立面轮廓

01 整理平面图。在命令行中输入"CO"并按空格键，启用"复制"命令。选择客厅平面图，将其复制至一旁。

02 在命令行中输入"E"，启用"删除"命令；输入"TR"，启用"修剪"命令，删除并修剪多余的图形，如图 13-105 所示。

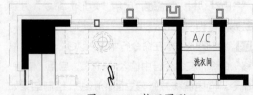

图13-105 整理图形

03 绘制立面轮廓。在命令行中输入"REC"，启用"矩形"命令；输入"X"，启用"分解"命令。

04 在命令行中输入"O"，启用"偏移"命令；输入"TR"，启用"修剪"命令，向内偏移并修剪矩形边，如图 13-106 所示。

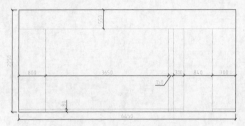

图13-106 绘制立面轮廓

2. 绘制原建筑窗

01 绘制窗轮廓。在命令行中输入"REC"并按空格键，启用"矩形"命令，绘制矩形表示窗外轮廓，如图 13-107 所示。

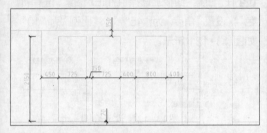

图13-107 绘制矩形

02 在命令行中输入"X"，启用"分解"命令；输入"O"，启用"偏移"命令，分解矩形，并向内偏移矩形边。

03 在命令行中输入"TR"并按空格键，启用"修剪"命令，修剪矩形边，如图 13-108 所示。

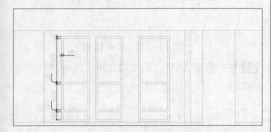

图13-108 修剪线段

04 在命令行中输入"L"并按空格键，启用"直线"命令，绘制对角线，表示窗的开启方向，如图 13-109 所示。

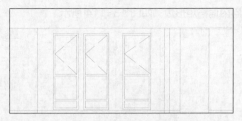

图13-109 绘制对角线

3. 绘制吊柜

01 绘制吊柜轮廓线。在命令行中输入"REC"并按空格键，启用"矩形"命令，绘制尺寸为"750×350"的矩形，如图 13-110 所示。

02 在命令行中输入"X"，启用"分解"命令；输入"O"，启用"偏移"命令，分解矩形，并向内偏移矩形边，如图 13-111 所示。

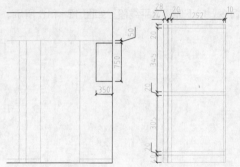

图13-110 绘制矩形　　图13-111 偏移线段

03 在命令行中输入"TR"并按空格键，启用"修剪"命令，修剪矩形边，如图 13-112 所示。

图13-112 修剪线段

4. 绘制橱柜

01 绘制橱柜轮廓线。在命令行中输入"REC"并按空格键，启用"矩形"命令，绘制尺寸为"850×600"的矩形，如图 13-113 所示。

02 在命令行中输入"X"，启用"分解"命令；输入"O"，启用"偏移"命令，分解矩形，并向内偏移矩形边，如图 13-114 所示。

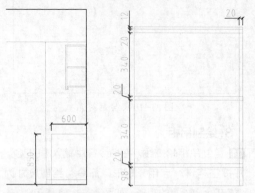

图13-113 绘制矩形　　图13-114 偏移线段

03 在命令行中输入"TR"并按空格键，启用"修剪"命令，修剪矩形边，如图 13-115 所示。

04 在命令行中输入"O"并按空格键，启用"偏移"命令，向下偏移水平线段，如图 13-116 所示。

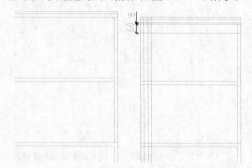

图13-115 修剪线段　　图13-116 向内偏移线段

05 在命令行中输入"TR"并按空格键，启用"修剪"命令，修剪线段，如图 13-117 所示。

06 在命令行中输入"O"并按空格键，启用"偏移"命令，向下偏移水平线段，如图 13-118 所示

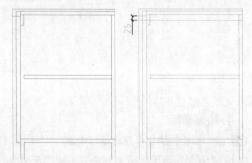

图13-117 修剪线段　　图13-118 向下偏移线段

07 在命令行中输入"TR"并按空格键，启用"修剪"命令，修剪线段，如图 13-119 所示。

08 在命令行中输入"REC"并按空格键，启用"矩形"命令，绘制尺寸为"50×12"的矩形，如图 13-120 所示。

图13-119 修剪线段　　图13-120 绘制矩形

5. 填充立面图案

01 填充顶面图案。在命令行中输入"H"并按空格键，启用"图案填充"命令。

02 在"图案"面板上选择"LINE"图案，选择"颜色"，设置"角度"为"45°"，"比例"为"10"，如图 13-121 所示。

图13-121 设置参数

03 在立面图中拾取填充区域，填充图案的效果如图 13-122 所示。

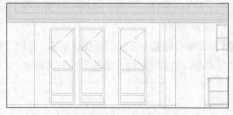

图13-122 填充图案

04 按空格键，重复启用"图案填充"命令。修改"比例"为"2"，如图 13-123 所示。

图13-123 修改参数

05 在吊柜与橱柜中拾取填充区域，填充图案的效果如图 13-124 所示。

图13-124 填充图案

06 按空格键，进入"填充图案创建"选项卡。选择"AR-SAND"图案，选择"颜色"，设置"角度"为"45°"，"比例"为"4"，如图13-125所示。

② 选择颜色　③ 修改参数

① 选择图案

图13-125 设置参数

07 在立面墙体内单击，拾取填充区域，填充图案的效果如图13-126所示。

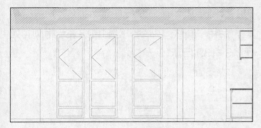

图13-126 填充图案

6. 绘制标注

01 调入图块。打开"素材\第13章\练习家具图例.dwg"文件，选择立面门、柜体零件，将其复制并粘贴至当前视图中，如图13-127所示。

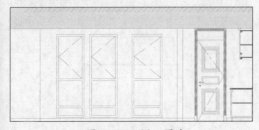

图13-127 调入图块

02 绘制尺寸标注。在命令行中输入"DLI"并按空格键，启用"线性标注"命令，为立面图绘制尺寸标注，如图13-128所示。

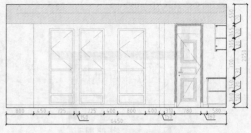

图13-128 绘制尺寸标注

03 绘制材料标注。在命令行中输入"MLD"并按空格键，启用"多重引线"命令。绘制引线标注，注明材料名称。

04 绘制图名标注。在命令行中输入"MT"并按空格键，启用"多行文字"命令，绘制图名与比例。

05 在命令行中输入"PL"并按空格键，启用"多段线"命令，绘制宽度为"20"与"0"的下画线，如图13-129所示。

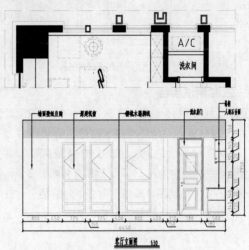

图13-129 绘制文字标注

13.3.6 绘制卫生间立面图

卫生间墙面的装饰材料为壁纸，其余设备由业主自购，如壁灯、洗脸盆、浴缸及马桶等。

1. 绘制立面轮廓

01 整理图形。在命令行中输入"CO"并按空格键，启用"复制"命令，复制卫生间平面图至一旁。

02 在命令行中输入"E"，启用"删除"命令；输入"TR"，启用"修剪"命令，删除并修剪图形，整理图形的效果如图 13-130 所示。

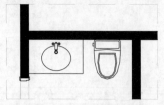

图13-130 整理图形

03 绘制立面轮廓。在命令行中输入"L"，启用"直线"命令；输入"O"，启用"偏移"命令，绘制并偏移线段，结果如图 13-131 所示。

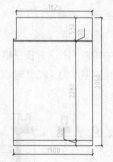

图13-131 绘制立面轮廓

2. 绘制洗手台

01 绘制洗手台外轮廓。在命令行中输入"REC"并按空格键，启用"矩形"命令，绘制尺寸为"1000×570"的矩形，如图 13-132 所示。

02 在命令行中输入"X"，启用"分解"命令；输入"O"，启用"偏移"命令，分解矩形，并向内偏移矩形边，如图 13-133 所示。

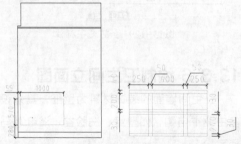

图13-132 绘制矩形　　图13-133 偏移线段

03 在命令行中输入"A"并按空格键，启用"圆弧"命令，绘制圆弧，如图 13-134 所示

04 在命令行中所输入"TR"并按空格键，启用"修剪"命令，修剪图形，如图 13-135 所示。

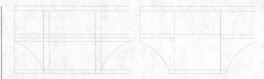

图13-134 绘制圆弧　　图13-135 修剪图形

05 在命令行中输入"O"并按空格键，启用"偏移"命令，指定偏移距离为"10"，偏移线段，如图 13-136 所示。

06 在命令行中所输入"TR"并按空格键，启用"修剪"命令，修剪图形，如图 13-137 所示。

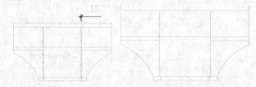

图13-136 偏移线段　　图13-137 修剪线段

07 绘制抽屉拉手。在命令行中输入"REC"并按空格键，启用"矩形"命令，绘制矩形表示拉手，如图 13-138 所示。

08 绘制柜脚。在命令行中输入"L"并按空格键，启用"直线"命令，绘制直线表示柜脚，如图 13-139 所示。

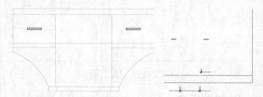

图13-138 绘制矩形　　图13-139 绘制柜脚

3. 填充立面图案

01 调入图块。打开"素材 \ 第 13 章 \ 练习家具图例 .dwg"文件，选择壁灯、镜子、马桶等图形，复制并粘贴至当前视图中，如图 13-140 所示。

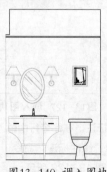

图13-140 调入图块

02 填充顶面图案。在命令行中输入"H"并按空格键，启用"图案填充"命令。

03 在"图案"面板上选择"LINE"图案，选择"颜色"，设置"角度"为"45°"，"比例"为"10"，如图 13-141 所示。

图13-141 设置参数

04 在立面图中单击，拾取填充区域，填充图案如图 13-142 所示。

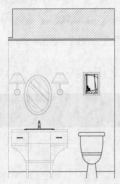

图13-142 填充图案

05 按空格键，继续启用"图案填充"命令。选择"GOST-GLASS"图案，选择"颜色"，设置"角度"为"45°"，"比例"为"15"，如图 13-143 所示。

图13-143 修改参数

06 单击拾取立面墙，指定填充区域，填充图案的效果如图 13-144 所示。

图13-144 填充图案

4. 绘制标注

01 绘制尺寸标注。在命令行中输入"DLI"并按空格键，启用"线性标注"命令，创建尺寸标注，如图 13-145 所示。

图13-145 绘制尺寸标注

02 绘制材料标注。在命令行中输入"MLD"并按空格键，启用"多重引线"命令，绘制引线标注注明材料名称。

03 绘制图名与比例。在命令行中输入"MT"并按空格键，启用"多行文字"命令，绘制图名与比例标注。

04 绘制下画线。在命令行中输入"PL"并按空格键，启用"多段线"命令，绘制线宽为"20"与"0"的下画线，如图 13-146 所示。

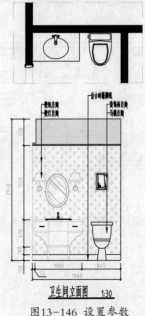

图13-146 设置参数

13.4 知识拓展

本章以小户型项目为例，介绍绘制小户型室内设计图纸的方法。以平面布置图、地面布置图、顶面布置图为例，讲解绘制平面图的方法。以厨房立面图、客厅立面图、卫生间立面图为例，介绍绘制立面图的方法。

居室的平面布置是室内设计工作的重要一环，很多后续的程序都要围绕着居室的平面布置概况展开。例如，地面铺装材料的选择、铺装图案的类型及铺贴方式，都与平面布置有关。

顶棚的造型、材料及高度，与居室层高、功能分区有关。例如，客厅的顶棚与厨房的顶棚，材料与造型必定有异。

立面装饰也是室内设计重要的一环。立面的装饰效果，影响居室整个装饰风格，并能够从中看出居室主人的个人品味。

13.5 拓展训练

难度：☆☆	难度：☆☆
素材文件：无	素材文件：无
效果文件：素材\第13章\习题1.dwg	效果文件：素材\第13章\习题2.dwg
在线视频：第13章\习题1.mp4	在线视频：第13章\习题2.mp4

请参考13.3.1节的内容，练习绘制小户型平面布置图，如图13-147所示。

请参考13.3.5节的内容，练习绘制客厅立面图，如图13-148所示。

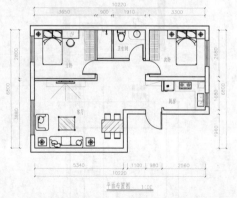

图13-147 小户型平面布置图

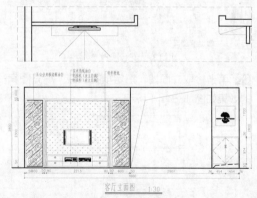

图13-148 客厅立面图

第 **14** 章

传动轴机械
设计详解

绘制机械设计图，需要遵循《机械制图》标准。在标准中，规定了图纸的幅面与格式，以及比例、字体、图线等。本章介绍绘制机械图纸所要遵循的相关标准，并以高速轴为例，介绍机械图纸的绘制方法。

本章重点

了解机械制图的相关标准

学习绘制高速轴零件图的方法

机械设计就是根据使用要求，对机械的工作原理、零件的材料与样式、能量的传递方式进行思考，并以图纸的形式表达思考结果，即机械的工作过程。

14.1.1 机械设计的有关标准

机械设计的有关标准有《机械制图图样画法视图》（GB/T 4458.1—2002）、《机械工程CAD制图规则》（GB/T 14665—2012）等。在绘制图纸的时候，需要遵循这些国家制图标准。

1. 图纸的基本幅面

绘制技术图样时，优先采用幅面代号为A0、A1、A2、A3、A4的图纸，基本幅面尺寸如表14-1所示。

表14-1 基本幅面尺寸

幅面代号	A0	A1	A2	A3	A4
$B \times L$	841×1189	594×841	420×594	297×420	210×297

注：B表示短边，L表示长边。

2. 比例

比例是指图样中机件要素的线性尺寸与实际机件相应要素的线性尺寸之比。

比值为"1"的比例称为原值比例，比值大于"1"的比例称为放大比例，比值小于"1"的比例称为缩小比例。

绘制技术图样时应在表14-2中选取适用的比例。

表14-2 选取适用的比例

种类	首选比例		附加比例	
原值比例	1:1		1:1	
放大比例	5:1	$5 \times 10n:1$	4:1	$4 \times 10n:1$
	2:1	$2 \times 10n:1$	2.5:1	$2.5 \times 10n:1$
		$1 \times 10n:1$		
缩小比例	1:2	$1:2 \times 10n$	1:1.5	$1:1.5 \times 10n$
	1:5	$1:5 \times 10n$	1:2.5	$1:2.5 \times 10n$
	1:10	$1:1 \times 10n$	1:3	$1:3 \times 10n$
			1:4	$1:4 \times 10n$

比例的符号为"："，表示方法如"1:1""1:5"等。

在同一张图样上各个图形通常采用相同的比例绘制。

当某个图形需要使用不同的绘制比例时，如局部放大图，就需要在图形名称的下方标注该图形所采用的比例，如图14-1所示。

$$A \qquad B$$
$$5:1 \qquad 2:1$$

图14-1 在名称下方标注比例

或者在图形名称的右侧标注绘制该图形时所采用的比例，如图14-2所示。

$$平面图 \; 1:200$$

图14-2 在名称右侧标注比例

必要时，允许在同一图形中的垂直方向与水平方向选取不同的比例。但是两种比例的比值不应该超过5倍。

采用比例尺的形式来表示图样的比例，需要在图样的垂直方向或者水平方向绘制比例尺。

3. 字体

制图标准规定图样中的字体应该工整、笔

画清楚、间隔均匀及排列整齐。

字体的高度"h"代表字体的号数，如5号字的高度为5mm。

有7种字体高度供选择，分别是2.5mm、3.5mm、5mm、7mm、10mm、14mm、20mm。

因为有些汉字的笔画比较多，所以，制图标准规定汉字的最小高度不应小于3.5mm。

为了方便阅读，规定在同一张图上只允许选用一种形式的字体。

字母与数字可以写成斜体或者直体。斜体字的字头向右倾斜，与水平基准线成75°角。

4. 图线

机械图样的图线形式、线宽及用途如表14-3所示。

表14-3 机械图样的图线形式、线宽及用途

名称	图线	线宽	用途
粗实线		b	可见棱边线、可见轮廓线、相贯线、螺纹牙顶线、螺纹长度终止线
细实线		约$b/3$	锥形结构的基面位置线、叠片结构位置线、辅助线、投射线、网格线
细点画线		约$b/3$	轴线、对称中心线、分度圆（线）、剖切线
粗点画线		b	限定范围表示线
双点画线		约$b/3$	成形前轮廓线、轨迹线、剖切面前的结构轮廓线、中断线
虚线		约$b/3$	不可见棱边线、不可见轮廓线
波浪线		约$b/3$	断裂处分界线、视图与剖面视图的分界线

5. 尺寸标注

机件的大小是以图样上标注的尺寸数值为制造与检验的依据，因此，在绘制尺寸标注时，必须遵循一套统一的规则，保证不会因为误解而造成差错。

◆基本规则

图样上标注的尺寸标注是机件的实际大小，与绘图时采用的缩放比例无关，与绘图的精确度无关。

图样中的尺寸以"mm"为单位时，不需要标注单位代号或者名称。使用其他单位，需要注明该单位的代号或者名称。

图样上标注的尺寸是机件的最后完工尺寸，否则，需要另附说明。

机件的每个尺寸，通常只在反映该结构最清楚的图形上标注一次。

◆尺寸界线

尺寸界线使用细实线来绘制，由图形的轮廓线、对称中心线、轴线处引出，如图14-3所示。

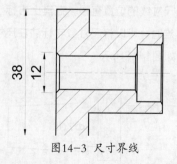

图14-3 尺寸界线

◆尺寸线

尺寸线使用细实线绘制，尺寸线的终端有两种形式，一种是箭头，如图14-3所示，另一种是45°细斜线，如图14-4所示。

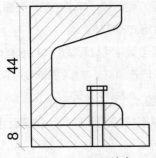

图14-4 45° 细斜线

为了统一并且不至于引起误解，细斜线终端应以尺寸线为准，沿逆时针方向旋转45°。

当尺寸线与尺寸界线互相垂直时，同一张图中只能采用一种尺寸线终端形式。

机械图样中一般采用箭头作为尺寸线的终端。

◆尺寸数字

线性标注的尺寸数字一般标注在尺寸线的上方，如图14-5所示。

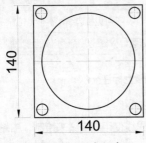

图14-5 尺寸数字

当尺寸线的位置有限，在其上方标注数字存在困难时，可以将尺寸数字标注在尺寸线中断处，如图14-6所示。

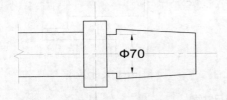

图14-6 打断尺寸线

标注角度的数字写成水平方向，通常注写在尺寸线的中断处，如图14-7所示。

尺寸线的空间不足以放置角度标注时，可以引出标注，如图14-8所示。

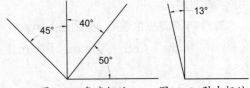

图14-7 角度标注　　图14-8 引出标注

任何尺寸数字都不可以被图线通过，必要时，需要断开图线，凸显尺寸数字，如图14-9所示。

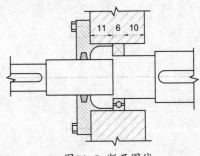

图14-9 断开图线

◆直径、半径、球面标注

标注直径时，在尺寸数字前添加符号"Φ"。半径标注的尺寸数字前添加符号"R"。

标注球面的半径或者直径时，在符号"Φ""R"前添加符号"S"，如图14-10所示。

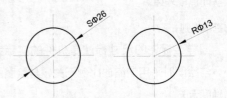

图14-10 添加符号

在不会引起误解的情况下，在标注铆钉的头部、轴的端部及手柄的端部等处时，允许省略符号"S"。

◆尺寸标注的符号和缩写词

在机械图样中，为各种机件创建尺寸标注时，需要相应地在尺寸数字的前面添加符号。

符号、缩写词如表14-4所示。

表14-4 符号、缩写词

名称	符号或缩写词
直径	Φ
半径	R
球直径	SΦ
球半径	SR
厚度	t
均布	EQS
45°倒角	C
正方形	□
深度	
沉孔或锪平	
埋头孔	
弧长	
斜度	
锥度	
展开长	

14.1.2 机械设计图的种类

机械设计图有两种类型，一种是零件图，另一种是装配图。

1. 零件图

零件图表达零件的内外结构、形状及大小，并且附加文字标注，说明零件的使用材料、加工工艺、检验标准及测量要求。

零件图可以分为3种类型：标准件、传动件及一般零件。

◆标准件

机械制图标准规定了标准件的画法及标注方法，在绘制标准件设计图纸时，需要遵循相关的制图规范。

标准件的类型有螺栓、螺钉、螺母等。

◆传动件

传动件的类型有齿轮、涡轮及丝杆等，在绘制设计图时，也需要遵守机械制图规范。

◆一般零件

除去标准件与传动件，剩下的零件便可归类到一般零件的范畴，包括轴、盘盖、箱体等。

绘制零件图的过程可以大致描述如下：设置绘图环境→布局主视图→绘制主视图细节→布局其他视图（俯视图、左视图等）→调整图形→添加标注→提交审查。

2. 装配图

装配图用来表达机器的工作原理、各零件的安装关系，为装配、检验、维修提供技术支持。

制图员先绘制装配图，根据图纸的提示，设计零件，然后绘制零件图。

14.1.3 机械制图的表达方法

在绘制机械图纸时，有多种表达方法，包括投影法、剖视图及断面图等。

1. 投影法

机件面向投影面投影时，人、机件与投影面三者有两种关系。

第一种关系是机件位于投影面与人之间，又称第一角投影法。机械制图标准规定采用第一角投影法来绘制图纸。

将物体放在第一分角内，使物体处于人与投影面之间，使用正投影法投射，投射方向为图中箭头所指的方向，如图14-11所示。

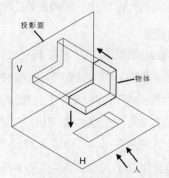

图14-11 第一角投影法

在V、H两个投影面上获得投影。展开摊平，按照投影关系绘制与之相配的两个视图，即主视图与俯视图，如图14-12所示。

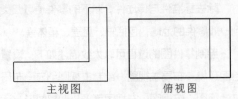

主视图　　　　　　俯视图

图14-12 绘制视图

第二种关系是投影面位于机件与人之间，又称为第三投影法。

2. 视图

◆基本视图

将机件放置在三投影面体系中，分别向三个投影面投影，得到三视图，即主视图、俯视图与左视图，如图14-13所示。图中图样仅供参考，因此，没有添加尺寸标注。

从正前方投射获得的视图称为主视图，应该反映机件的主要结构形状特征，通常是选择机件的工作位置或者加工位置绘制主视图。

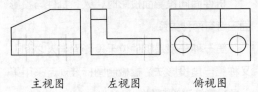

主视图　　　　左视图　　　　俯视图

图14-13 三视图

◆向视图

向视图可以自由配置，在相应的视图附近有箭头与相同的大写字母表示向视图的投射方向。

3. 剖视图

使用剖切面剖开机件，将位于人与剖面之间的部分机件移开，剩下的部分向投影面投射。

然后得到剖开后的图形，在剖切面与机件接触的断面区域绘制剖面线，即可得到剖面视图，如图14-14所示。

绘制剖视图，可以将机件内部不可见的轮廓转化为可见轮廓，能够清晰地反映机件的结构形状。

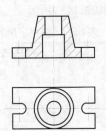

图14-14 剖视图

4. 断面图

断面图是使用剖切面将物体某处切断，绘制剖切面与物体接触部分的图形。

移出断面图的图形绘制在视图的一侧，使用粗实线绘制轮廓线，通常配置在剖切线的延长线上。

如果断面图的图形为对称关系，可以将物体的断面绘制在视图中断处，如图14-15所示。

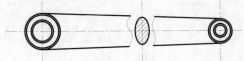

图14-15 断面图

移出断面图可以配置在其他的位置上。在不会引起误会的前提下，可以执行"旋转"操作，将斜放的断面图放正。

5. 局部放大图

如果想要了解物体某个部分的详细结构，可以绘制局部放大图。

在物体上绘制圆圈，圈出被放大的部位。假如需要为多处绘制放大图，为了方便区分，需要绘制罗马数字作为编号。

假如只绘制其中某处的放大图，添加比例标注即可，如图14-16所示。

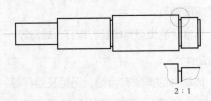

2：1

图14-16 局部放大图

本节以高速轴零件图为例，介绍绘制机械设计图纸的方法。

14.2.1 绘图分析

传动轴零件图中包含的元素很多，有图形，也有标注。在绘制过程中，遵循一定的绘制顺序，可以避免错画、漏画图形。

首先绘制作为参考作用的中心线，以中心线为基准，绘制轴图形。

接着标注尺寸、标注尺寸精度，添加形位公差、标注粗糙度。

技术要求必不可少，如果有必要，还需要绘制明细表，注明图中代号的意义。

14.2.2 绘制高速齿轮轴基本图形

01 打开"素材 \ 第 14 章 \14.2.2 绘制高速齿轮轴基本图形 .dwg"文件，如图 14-17 所示。

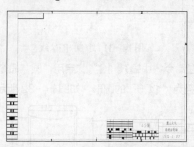

图14-17 打开素材

02 绘制中心线。在命令行中输入"L"，启用"直线"命令，绘制水平中心线与垂直中心线，如图 14-18 所示。

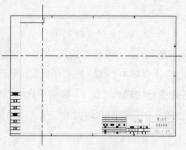

图14-18 绘制中心线

03 在命令行中输入"O"，启用"偏移"命令，偏移垂直中心线，如图 14-19 所示。

图14-19 偏移垂直中心线

04 按空格键，继续启用"偏移"命令，偏移水平中心线，如图 14-20 所示。

图14-20 偏移水平中心线

05 绘制高速轴轮廓。在命令行中输入"L"，启用"直线"命令，以中心线为基准，绘制轴轮廓，如图 14-21 所示。

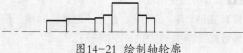

图14-21 绘制轴轮廓

06 在命令行中输入"CHA"，启用"倒角"命令，设置"倒角距离"为"1"与"2"，对轴轮廓执行倒角修剪，如图 14-22 所示。

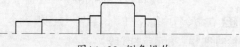

图14-22 倒角操作

07 在命令行中输入"MI"，启用"镜像"命令，选择已绘制的轴轮廓，以中心线为镜像线，向下镜像复制轮廓，如图 14-23 所示。

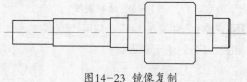

图14-23 镜像复制

08 制键槽。在命令行中输入"L"，启用"直线"命令，绘制垂直辅助线，如图14-24所示。

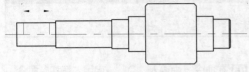

图14-24 绘制线段

09 在命令行中输入"C"，启用"圆"命令，设置半径值为"4"，绘制圆形，如图14-25所示。

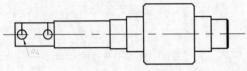

图14-25 绘制圆形

10 在命令行中输入"L"，启用"直线"命令；同时按住Shift键，在弹出的快捷菜单中选择"切点"命令，依次拾取两个圆形上的切点，绘制切线连接圆形，如图14-26所示。

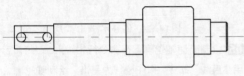

图14-26 绘制圆形

11 在命令行中输入"TR"，启用"修剪"命令，修剪圆形；输入"E"，启用"删除"命令，删除垂直辅助线，如图14-27所示。

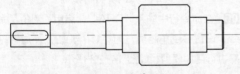

图14-27 修剪图形

12 在命令行中输入"L"，启用"直线"命令，绘制图14-28所示的线段。

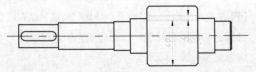

图14-28 绘制线段

13 在命令行中输入"A"，启用"圆弧"命令，绘制图14-29所示的圆弧。

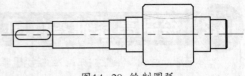

图14-29 绘制圆弧

14 在命令行中输入"E"，启用"删除"命令，删除水平辅助线；输入"L"，启用"直线"命令，绘制线段，如图14-30所示。

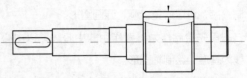

图14-30 修剪图形

15 绘制断面图。在命令行中输入"L"，启用"直线"命令，绘制水平中心线及垂直中心线，如图14-31所示。

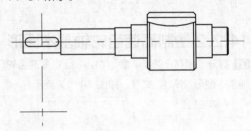

图14-31 绘制中心线

16 在命令行中输入"C"，启用"圆"命令，绘制半径为"11.5"的圆形，如图14-32所示。

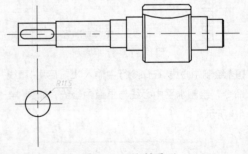

图14-32 绘制圆形

17 绘制键深。在命令行中输入"O"，启用"偏移"命令，偏移中心线，如图14-33所示。

18 在命令行中输入"L"，启用"直线"命令，绘制轮廓线，如图14-34所示。

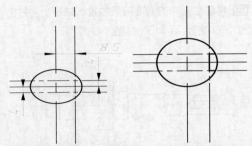

图14-33 偏移中心线　　图14-34 绘制轮廓线

19 在命令行中输入"TR"，启用"修剪"命令，修剪圆形；输入"E"，启用"删除"命令，删除多余的中心线，如图14-35所示。

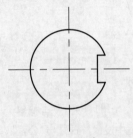

图14-35 修剪图形

20 在命令行中输入"H"，启用"图案填充"命令，选择"ANSI31"图案，设置"比例"为"1"，如图14-36所示。

图14-36 选择图案

21 在图形中拾取填充区域，填充图案的效果如图14-37所示。

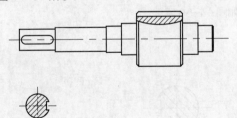

图14-37 填充图案

14.2.3 标注尺寸

01 绘制轴向尺寸。在命令行中输入"DLI"，启用"线性"标注命令，标注轴长度，如图14-38所示。

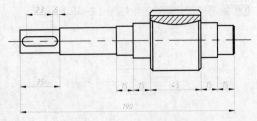

图14-38 绘制轴向尺寸

02 绘制径向尺寸。按空格键，重复启用"线性"标注命令，在尺寸数字前添加"φ"符号，标注轴直径长度，如图14-39所示。

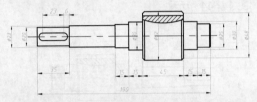

图14-39 绘制径向尺寸

03 绘制键槽尺寸。再次按空格键，启用"线性"标注命令，绘制尺寸标注，如图14-40所示。

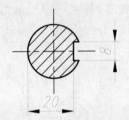

图14-40 绘制键槽尺寸

14.2.4 添加尺寸精度

01 双击"φ20mm"标注，进入在位编辑模式，输入公差文字，如图14-41所示。

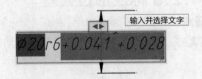

图14-41 输入公差文字

02 选择"+0.041^+0.028"文字，单击"格式"面板上的"堆叠"按钮，如图14-42所示。

图14-42 单击按钮

03 创建尺寸公差的效果如图 14-43 所示。

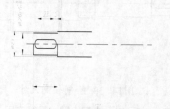

图14-43 创建尺寸公差

04 重复上述操作，继续创建尺寸公差，结果如图 14-44 所示。

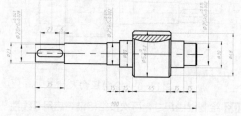

图14-44 创建结果

05 双击键槽尺寸标注，输入公差文字，创建尺寸公差，如图 14-45 所示。

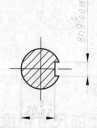

图14-45 为键槽创建尺寸公差

14.2.5 标注形位公差

01 创建基准符号。综合启用"直线""矩形"及"图案填充"命令，绘制符号，如图 14-46 所示。

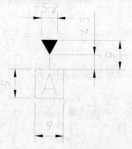

图14-46 绘制基准符号

02 将创建完毕的基准符号放置到轴段上，并修改矩形内的大写字母，如图 14-47 所示。

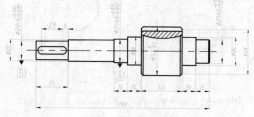

图14-47 添加符号

03 添加形位公差。单击"标注"面板上的"公差"按钮，如图 14-48 所示，打开"形位公差"对话框。

图14-48 单击按钮

04 在对话框中设置"符号"与"公差"，单击"确定"按钮，将形位公差添加到轴上，如图 14-49 所示。

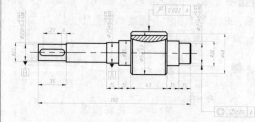

图14-49 添加形位公差

05 重复启用"公差"命令，为键槽添加对称公差，如图 14-50 所示。

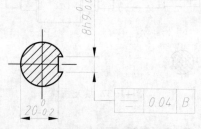

图14-50 添加对称公差

14.2.6 标注粗糙度

01 绘制粗糙度符号。在命令行中输入"L"，启用"直线"命令，绘制符号，如图 14-51 所示。

02 单击"块"面板上的"定义属性"按钮，如图 14-52 所示，打开"属性定义"对话框。

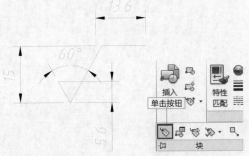

图14-51 绘制符号　　图14-52 单击按钮

03 在对话框中输入"标记""提示"文字，并设置"文字高度"，如图 14-53 所示。

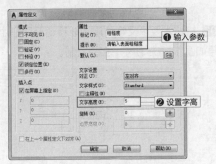

图14-53 "属性定义"对话框

04 单击"确定"按钮，将属性文字放置在粗糙度符号之上，如图 14-54 所示。

图14-54 添加属性文字

05 选择粗糙度符号与属性文字，在命令行中输入"B"，启用"创建块"命令；设置"名称"，如图 14-55 所示。

图14-55 "块定义"对话框

06 在命令行中输入"I"，启用"插入"命令，在"插入"对话框中选择"粗糙度符号"图块，如图 14-56 所示。

图14-56 "插入"对话框

07 单击"确定"按钮，指定插入点，打开"编辑属性"对话框。

08 在"请输入表面粗糙度"文本框中输入参数，如图 14-57 所示。

图14-57 输入参数

09 单击"确定"按钮，关闭对话框，在形位公差上添加粗糙度符号的效果如图 14-58 所示。

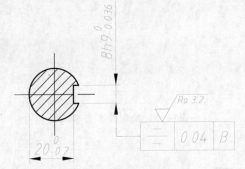

图14-58 插入符号

10 重复上述操作，为高速轴添加粗糙度符号，效果如图 14-59 所示。

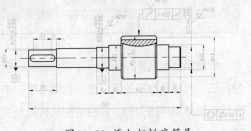

图14-59 添加粗糙度符号

11 在图框中调整图形的位置，效果如图 14-60 所示。

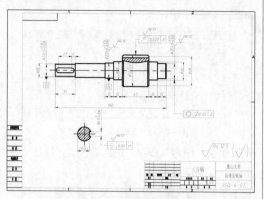

图14-60 调整图形位置

14.2.7 填写技术要求与明细表

01 填写技术要求。在命令行中输入"MT"，启用"多行文字"命令，输入技术要求文字，如图 14-61 所示。

技术要求

1.未注倒角为C2。

2.未注圆角半径为R1。

3.调质处理220~250HBW。

4.未注尺寸公差按GB/T 1804.-m。

5.未注几何公差按GB/T 1184-K。

图14-61 绘制技术要求文字

02 绘制一张表格，并在表格中填写信息，结果如图 14-62 所示。

模数	m	2
齿数	Z	24
压力角	α	20°
齿顶高系数	ha*	1
顶隙系数	c*	0.2500
精度等级		8-8-7HK
全齿高	h	4.5000
中心距及其偏差		120±0.027
配对齿轮	齿数	96
公差组	检验项目	代号	公差 (极限偏差)
I	齿圈径向跳动公差	Fr	0.063
	公法线长度 变动公差	Fw	0.050
II	齿距极限偏差	fpt	±0.016
	齿形公差	ff	0.014
III	齿向公差	FB	0.011

图14-62 绘制明细表

03 将技术要求文字与明细表移动至图框中，效果如图 14-63 所示，结束绘制。

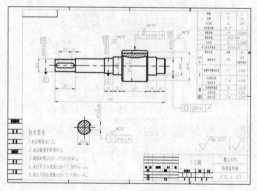

图14-63 绘制结果

14.3 知识拓展

　　本章介绍机械图纸的绘制方法。假如对于绘图规范一无所知，那么在绘图时便会无从下手。在本章的开头，列举重要的机械制图规范，帮助读者了解绘制机械图纸的基本规则。

　　机械图纸包含多种元素，如零件图形、尺寸标注、尺寸精度及形位公差、粗糙度等，本章以高速轴零件图为例，介绍绘制机械图纸的方法。

　　绘制过程一共分为6个步骤，依次是绘制高速轴图形、标注图形尺寸、添加尺寸精度、标注形位公差、标注零件粗糙度、填写技术要求与明细表。

难度: ☆☆	
素材文件: 无	
效果文件: 素材\第14章\习题.dwg	
在线视频: 第14章\习题.mp4	

请参考14.2节的内容，练习绘制低速轴零件图的绘制，如图14-64所示。

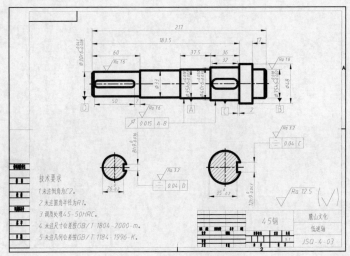

图14-64 低速轴零件图

第 **15** 章

住宅楼建筑
设计详解

房屋建筑施工图是按照设计任务书的要求，根据设计资料、相关的制图标准及设计规范绘制而成，是建筑项目申报与建筑施工阶段的依据。建筑施工图包括总平面图、施工说明、各层平面图及立面图、剖面图、详图等。本章介绍住宅楼建筑施工图的绘制方法。

本章重点

了解建筑制图的相关内容 ｜ 学习住宅楼设计的理念
学习如何绘制住宅楼设计图

15.1 建筑设计概述

绘制建筑设计图纸之前，需要了解相关的国家制图标准。本节介绍建筑制图的有关标准，如制图的符号、图例等。

15.1.1 建筑制图的有关标准

为了规范建筑制图，国家出台了《房屋建筑制图统一标准》。本节介绍一些重要的制图标准供读者参考。

1. 图线

建筑图中的图形，应该使用不同的线型、线宽来表达内容，使得画面层次分明。表15-1所示为各种图线的用途。

表15-1 各种图线的用途

名称		线 型	线宽	一般用途
实线	粗		b	主要可见轮廓线
	中		0.5b	可见轮廓线
	细		0.25b	可见轮廓线、图例线
虚线	粗		b	见有关专业制图标准
	中		0.5b	不可见轮廓线
	细		0.25b	不可见轮廓线、图例线
单点长画线	粗		b	见有关专业制图标准
	中		0.5b	见有关专业制图标准
	细		0.25b	中心线、对称线等
双点长画线	粗		b	见有关专业制图标准
	中		0.5b	见有关专业制图标准
	细		0.25b	假想轮廓线、成型前原始轮廓线
折断线			0.25b	断开界线
波浪线			0.25b	断开界线

2. 线宽

图样应该按照复杂程度及比例大小，首先选定基本线宽b值，再按照表15-2所示的参数来确定线宽。

表15-2 线宽参数

线宽比	线 宽 组					
b	2.0	1.4	1.0	0.7	0.5	0.35
0.5b	1.0	0.7	0.5	0.35	0.25	0.18
0.25b	0.5	0.35	0.25	0.18	—	—

使用图线应注意以下几点：

（1）在同一张图纸内，比例一致的各个图样要选用相同的线宽组。

（2）平行图线的间隙不宜小于其中的粗线宽度，并且不宜小于0.7mm。

（3）较简单或者较小的图样，可以只采用粗线和细线两种图线。

（4）图线不得与文字、数字符号等重叠、混淆。不能避免时，可断开重叠部位的图线。

（5）图纸的图框线、标题栏线宽的选取，根据图幅的大小来确定，如表15-3所示。

表15-3

幅面代号	图框线	标题栏外框线	标题栏分格线
A0、A1	b	0.5b	0.25b
A2、A3、A4	b	0.7b	0.35b

3. 尺寸标注

在制图标准中明文规定，工程图样上的尺寸标注，除了标高和总平面图以米（m）为单位外，其余的尺寸以毫米（mm）为单位，图纸上的尺寸数字都不再标注单位。

如果使用其他的单位，必须注明。图样上的尺寸，应以所标注的尺寸数字为基准，不得从图上直接量取。

15.1.2 建筑制图的符号

在建筑图纸中如果事无巨细都使用文字来说明，势必会使得图面铺满文字，妨碍读图。使用建筑制图符号，便可解决这一问题。

1. 定位轴线

定位轴线应该用细点画线来绘制。定位轴线的编号应标注在轴线端部的圆内。圆形应使用细实线绘制，直径为8~10mm。

定位轴线的圆形，应在定位轴线的延长线或延长线的折线上。

平面图上定位轴线的编号，宜标注在图样的下方或左侧。横向编号应用阿拉伯数字，按从左至右的顺序编写；竖向编号应用大写拉丁字母，从下至上顺序编写，如图15-1所示。

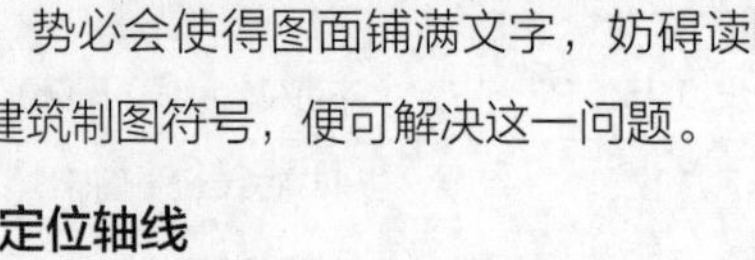

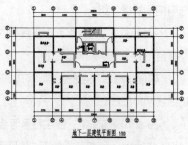

图15-1 轴线符号

拉丁字母作为轴线号时，应全部采用大写字母，不应用同一字母的大小写来区分轴号。拉丁字母的I、O、Z不得用作轴线编号。

附加定位轴线的编号，应以分数形式表示。

2. 剖面符号

剖切线使用两段长为6~8mm的粗实线来表示，不宜与图面上的图线互相接触，如图15-2中的1-1所示。

剖视方向用垂直于剖切线的短粗实线（长度为4~6mm）表示，例如，在剖切线的左侧即表示向左边的投影，如图15-2所示。

剖面符号的编号使用阿拉伯数字来表示。按照由左至右、由下至上的顺序连续编排，并标注在剖视方向线的端部。

如果剖切线必须转折，如阶梯剖面，而在转折处又易与其他图线混淆，则应在转角的外侧加注与该符号相同的编号，如图15-2中的2-2所示。

图15-2 剖面符号

3. 引出线

引出线以细实线绘制，采用水平方向的直线，与水平方向成30°、45°、60°、90°的直线，或经上述角度再折为水平线。

文字说明标注在水平线的上方，如图15-3所示。

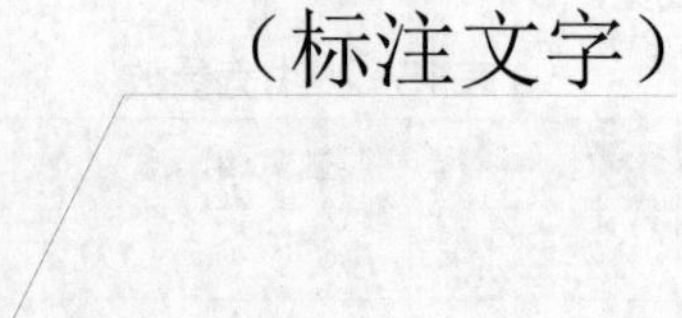

（标注文字）

图15-3 文字位于水平线上

也可标注在水平线的端部，如图15-4所示。

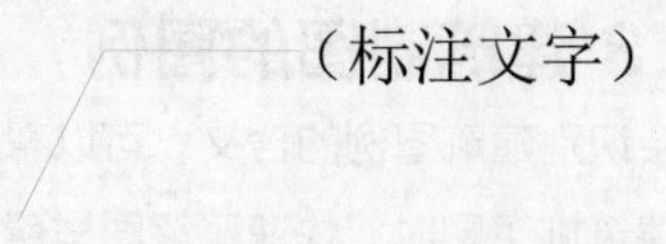

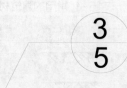

图15-4 文字位于水平线端部

索引详图的引出线，应与水平直径相接，如图15-5所示。

3
5

图15-5 绘制方式

绘制共同引出线时，各段引线应该相互平行，如图15-6所示，也可画成集中于一点的放射线，如图15-7所示。

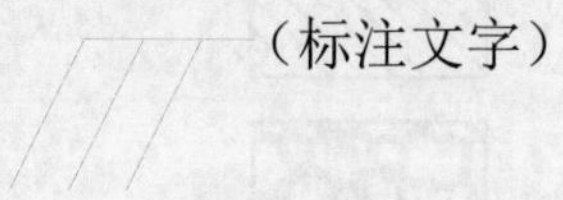

（标注文字）

图15-6 相互平行的引出线

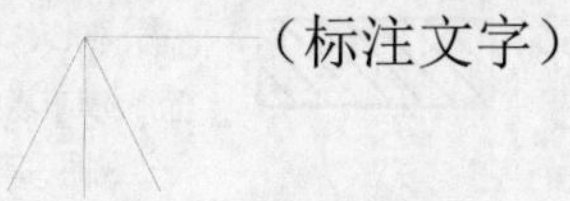

（标注文字）

图15-7 放射状的引出线

多层构造或多个部位共用引出线，应通过被引出的各层或各部位，并用圆点示意对应位置。

文字说明应标注在水平线上方，或注写在水平线的端部。说明的顺序应由上至下，并与被说明的层次对应一致，如图15-8所示。

如果层次为横向排序，则由上至下的说明顺序应与由左至右的层次对应一致。

图15-8 多层引出线

4. 断面符号

断面符号以粗实线来绘制，长度宜为6~10mm。

断面符号的编号采用阿拉伯数字，按照顺序连续编排，并应标注在剖切线的一侧。编号所在的一侧应为该断面的剖视方向，如图15-9所示。

图15-9 断面符号

如果剖面图或者断面图与被剖切的图样不在同一张图内，则应在剖切线的另一侧注明其所在图纸的编号，也可在图上集中说明。

5. 立面符号

立面符号用来表示室内立面在平面图中的位置及名称。

以立面符号为站点，分别以A、B、C、D4个方向观看所指的墙面，并以该字母命名所指墙面立面图的编号。

内视符号通常绘制在平面布置图的房间地面上，也可绘制在平面图外，即图名的附近，表示该平面布置图所反映的各房间室内立面图的名称，都按此符号进行编号。内视投影编号宜用拉丁字母或阿拉伯数字按顺时针方向标注在8~12mm的细实线圆圈中，如图15-10所示。

图15-10 立面符号

6. 标高

标高符号使用等腰三角形表示，用细实线绘制，如图15-11所示。

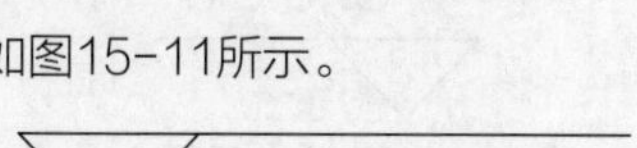

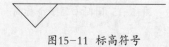

图15-11 标高符号

如果放置标高标注的位置不够，可以按照图15-12所示的方式绘制。

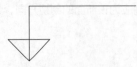

图15-12 添加引线

室外地坪的标高符号，要用涂黑的等腰三角形表示，如图15-13所示。

图15-13 涂黑的三角形

标高符号的尖端要指向被标注高度的位置，尖端一般向上，也可向下。标高数字标注在标高符号的延长线一侧，如图15-14所示。标高以米（m）为单位，书写到小数点以后的第3位。但是在总平面图中，可以只书写到小数点以后的第2位。

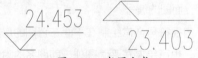

图15-14 书写方式

零点标高应书写成±0.000，正数标高不标注"+"，但负数标高应标注"−"，如8.000、−0.800。

在图形的相同位置需要标注几个不同标高时，标注的数字可以按照图15-15所示的形式书写。

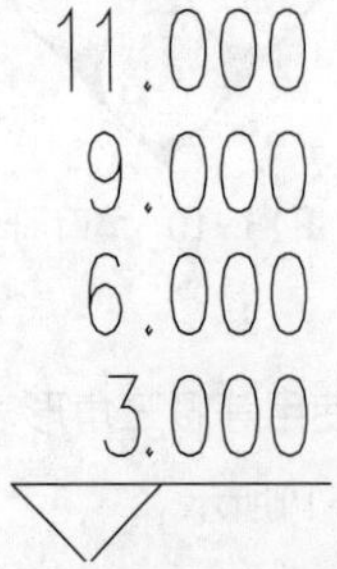

11.000
9.000
6.000
3.000

图15-15 同时书写多个标高

15.1.3 建筑制图的图例

学会识别建筑图例的含义，可以帮助用户在识读建筑施工图时，快速了解图样所代表的意义。

表15-4所示为常用的建筑材料图例。

表15-4 常用的建筑材料图例

名称	图例	备注
自然土壤		包括各种自然土壤
夯实土壤		
砂、灰土	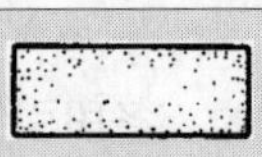	靠近轮廓线绘较密的点
砂砾石、碎砖三合土		
石材	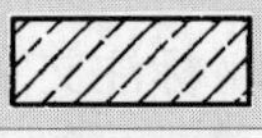	
毛石		
普通砖	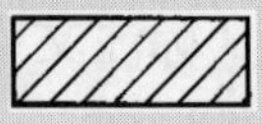	包括实心砖、多孔砖、砌块等砌体。断面较窄不易绘出图例线时，可涂红
耐火砖		包括耐酸砖等砌体
空心砖	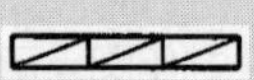	指非承重砖砌体
饰面砖		包括铺地砖、马赛克、陶瓷锦砖、人造大理石等
焦渣、矿渣	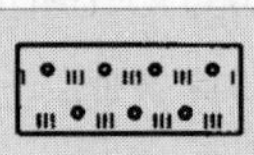	包括与水泥、石灰等混合而成的材料
混凝土		（1）本图例指能承重的混凝土及钢筋混凝土（2）包括各种强度等级、骨料、添加剂的混凝土
钢筋混凝土		（3）在剖面图上画出钢筋时，不画图例线（4）断面图形小，不易画出图例线时，可涂黑

名称	图例	备注
多孔材料		包括水泥珍珠岩、沥青珍珠岩、泡沫混凝土、非承重加气混凝土、软木、蛭石制品等
纤维材料		包括矿棉、岩棉、玻璃棉、麻丝、木丝板、纤维板等
泡沫塑料材料		包括聚苯乙烯、聚乙烯、聚氨酯等多孔聚合物类材料
木材		（1）上图为横断面，上左图为垫木、木砖或木龙骨；（2）下图为纵断面
胶合板		应注明为×层胶合板
石膏板		包括圆孔、方孔石膏板、防水石膏板等
金属		（1）包括各种金属（2）图形小时，可涂黑
网状材料		（1）包括金属、塑料网状材料（2）应注明具体材料名称
液体		应注明具体液体名称
玻璃		包括平板玻璃、磨砂玻璃、夹丝玻璃、钢化玻璃、中空玻璃、加层玻璃、镀膜玻璃等
橡胶		
塑料		包括各种软、硬塑料及有机玻璃等
防水材料		构造层次多或比例大时，采用上面图例
粉刷		本图例采用较稀的点

15.1.4 建筑设计图的种类

建筑设计图的种类包括总平面图、平面图、立面图、剖面图及详图。

1. 建筑总平面图

在建筑总平面图中，表达新建工程一定范围内的新建、拟建、原有及需要拆除的建筑物、构筑物。

同时还需要在总平面图中表达工程周围的地形、地物，并且使用正投影法及图例来绘制图样。

图15-16所示为建筑总平面图的绘制效果。

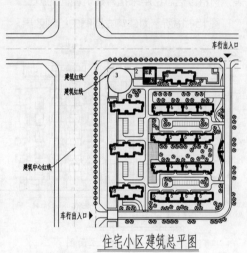

住宅小区建筑总平图

图15-16 建筑总平面图

2. 建筑平面图

在建筑平面图中，需要表达建筑物的平面形状、大小、内部分隔与功能分区；墙柱的位置、材料、尺寸；门窗的位置、尺寸、开启方向；洞口的位置、尺寸；楼梯、通道的位置、尺寸；附属设施（坡道、台阶）的相关情况。

图15-17所示为建筑平面图的绘制效果。

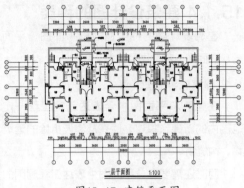

图15-17 建筑平面图

3. 建筑立面图

建筑立面图是根据正投影法绘制的图样，表达建筑墙面的尺寸、相对标高、墙面分格、装修材料等信息，用来指导建筑墙面的施工。

图15-18所示为建筑立面图的绘制效果。

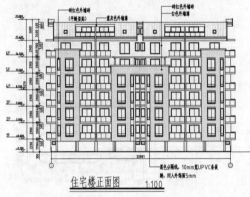

图15-18 建筑立面图

4. 建筑剖面图

使用一个剖切平面，沿着建筑物的某个部位剖开，移去其中一个部分，对着剩下的部分作的正投影图，称为剖面图。

剖面图沿着高度方向反映建筑物的内部空间组合形式、尺寸、结构、装修情况，是认识各建筑配件之间空间位置及构造关系的重要图样。

图15-19所示为建筑剖面图的绘制效果。

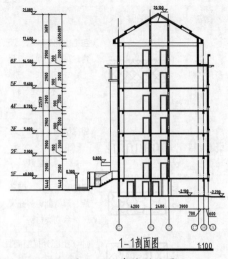

图15-19 建筑剖面图

5. 建筑详图

建筑详图是细部施工图，是对总平面图、平面图等图样的补充说明。

节点构造详图表达房屋局部（檐口、窗台、勒脚等）构造做法及材料组成。图15-20所示为檐口详图的绘制效果。

图15-20 节点构造详图

构件详图表示构件（门、窗、楼梯等）本身构造的详图。

图15-21所示为阳台栏杆详图的绘制效果。

图15-21 构件详图

15.2 住宅楼设计分析

本章以住宅楼项目为例，介绍绘制住宅楼建筑设计图纸的方法。

住宅楼地上7层，地下1层，每层6户，户型结构为2室2厅1卫。每层3个楼梯间，每两户共用一个楼梯。

地下室层高为2.2米，作为储藏空间使用，有楼梯直达。

外墙立面墙漆装饰，经防火处理，防火等级为一级。

卫生间、厨房采取迎水面防水，地面防水设在结构层的找平层上面，并反上墙壁面高出地面150mm。

地面及墙面找平层均采用1：2.5～1：3水泥砂浆，水泥砂浆中宜4%LB-23防水外加剂，但需掺入黏土。

穿过地面防水层的预埋套管高出防水层20mm，管道与套管间应留5～10mm缝隙，缝内先填聚乙烯泡沫条，再用密封材料封口，并在管子周围加大排水坡度。

厨房、卫生间的门脚不应穿过地面防水层。待地面防水层完成后，才能安装门框。

15.3 绘制住宅楼设计图

住宅楼设计图包括平面图、立面图及剖面图等，本节介绍图纸的绘制方法。

15.3.1 绘制住宅楼一层平面图

在一层平面图中，表达住宅楼墙体、门窗的位置与尺寸，功能区的划分，附属设施如楼梯、散水的布置情况。

1. 绘制轴网

在绘制墙体、门窗等建筑构件之前，需要先绘制定位轴线，然后在轴线的基础上确定构件的位置。

01 绘制水平轴线。在命令行中输入"L"，启用"直线"命令；输入"O"，启用"偏移"命令，绘制并偏移直线。

02 重复上述操作，绘制垂直轴线，结果如图15-22所示。

2. 绘制外墙体

01 在菜单栏上单击"格式"选项，在弹出的列表中选择"多线样式"选项，打开"多线样式"对话框。

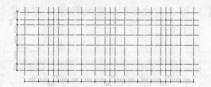

图15-22 绘制轴网

02 在对话框中单击"新建"按钮 ，打开"创建新的多线样式"对话框。

03 设置"新样式名"，如图15-23所示，单击"继续"按钮，进入"新建多线样式"对话框。

图15-23 设置样式名

04 外墙的宽度为"370mm"，在"偏移"选项中设置参数，如图15-24所示。

图15-24 设置参数

05 结束创建多线样式后，在命令行中输入"ML"并按空格键，启用"多线"命令，命令行提示如下。

```
命令: ML           \\启用命令
MLINE
当前设置: 对正 = 上, 比例 = 20.00, 样式 = 外墙-370
指定起点或 [对正(J)\比例(S)\样式(ST)]:  J
                  \\选择"对正"选项
输入对正类型 [上(T)\无(Z)\下(B)] <上>:  Z
                  \\选择"无"选项
当前设置: 对正 = 无, 比例 = 20.00, 样式 = 外墙-370
指定起点或 [对正(J)\比例(S)\样式(ST)]:  S
                  \\选择"比例"选项
输入多线比例 <20.00>:  1
                  \\设置比例因子
当前设置: 对正 = 无, 比例 = 1.00, 样式 = 外墙-370
指定起点或 [对正(J)\比例(S)\样式(ST)]:
指定下一点或 [放弃(U)]: *取消*
            \\指定起点、下一点, 绘制多线
```

06 执行上述操作后，绘制外墙体的结果如图15-25所示。

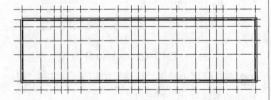

图15-25 绘制外墙体

07 双击外墙体，打开"多线编辑工具"对话框，单击"角点结合"按钮┗，如图15-26所示，激活工具。

08 依次拾取垂直墙体与水平墙体，闭合外墙。

09 绘制保温层。在命令行中输入"REC"并按空格键，启用"矩形"命令。以左上外墙角点为起点，移动鼠标，单击右下角的外墙角点，绘制矩形。

图15-26 选择工具

10 在命令行中输入"O"并按空格键，启用"偏移"命令。设置偏移距离为"60，"，选择上一步骤绘制的矩形，向外偏移矩形，绘制保温层，如图15-27所示。

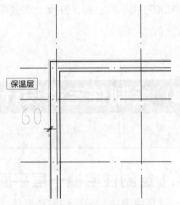

图15-27 绘制保温层

11 绘制内墙体。执行"多线样式"命令，设置新样式名称为"内墙-240"，设置多线"偏移"参数，如图15-28所示。

图15-28 设置参数

12 在绘图区域中指定起点、下一点，绘制内墙体，如图15-29所示。

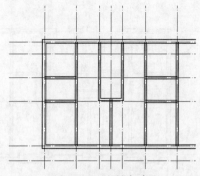

图15-29 绘制内墙体

13 双击内墙体,在"多线编辑工具"对话框中单击"T形打开"工具按钮,如图 15-30 所示。

图15-30 选择工具

14 依次单击墙体,执行"T 形打开"操作,效果如图 15-31 所示。

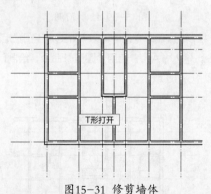

图15-31 修剪墙体

3. 绘制门窗

绘制门窗之前,应该先确定门窗洞口的位置,以便绘制门窗图形。

01 绘制窗洞口。在命令行中输入"L"并按空格键,启用"直线"命令,在内外墙体上绘制洞口轮廓线。

02 在命令行中输入"TR"并按空格键,启用"修剪"命令,修剪洞口线之间的墙线,如图 15-32 所示。

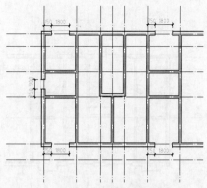

图15-32 绘制窗洞

03 绘制窗。在命令行中输入"L"并按空格键,启用"直线"命令。在洞口处绘制线段,创建窗图形,如图 15-33 所示。

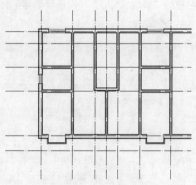

图15-33 绘制窗

04 绘制门洞。在命令行中输入"L",启用"直线"命令;输入"TR",启用"修剪"命令。绘制洞口线并修剪墙线,结果如图 15-34 所示。

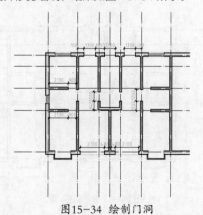

图15-34 绘制门洞

05 绘制门。在命令行中输入"REC",启用"矩形"命令;输入"A",输入"圆弧"命令,绘制门图形,如图 15-35 所示。

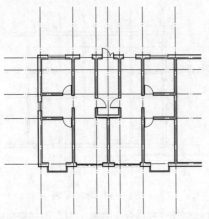

图15-35 绘制门

06 绘制隔墙。启用"多线样式"命令，设置新样式名称为"隔墙-120"，设置"偏移"参数，如图 15-36 所示。

图15-36 设置参数

07 单击指定起点与下一点，绘制卫生间与设备间的隔墙，如图 15-37 所示。

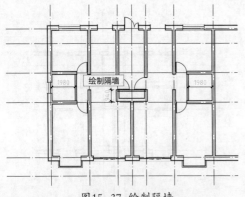

图15-37 绘制隔墙

08 双击隔墙，在"多线编辑工具"对话框中激活"T形打开"工具，修剪多线，如图 15-38 所示。

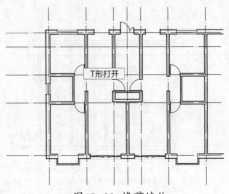

图15-38 修剪墙体

09 绘制门洞。在命令行中输入"L"，启用"直线"命令；输入"TR"，启用"修剪"命令，绘制门洞轮廓线并修剪墙线，结果如图 15-39 所示。

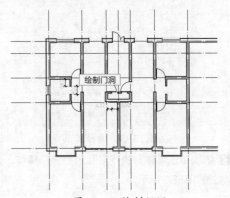

图15-39 绘制门洞

10 绘制门。在命令行中输入"REC"，启用"矩形"命令；输入"A"，启用"圆弧"命令，绘制门，如图 15-40 所示。

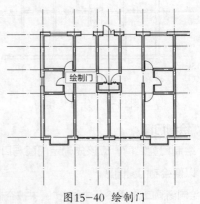

图15-40 绘制门

4. 绘制阳台

　　阳台有部分墙体与主建筑相连接。在绘制

阳台墙体之前，先创建适用的多线样式。

01 启用"多线格式"命令，设置新样式名称为"阳台-100"，设置"偏移"参数，如图 15-41 所示。

图15-41 设置参数

02 绘制墙体。在命令行中输入"ML"并按空格键，启用"多线"命令，绘制阳台墙体，如图 15-42 所示。

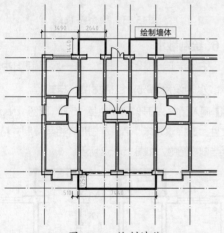

图15-42 绘制墙体

03 将"内墙-240"多线样式置为当前，启用"多线"命令，在阳台上绘制宽度为"240mm"的墙体，如图 15-43 所示。

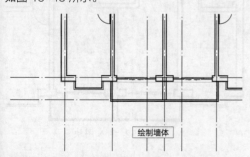

图15-43 绘制宽度为"240mm"的墙体

04 双击阳台墙体，打开"多线编辑工具"对话框。激活"T形打开"工具，修剪墙体，如图 15-44 所示。

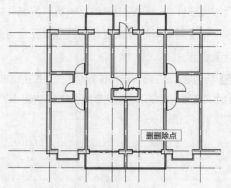

图15-44 修剪墙体

05 绘制窗洞。在命令行中输入"L"，启用"直线"命令；输入"TR"，启用"修剪"命令，绘制并修剪线段，结果如图 15-45 所示。

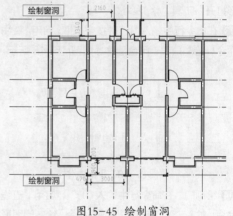

图15-45 绘制窗洞

06 绘制窗。在命令行中输入"L"并按空格键，启用"直线"命令，绘制窗户图形，如图 15-46 所示。

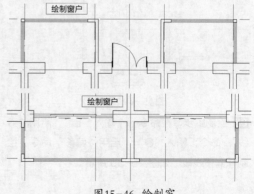

图15-46 绘制窗

5. 绘制楼梯

住宅楼的楼梯样式为双跑楼梯，且每个单元的楼梯样式、规格均一致。执行"复制"命令，将绘制完毕的楼梯复制到其他单元，可避免重复绘制。

01 绘制墙体。在命令行中输入"ML"并按空格键，启用"多线"命令，绘制宽度为"120"与"100"的隔墙，如图 15-47 所示。

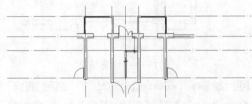

图15-47 绘制隔墙

02 双击多线，在"多线编辑工具"对话框中激活"T形打开"工具，修剪多线。

03 在命令行中输入"L"并按空格键，启用"直线"命令，绘制直线，闭合墙体，如图 15-48 所示。

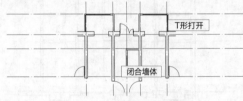

图15-48 闭合墙体

04 绘制门。在命令行中输入"L"，启用"直线"命令；输入"A"，启用"圆弧"命令，绘制门图形，如图 15-49 所示。

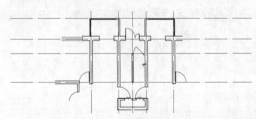

图15-49 绘制门

05 绘制踏步。在命令行中输入"L"，启用"直线"命令；输入"O"，启用"偏移"命令，绘制并偏移线段，如图 15-50 所示。

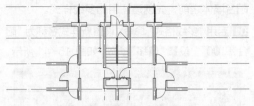

图15-50 绘制踏步

06 在命令行中输入"PL"并按空格键，启用"多段线"命令，绘制多段线。

07 在命令行中输入"TR"并按空格键，启用"修剪"命令，修剪踏步轮廓线，如图 15-51 所示。

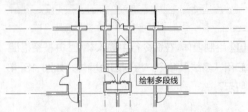

图15-51 绘制多段线

6. 绘制散水

在绘制建筑设计图时，在一层平面图中表示散水的设置情况，包括宽度、样式等。

01 调入图块。打开"素材\第 15 章\图例.dwg"文件，选择双人床、洁具等图形，将其复制并粘贴至当前视图中，如图 15-52 所示。

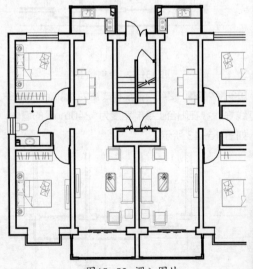

图15-52 调入图块

02 在命令行中输入"MI"并按空格键，启用"镜像"命令。选择户型内的图块，向右镜像复制至其他户型内，如图 15-53 所示。

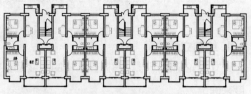

图15-53 镜像复制图块

03 绘制散水。在命令行中输入"L"，启用"直线"命令；输入"O"，启用"偏移"命令，绘制并偏移线段，如图 15-54 所示。

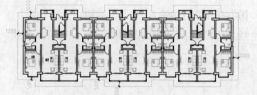

图15-54 绘制散水

04 在命令行中输入"L"并按空格键，启用"直线"命令，绘制线段，连接散水轮廓线与墙角点，如图 15-55 所示。

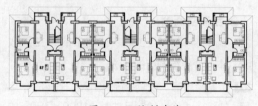

图15-55 绘制直线

7. 绘制标注

平面图中的标注类型有文字标注、尺寸标注及轴号标注。

01 绘制文字标注。在命令行中输入"MT"并按空格键，启用"多行文字"命令，为各功能区标注名称，如图 15-56 所示。

02 绘制尺寸标注。在命令行中输入"DLI"并按空格键，启用"线性标注"命令，为平面图创建三道尺寸标注，如图 15-57 所示。

03 轴号标注。在命令行中输入"I"并按空格键，启用"插入"命令，打开"插入"对话框。

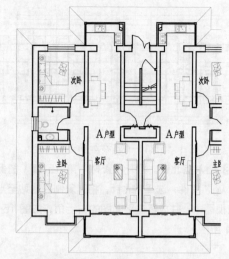

图15-56 绘制文字标注

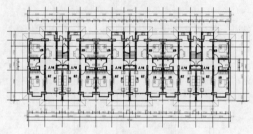

图15-57 绘制尺寸标注

04 选择"轴号"，如图 15-58 所示，单击"确定"按钮，在绘图区域中指定插入点。

图15-58 "插入"对话框

05 打开"编辑属性"对话框，输入轴号，如图 15-59 所示。

06 单击"确定"按钮，即可为平面图添加轴号。

图15-59 输入轴号

07 重复执行上述操作，为平面图添加水平方向与垂直方向上的轴号，结果如图 15-60 所示。

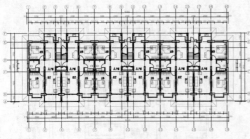

图15-60 添加轴号

08 插入指北针。打开"素材\第15章\图例.dwg"文件，选择指北针，将其复制并粘贴至当前视图中，并放置在平面图的右上角，如图15-61所示。

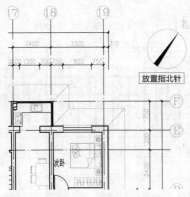

图15-61 插入指北针

09 图名标注。在命令行中输入"MT"并按空格键，启用"多行文字"命令，在平面图的下方绘制图名与比例。

10 在命令行中输入"PL"并按空格键，启用"多段线"命令，设置"宽度"为"100"，在图名与比例的下方绘制粗实线。

11 在命令行中输入"L"并按空格键，启用"直线"命令，在粗实线的下方绘制细实线，如图15-62所示。

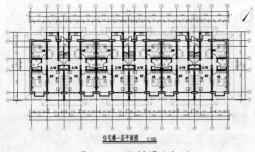

住宅楼一层平面图 1:100

图15-62 绘制图名标注

15.3.2 绘制住宅楼立面图

在立面图中表达住宅楼立面装饰的效果，例如，门窗的样式、位置、尺寸，以及墙面装饰的做法。

1. 绘制立面轮廓

立面轮廓的尺寸，根据住宅楼的高度及宽度来确定。

01 在命令行中输入"REC"，启用"矩形"命令；输入"X"，启用"分解"命令，绘制并分解矩形。

02 在命令行中输入"O"，启用"偏移"命令，向内偏移矩形边。

03 在命令行中输入"L"，启用"直线"命令，绘制斜线段，表示屋顶轮廓线，如图15-63所示。

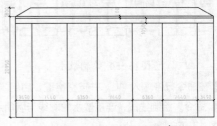

图15-63 绘制立面轮廓

2. 绘制立面窗

窗的样式、尺寸影响住宅楼的外立面效果，本节介绍绘制窗的方法。

01 绘制窗轮廓。在命令行中输入"REC"，启用"矩形"命令，绘制尺寸为"1800×750"的矩形，如图15-64所示。

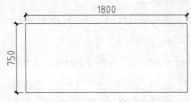

图15-64 绘制矩形

02 在命令行中输入"X"，启用"分解"命令，分解矩形。

03 在命令行中输入"O"，启用"偏移"命令，向内偏移矩形边；输入"TR"，启用"修剪"命令，修剪线段，如图15-65所示。

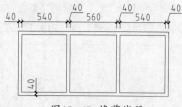

图15-65 修剪线段

04 重复执行上述操作，向内偏移并修剪线段，绘制立面窗的效果，如图 15-66 所示。

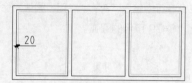

图15-66 绘制结果

05 在命令行中输入"L"，启用"直线"命令，绘制对角线，表示窗的开启方向，如图 15-67 所示。

图15-67 绘制对角线

06 绘制带窗台的立面窗。在命令行中输入"REC"，启用"矩形"命令，绘制尺寸为"2040×100"和"1600×1920"的矩形，如图 15-68 所示。

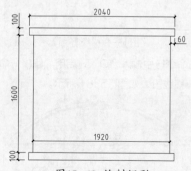

图15-68 绘制矩形

07 在命令行中输入"X"，启用"分解"命令，分解尺寸为"1600×1920"的矩形。

08 在命令行中输入"O"，启用"偏移"命令，设置偏移距离为"60"，向内偏移矩形边，如图 15-69 所示。

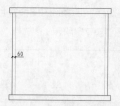

图15-69 偏移线段

09 在命令行中输入"O"，启用"偏移"命令，向内偏移线段；输入"TR"，启用"修剪"命令，修剪线段，如图 15-70 所示。

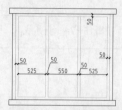

图15-70 偏移线段

10 重复上述操作，继续向内偏移并且修剪线段，绘制立面窗的结果如图 15-71 所示。

11 在命令行中输入"L"，启用"直线"命令，绘制对角线，表示窗的开启方向，如图 15-72所示。

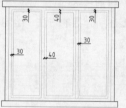

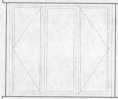

图15-71 绘制结果　　图15-72 绘制对角线

12 绘制推拉窗。在命令行中输入"REC"，启用"矩形"命令，绘制尺寸为"3000×2100"的矩形，如图 15-73 所示。

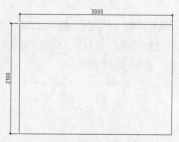

图15-73 绘制矩形

13 在命令行中输入"O"，启用"偏移"命令，向内偏移线段；输入"TR"，启用"修剪"命令，修剪线段，如图 15-74 所示。

14 重复上述操作，继续向内偏移并且修剪线段，绘制结果如图 15-75 所示。

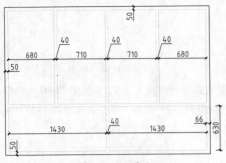

图15-74 修剪线段

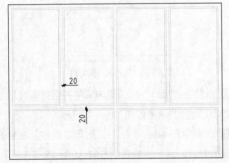

图15-75 绘制结果

15 绘制弧形窗。沿用上述所介绍的方法，绘制图 15-76 所示的立面窗。

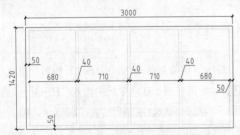

图15-76 绘制结果

16 在命令行中输入"O"，启用"偏移"命令，向内偏移线段；输入"TR"，启用"修剪"命令，修剪线段，如图 15-77 所示。

图15-77 偏移线段

17 在命令行中输入"L"，启用"直线"命令，绘制对角线，表示窗的开启方向，如图 15-78 所示。

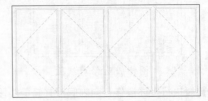

图15-78 绘制对角线

18 在命令行中输入"A"，启用"圆弧"命令，绘制图 15-79 所示的圆弧。

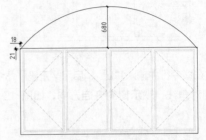

图15-79 绘制圆弧

19 在命令行中输入"TR"，启用"修剪"命令，修剪窗轮廓，如图 15-80 所示。

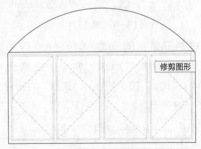

图15-80 修剪图形

20 在命令行中输入"O"，启用"偏移"命令，向内偏移线段，如图 15-81 所示。

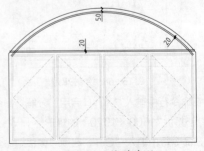

图15-81 偏移线段

21 在命令行中输入"L"，启用"直线"命令，绘制垂直线段。

22 在命令行中输入"O",启用"偏移"命令,设置偏移距离为"20",向左右两侧偏移垂直线段,如图 15-82 所示。

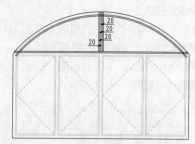

图15-82 绘制并偏移线段

23 在命令行中输入"TR",启用"修剪"命令,修剪线段,如图 15-83 所示。

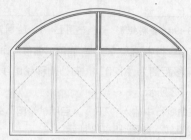

图15-83 绘制对角线

3. 复制窗

为了避免重复绘制立面窗,启用"阵列""复制"命令,可以轻松创建多个窗副本。

01 在命令行中输入"M",启用"移动"命令,将绘制完毕的立面窗移动至立面轮廓线内部。

02 在命令行中输入"CO",启用"复制"命令,创建窗副本,如图 15-84 所示。

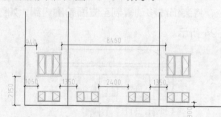

图15-84 复制立面窗

03 选择"默认"选项卡,单击"修改"面板上的"矩形阵列"按钮▦,启用"矩形阵列"命令,命令行提示如下。

```
命令：_arrayrect          \\启用命令
选择对象：指定对角点：找到 88 个
```

类型 = 矩形 关联 = 是
选择夹点以编辑阵列或 [关联(AS)\基点(B)\计数(COU)\间距(S)\列数(COL)\行数(R)\层数(L)\退出(X)] <退出>: COU
　　　　　　　\\选择"计数"选项
输入列数数或 [表达式(E)] <4>: 1
输入行数数或 [表达式(E)] <3>: 6
　　　　　　\\指定"列数"与"行数"
选择夹点以编辑阵列或 [关联(AS)\基点(B)\计数(COU)\间距(S)\列数(COL)\行数(R)\层数(L)\退出(X)] <退出>: S
　　　　　　　　\\选择"间距"选项
指定列之间的距离或 [单位单元(U)] <18810>: 10500
指定行之间的距离 <2700>:2800
　　　　　　　\\指定"列""行"间距
选择夹点以编辑阵列或 [关联(AS)\基点(B)\计数(COU)\间距(S)\列数(COL)\行数(R)\层数(L)\退出(X)] <退出>: *取消*

04 执行上述操作后,向上阵列复制立面窗,如图 15-85 所示。

05 在命令行中输入"CO",启用"复制"命令,复制立面窗,如图 15-86 所示。

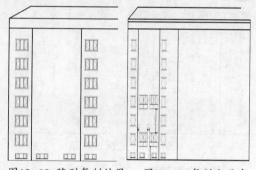

图15-85 阵列复制结果　　图15-86 复制立面窗

06 选择"默认"选项卡,单击"修改"面板上的"矩形阵列"按钮▦,启用"矩形阵列"命令,命令行提示如下。

```
命令：_arrayrect          \\启用命令
选择对象：指定对角点：找到 100 个
```

类型 = 矩形 关联 = 是
选择夹点以编辑阵列或 [关联(AS)\基点(B)\计数(COU)\间距(S)\列数(COL)\行数(R)\层数(L)\退出(X)] <退出>: COU
　　　　　　　\\选择"计数"选项
输入列数数或 [表达式(E)] <4>: 2
输入行数数或 [表达式(E)] <3>: 4
　　　　　　\\输入"列数""行数"
选择夹点以编辑阵列或 [关联(AS)\基点(B)\计数(COU)\间距(S)\列数(COL)\行数(R)\层数(L)\退出(X)] <退出>: S

指定列之间的距离或 [单位单元(U)] <4500>：3600
指定行之间的距离 <3150>:2800
　　　　　　\\指定"列""行"间距
选择夹点以编辑阵列或 [关联(AS)\基点(B)\计
数(COU)\间距(S)\列数(COL)\行数(R)\层数
(L)\退出(X)] <退出>：*取消*

07 执行上述操作后，创建窗副本的效果如图
15-87 所示。

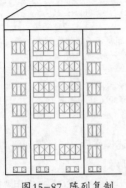

图15-87 阵列复制

08 在命令行中输入"CO"，启用"复制"命令，
复制立面弧窗，效果如图 15-88 所示。

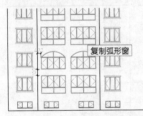

图15-88 复制立面窗

4.绘制立面装饰

　　在住宅楼的外立面添加若干装饰，不仅能
美化建筑，还能提高建筑物的辨识度。

01 在命令行中输入"L"，启用"直线"命令，
绘制图 15-89 所示的线段。

图15-89 绘制线段

02 绘制立面窗装饰线。在命令行中输入"REC"，
启用"矩形"命令，绘制矩形，如图 15-90 所示。

03 在命令行中输入"X"，启用"分解"命令，
分解矩形。

04 在命令行中输入"O"，启用"偏移"命令，
向上偏移矩形底边。

05 在命令行中输入"A"，启用"圆弧"命令，
以偏移得到的底边为基准，绘制圆弧。

06 在命令行中输入"E"，启用"删除"命令，
删除辅助线，如图 15-91 所示。

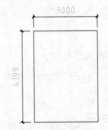

图15-90 绘制矩形　　　图15-91 绘制圆弧

07 在命令行中输入"O"，启用"偏移"命令，
设置偏移距离为"120"，向外偏移轮廓线，如
图 15-92 所示。

08 在命令行中输入"TR"，启用"修剪"命令，
修剪轮廓线，如图 15-93 所示。

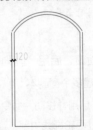
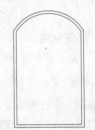

图15-92 偏移线段　　　图15-93 修剪线段

09 在命令行中输入"CO"命令，启用"复制"
命令，将装饰线移动复制至立面轮廓内部，如图
15-94 所示。

图15-94 复制装饰线

10 绘制立面窗装饰线。在命令行中输入"REC"，启用"矩形"命令，绘制图 15-95 所示的矩形。

11 在命令行中输入"A"，启用"圆弧"命令，绘制圆弧；输入"TR"，启用"修剪"命令，修剪线段，如图 15-96 所示。

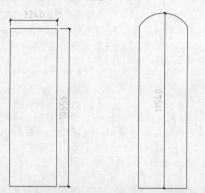

图15-95 绘制矩形　　图15-96 绘制圆弧

12 在命令行中输入"CO"，启用"复制"命令，将装饰线移动复制至立面轮廓内部，如图 15-97 所示。

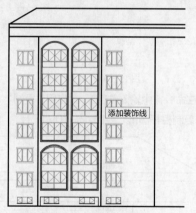

图15-97 复制装饰线

13 绘制窗。在命令行中输入"REC"，启用"矩形"命令；输入"O"，启用"偏移"命令，绘制结果如图 15-98 所示。

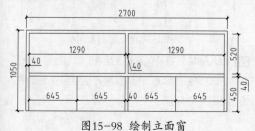

图15-98 绘制立面窗

14 在命令行中输入"CO"，启用"复制"命令，将立面窗移动复制至立面轮廓内部，如图 15-99 所示。

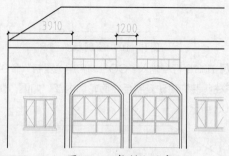

图15-99 复制立面窗

15 绘制水平装饰线。在命令行中输入"O"，启用"偏移"命令，偏移线段，如图 15-100 所示。

16 在命令行中输入"O"，启用"偏移"命令，向外偏移立面轮廓，如图 15-101 所示。

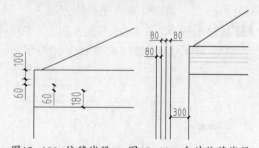

图15-100 偏移线段　　图15-101 向外偏移线段

17 在命令行中输入"EX"，启用"延伸"命令，将水平线段延伸至垂直线段之上，如图 15-102 所示。

18 在命令行中输入"TR"，启用"修剪"命令，修剪线段，如图 15-103 所示。

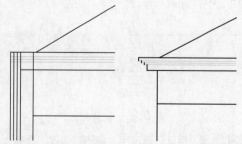

图15-102 延伸线段　　图15-103 修剪线段

19 绘制柱头装饰。在命令行中所输入"REC"，启用"矩形"命令，分别绘制尺寸为"540×60"和"420×60"的矩形，如图 15-104 所示。

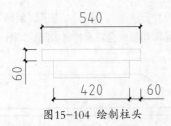

图15-104 绘制柱头

20 在命令行中输入"CO",启用"复制"命令,将柱头装饰移动复制至立面轮廓内部,如图 15-105 所示。

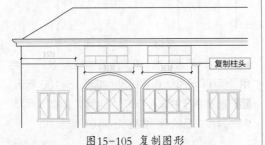

图15-105 复制图形

21 绘制栏杆轮廓。在命令行中输入"L",启用"直线"命令,绘制线段,如图 15-106 所示。

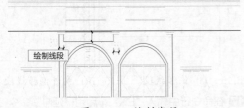

图15-106 绘制线段

22 在命令行中输入"L",启用"直线"命令,绘制垂直线段;输入"O",启用"偏移"命令,设置偏移距离为"30",向右偏移线段,如图 15-107 所示。

图15-107 偏移线段

23 选择"默认"选项卡,单击"修改"面板上的"矩形阵列"按钮▦,启用"矩形阵列"命令,命令行提示如下。

命令:_arrayrect   \\启用命令
选择对象:指定对角点:找到 2 个

类型 = 矩形 关联 = 是
选择夹点以编辑阵列或 [关联(AS)\基点(B)\计数(COU)\间距(S)\列数(COL)\行数(R)\层数(L)\退出(X)] <退出>:COU
        \\选择"计数"选项
输入列数数或 [表达式(E)] <4>:23
输入行数数或 [表达式(E)] <3>:1
        \\指定"列数""行数"
选择夹点以编辑阵列或 [关联(AS)\基点(B)\计数(COU)\间距(S)\列数(COL)\行数(R)\层数(L)\退出(X)] <退出>:S
        \\选择"间距"选项
指定列之间的距离或 [单位单元(U)] <45>:140
        \\指定列间距
指定行之间的距离 <615>:   \\按Enter键
选择夹点以编辑阵列或 [关联(AS)\基点(B)\计数(COU)\间距(S)\列数(COL)\行数(R)\层数(L)\退出(X)] <退出>:*取消*

24 执行上述操作后,向右阵列复制垂直线段,绘制栏杆的效果如图 15-108 所示。

图15-108 复制线段

25 在命令行中输入"CO",启用"复制"命令,向右复制栏杆图形,如图 15-109 所示。

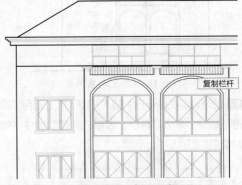

图15-109 复制栏杆

26 调入图块。打开"素材\第 15 章\图例.dwg"文件,选择柱子图块,将其复制并粘贴至立面图中,如图 15-110 所示。

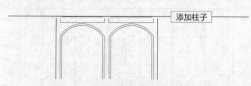

图15-110 调入图块

27 绘制装饰线。在命令行中输入"L"，启用"直线"命令，在柱子的右上角绘制装饰线，如图 15-111 所示。

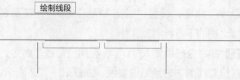

图15-111 绘制装饰线

28 绘制立面门。在命令行中输入"L"，启用"直线"命令；输入"O"，启用"偏移"命令，绘制并偏移线段，如图 15-112 所示。

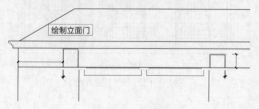

图15-112 绘 制 门

29 绘制水平装饰线。在命令行中输入"O"，启用"偏移"命令，设置偏移距离为"60"，向外偏移立面轮廓线。

30 在命令行中输入"EX"，启用"延伸"命令，将水平线段延伸至垂直线段之上，如图 15-113 所示。

31 在命令行中输入"TR"，启用"修剪"命令，修剪线段，如图 15-114 所示。

图15-113 偏移线段　　图15-114 修剪线段

32 执行上述操作后，立面图的绘制效果如图 15-115 所示。

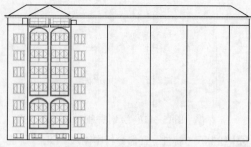

图15-115 绘制效果

5. 绘制标注

立面图中的标注包括尺寸标注、轴号标注及引线标注、图名标注。

01 在命令行中输入"CO"，启用"复制"命令，选择绘制完毕的立面窗、立面装饰线图形，向右移动复制，效果如图 15-116 所示。

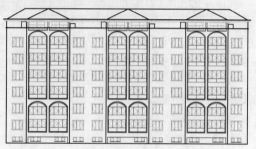

图15-116 复制图形

02 绘制防火隔离带。在命令行中输入"O"，启用"偏移"命令，向内偏移立面轮廓线，如图 15-117 所示。

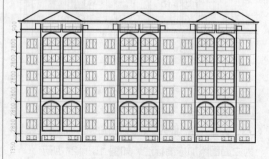

图15-117 绘制防火隔离带

03 绘制引线标注。在命令行中输入"MLD"，启用"多重引线"命令，绘制标注文字，如图 15-118 所示。

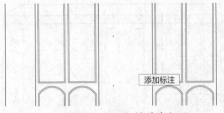

图15-118 绘制引线标注

04 绘制尺寸标注。在命令行中输入"DLI"，启用"线性"标注命令，标注立面尺寸，如图 15-119 所示。

图15-119 绘制尺寸标注

05 添加轴号。在命令行中输入"I"，启用"插入"命令，在"插入"对话框中选择"轴号"图块。

06 在立面图中单击指定插入点，打开"编辑属性"对话框，在其中输入轴号。

07 单击"确定"按钮，即可插入轴号，如图 15-120 所示。

图15-120 添加轴号

08 标高标注。在命令行中输入"I"，启用"插入"命令，在"插入"对话框中选择"标高"图块，为立面图添加标高标注，如图 15-121 所示。

09 绘制图名与比例。在命令行中输入"MT"，启用"多行文字"命令，绘制图名与比例。

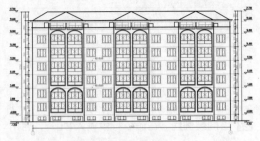

图15-121 标高标注

10 绘制下画线。在命令行中输入"PL"，启用"多段线"命令，设置"线宽"为"100"，在图名与比例的下方绘制粗实线。

11 在命令行中输入"L"，启用"直线"命令，在粗实线的下方绘制细实线，如图 15-122 所示。

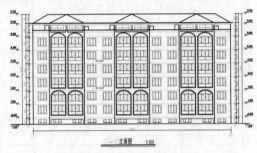

图15-122 绘制图名标注

15.3.3 绘制住宅楼剖面图

在住宅楼剖面图中，表达位于剖切线上的墙体、楼板、梁与门窗的具体情况，本节介绍绘制剖面图的步骤。

1. 绘制剖面墙体

01 绘制楼层轮廓线。在命令行中输入"L"，启用"直线"命令；输入"O"，启用"偏移"命令，绘制并偏移线段，如图 15-123 所示。

02 绘制墙体。在命令行中输入"L"，启用"直线"命令，绘制垂直线段。

03 在命令行中输入"O"，启用"偏移"命令，偏移垂直线段，绘制宽度为"370""240"与"200"的墙体。

04 绘制楼板。在命令行中输入"L"，启用"直线"命令，绘制水平线段。

05 在命令行中输入"O"，启用"偏移"命令，设置偏移距离为"100"，偏移水平线段，绘制厚度为"100"的楼板，如图 15-124 所示。

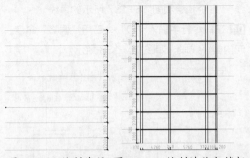

图15-123 绘制线段　图15-124 绘制墙体与楼板

06 绘制梁。在命令行中输入"O"，启用"偏移"命令，偏移楼板轮廓线。

07 在命令行中输入"TR"，启用"修剪"命令，修剪线段，绘制梁的结果如图 15-125 所示。

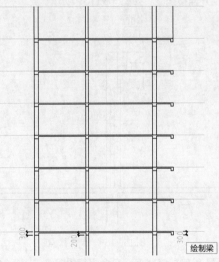

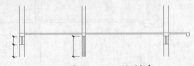

图15-125 绘制梁

2. 绘制门窗

01 绘制窗。在命令行中输入"O"，启用"偏移"命令；输入"TR"，启用"修剪"命令，偏移并修剪线段，结果如图 15-126 所示。

图15-126 绘制窗

02 复制窗。在命令行中输入"CO"，启用"复制"命令，选择窗，向上移动复制，结果如图 15-127 所示。

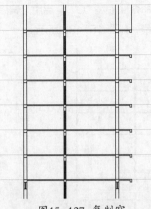

图15-127 复制窗

03 绘制阳台墙体。在命令行中输入"L"，启用"直线"命令，绘制墙体，如图 15-128 所示。

图15-128 绘制墙体

04 绘制阳台窗户。在命令行中输入"L"，启用"直线"命令；输入"O"，启用"偏移"命令，绘制并偏移直线，结果如图 15-129 所示。

05 复制阳台窗户。在命令行中输入"CO"，启用"复制"命令，向上复制阳台窗户，如图 15-130 所示。

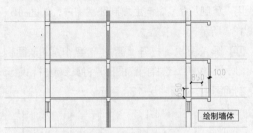
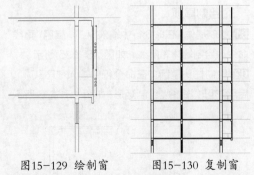

图15-129 绘制窗　　图15-130 复制窗

06 绘制窗台板。在命令行中输入"O"，启用"偏移"命令；输入"TR"，启用"修剪"命令，偏移并修剪线段，如图 15-131 所示。

07 绘制卧室窗户。在命令行中输入"L"，启用

"直线"命令；输入"O"，启用"偏移"命令，并偏移直线，如图 15-132 所示。

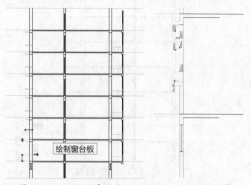

图15-131 绘制窗台板　图15-132 绘制窗

08 复制卧室窗户。在命令行中输入"CO"，启用"复制"命令，向上复制卧室窗户，如图 15-133 所示。

09 调入图块。打开"素材 \ 第 15 章 \ 图例 .dwg"文件，选择门窗图形，将其复制并粘贴至剖面图中，如图 15-134 所示。

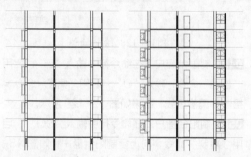

图15-133 复制窗　图15-134 调入门窗图块

3. 绘制屋顶

01 绘制墙体。在命令行中输入"L"，启用"直线"命令，绘制墙体轮廓线，如图 15-135 所示。

02 绘制柱头装饰。在命令行中输入"REC"，启用"矩形"命令，绘制矩形，如图 15-136 所示。

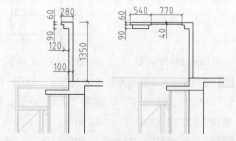

图15-135 绘制墙体　图15-136 绘制柱头装饰

03 绘制栏杆。在命令行中输入"L"，启用"直线"命令，绘制图 15-137 所示的直线。

04 在命令行中输入"O"，启用"偏移"命令，向内偏移线段，如图 15-138 所示。

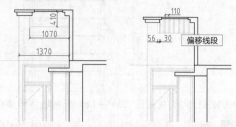

图15-137 绘制线段　　图15-138 偏移线段

05 绘制檐口。在命令行中输入"L"，启用"直线"命令；输入"O"，启用"偏移"命令，绘制并偏移线段，如图 15-139 所示。

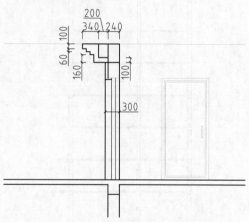

图15-139 绘制檐口

06 绘制装饰线条。在命令行中输入"L"，启用"直线"命令，绘制线条，如图 15-140 所示。

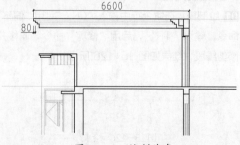

图15-140 绘制线条

07 调入图块。打开"素材 \ 第 15 章 \ 图例 .dwg"文件，选择柱图形，将其复制并粘贴至剖面图中，如图 15-141 所示。

图15-141 调入图块

08 绘制檐口。在命令行中输入"L"，启用"直线"命令，绘制檐口轮廓线，如图 15-142 所示。

09 在命令行中输入"O"，启用"偏移"命令；输入"TR"，启用"修剪"命令，偏移并修剪线段，如图 15-143 所示。

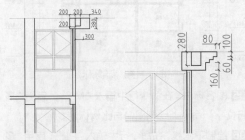

图15-142 绘制轮廓线　　图15-143 修剪图形

10 绘制屋顶。在命令行中输入"L"，启用"直线"命令；输入"O"，启用"偏移"命令，绘制并偏移线段，如图 15-144 所示。

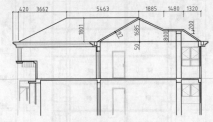

图15-144 绘制屋顶

11 填充楼板图案。在命令行中输入"H"，启用"图案填充"命令。在"图案"面板中选择"SOLID"图案，如图 15-145 所示。

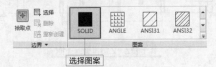

图15-145 选择图案

12 在剖面图中拾取楼板、梁、屋顶为填充区域，填充图案的效果如图 15-146 所示。

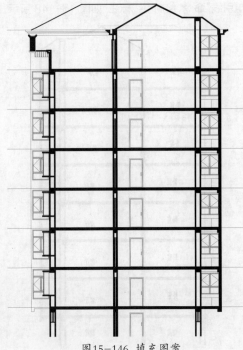

图15-146 填充图案

4. 绘制标注

01 绘制文字标注。在命令行中输入"MT"，启用"多行文字"命令，标注功能区名称，如图 15-147 所示。

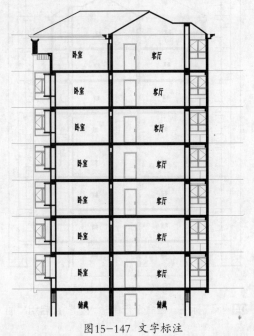

图15-147 文字标注

02 引线标注。在命令行中输入"MLD"，启用"多重引线"命令,绘制引线标注,如图 15-148 所示。

图15-148 引线标注

03 尺寸标注。在命令行中输入"DLI",启用"线性标注"命令,为剖面绘制尺寸标注,如图 15-149 所示。

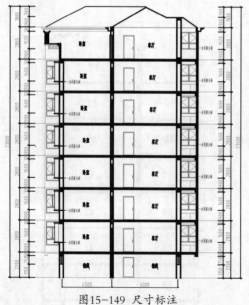

图15-149 尺寸标注

04 标高标注。在命令行中输入"I",启用"插

入"命令,插入标高图块,并修改标高值,如图 15-150 所示。

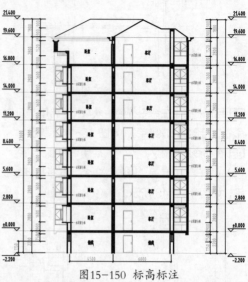

图15-150 标高标注

05 图名标注。在命令行中输入"MT",启用"多行文字"命令,绘制图名与比例标注。

06 绘制下画线。在命令行中输入"PL",启用"多段线"命令,绘制宽度为"100"与"0"的下画线,如图 15-151 所示。

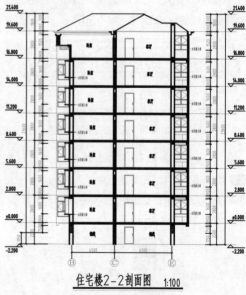

住宅楼2-2剖面图 1:100

图15-151 图名标注

15.4 知识拓展

本章介绍了住宅楼建筑图纸的绘制方法。为了方便初学者尽快熟悉绘制建筑图纸的方法，在本章的开头，介绍了建筑制图规范。学习制图规范后，按照规范的指导来绘制图形，能够使得所绘的图形符合国家标准。

以住宅楼一层平面图为例，介绍绘制建筑平面图的方法，包括绘制轴网、墙体及门窗和其他附属设施。

以住宅楼立面图为例，介绍绘制建筑立面图的方法。立面图表达住宅楼外立面的最终装饰效果，包括门窗的尺寸、样式、位置等。

以住宅楼剖面图为例，介绍绘制建筑剖面图的方法，表达被剖切墙体、楼板及门窗等图形的绘制效果。

15.5 拓展训练

难度：☆☆
素材文件：无
效果文件：素材\ 第15 章\ 习题1. dwg
在线视频：第15 章\ 习题1.mp4

请参考15.3.1节的内容，练习绘制建筑一层平面图，如图15-152所示。

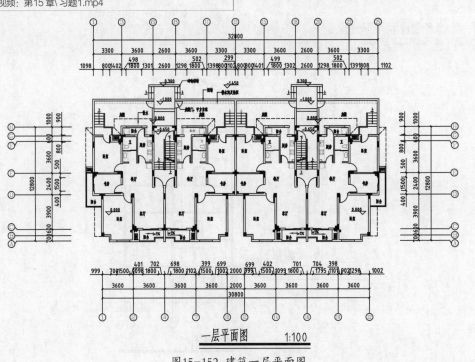

一层平面图　　　　1:100

图15-152 建筑一层平面图

难度: ☆☆	
素材文件: 无	
效果文件: 素材\ 第15章\ 习题2. dwg	
在线视频: 第15章\ 习题2.mp4	

请参考15.3.2节的内容，练习绘制建筑立面图，如图15-153所示。

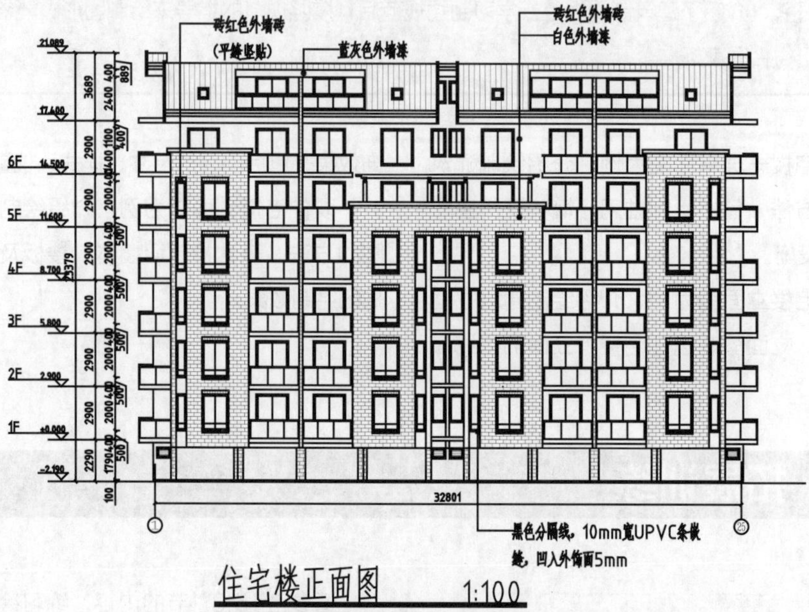

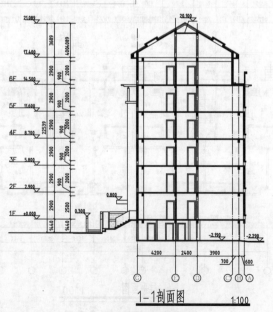

图15-153 建筑立面图

难度: ☆☆	
素材文件: 无	
效果文件: 素材\ 第15章\ 习题3. dwg	
在线视频: 第15章\ 习题3.mp4	

请参考15.3.3节的内容，练习绘制建筑剖面图，如图15-154所示。

图15-154 建筑剖面图

AutoCAD常用快捷键命令

L	直线	A	圆弧
C	圆	T	多行文字
XL	射线	B	块定义
E	删除	I	块插入
H	填充	W	定义块文件
TR	修剪	CO	复制
EX	延伸	MI	镜像
PO	点	O	偏移
S	拉伸	F	倒圆角
U	返回	D	标注样式
DDI	直径标注	DLI	线性标注

DAN	角度标注	DRA	半径标注
OP	系统选项设置	OS	对象捕捉设置
M	MOVE（移动）	SC	比例缩放
P	PAN（平移）	Z	局部放大
Z + E	显示全图	Z + A	显示全屏
MA	属性匹配	AL	对齐
Ctrl + 1	修改特性	Ctrl + S	保存文件
Ctrl + Z	放弃	Ctrl + C / Ctrl + V	复制 / 粘贴
F3	对象捕捉开关	F8	正交开关

（一）绘图命令

PO, *POINT（点）

L, *LINE（直线）

XL, *XLINE（射线）

PL, *PLINE（多段线）

ML, *MLINE（多线）

SPL, *SPLINE（样条曲线）

POL, *POLYGON（正多边形）

REC, *RECTANGLE（矩形）

C, *CIRCLE(圆)

A, *ARC(圆弧)

DO, *DONUT（圆环）

EL, *ELLIPSE（椭圆）

REG, *REGION（面域）

MT, *MTEXT（多文本）

T, *MTEXT（多文本）

B, *BLOCK（块定义）

I, *INSERT（插入块）

W, *WBLOCK（定义块文件）

DIV, *DIVIDE（等分）

ME,*MEASURE(定距等分)

H, *BHATCH（填充）

1. 修改命令

CO, *COPY（复制）

MI, *MIRROR（镜像）

AR, *ARRAY（阵列）

O, *OFFSET（偏移）

RO, *ROTATE（旋转）

M, *MOVE（移动）

E, DEL 键 *ERASE（删除）

X, *EXPLODE（分解）

TR, *TRIM（修剪）

EX, *EXTEND（延伸）

S, *STRETCH（拉伸）

LEN, *LENGTHEN（直线拉长）

SC, *SCALE（比例缩放）

BR, *BREAK（打断）

CHA, *CHAMFER(倒角)

F, *FILLET（倒圆角）

PE, *PEDIT（多段线编辑）

ED, *DDEDIT（修改文本）

2. 视窗缩放

P, *PAN（平移）

Z +空格+空格，* 实时缩放

Z，* 局部放大

Z+P，* 返回上一视图

Z + E，显示全图

Z+W，显示窗选部分

3. 尺寸标注

DLI, *DIMLINEAR（直线标注）

DAL, *DIMALIGNED（对齐标注）

DRA, *DIMRADIUS（半径标注）

DDI, *DIMDIAMETER（直径标注）

DAN, *DIMANGULAR（角度标注）

DCE, *DIMCENTER（中心标注）

DOR, *DIMORDINATE（点标注）

LE, *QLEADER（快速引出标注）

DBA, *DIMBASELINE（基线标注）

DCO, *DIMCONTINUE
（连续标注）

D, *DIMSTYLE（标注样式）

DED, *DIMEDIT（编辑标注）

DOV, *DIMOVERRIDE(替换标注系
统变量)

DAR,（弧度标注，CAD2006）

DJO,（折弯标注，CAD2006）

4. 对象特性

ADC, *ADCENTER（设计中心
"Ctrl + 2"）

CH, MO *PROPERTIES(修改特性
"Ctrl + 1"）

MA, *MATCHPROP（属性匹配）

ST, *STYLE（文字样式）

COL, *COLOR（设置颜色）

LA, *LAYER（图层操作）

LT, *LINETYPE（线形）

LTS, *LTSCALE（线形比例）

LW, *LWEIGHT（线宽）

UN, *UNITS（图形单位）

ATT, *ATTDEF（属性定义）

ATE, *ATTEDIT（编辑属性）

BO, *BOUNDARY（边界创建，包括
创建闭合多段线和面域）

AL, *ALIGN（对齐）

EXIT, *QUIT（退出）

EXP, *EXPORT
（输出其他格式文件）

IMP, *IMPORT（输入文件）

OP,PR *OPTIONS
（自定义CAD设置）

PRINT, *PLOT（打印）

PU, *PURGE（清除垃圾）

RE, *REDRAW（重新生成）

REN, *RENAME（重命名）

SN, *SNAP（捕捉栅格）

DS, *DSETTINGS
（设置极轴追踪）

OS, *OSNAP（设置捕捉模式）

PRE, *PREVIEW（打印预览）

TO, *TOOLBAR（工具栏）

V, *VIEW（命名视图）

AA, *AREA（面积）

DI, *DIST（距离）

LI, *LIST（显示图形数据信息）

（二）常用CTRL 快捷键

Ctrl + 1 *PROPERTIES(修改特性)

Ctrl + 2 *ADCENTER（设计中心）

Ctrl + O *OPEN（打开文件）

Ctrl + N、M *NEW（新建文件）

Ctrl + P *PRINT（打印文件）

Ctrl + S *SAVE（保存文件）

Ctrl + Z *UNDO（放弃）

Ctrl + X *CUTCLIP（剪切）

Ctrl + C *COPYCLIP（复制）

Ctrl + V *PASTECLIP（粘贴）

Ctrl + B *SNAP（栅格捕捉）

Ctrl + F *OSNAP（对象捕捉）

Ctrl + G *GRID（栅格）

Ctrl + L *ORTHO（正交）

Ctrl + W *（对象追踪）

Ctrl + U *（极轴）

（三）常用功能键

F1 *HELP（帮助）

F2 *（文本窗口）

F3 *OSNAP（对象捕捉）

F7 *GRIP（栅格）

F8 正交